Petróleo e Seus Derivados

Definição
Constituição
Aplicação
Especificações
Características de Qualidade

O GEN | Grupo Editorial Nacional – maior plataforma editorial brasileira no segmento científico, técnico e profissional – publica conteúdos nas áreas de ciências exatas, humanas, jurídicas, da saúde e sociais aplicadas, além de prover serviços direcionados à educação continuada e à preparação para concursos.

As editoras que integram o GEN, das mais respeitadas no mercado editorial, construíram catálogos inigualáveis, com obras decisivas para a formação acadêmica e o aperfeiçoamento de várias gerações de profissionais e estudantes, tendo se tornado sinônimo de qualidade e seriedade.

A missão do GEN e dos núcleos de conteúdo que o compõem é prover a melhor informação científica e distribuí-la de maneira flexível e conveniente, a preços justos, gerando benefícios e servindo a autores, docentes, livreiros, funcionários, colaboradores e acionistas.

Nosso comportamento ético incondicional e nossa responsabilidade social e ambiental são reforçados pela natureza educacional de nossa atividade e dão sustentabilidade ao crescimento contínuo e à rentabilidade do grupo.

Petróleo e Seus Derivados

Definição
Constituição
Aplicação
Especificações
Características de Qualidade

Marco Antônio Farah

Com a colaboração de
Maria Adelina Santos Araújo

- O autor deste livro e a editora empenharam seus melhores esforços para assegurar que as informações e os procedimentos apresentados no texto estejam em acordo com os padrões aceitos à época da publicação, *e todos os dados foram atualizados pelo autor até a data de fechamento do livro*. Entretanto, tendo em conta a evolução das ciências, as atualizações legislativas, as mudanças regulamentares governamentais e o constante fluxo de novas informações sobre os temas que constam do livro, recomendamos enfaticamente que os leitores consultem sempre outras fontes fidedignas, de modo a se certificarem de que as informações contidas no texto estão corretas e de que não houve alterações nas recomendações ou na legislação regulamentadora.

- O autor e a editora se empenharam para citar adequadamente e dar o devido crédito a todos os detentores de direitos autorais de qualquer material utilizado neste livro, dispondo-se a possíveis acertos posteriores caso, inadvertida e involuntariamente, a identificação de algum deles tenha sido omitida.

- **Atendimento ao cliente: (11) 5080-0751 | faleconosco@grupogen.com.br**

- Direitos exclusivos para a língua portuguesa
  Copyright © 2012, 2023 (4ª impressão) by
  LTC – Livros Técnicos e Científicos Editora Ltda.
  Uma editora integrante do GEN | Grupo Editorial Nacional
  Travessa do Ouvidor, 11
  Rio de Janeiro – RJ – 20040-040
  www.grupogen.com.br

  Reservados todos os direitos. É proibida a duplicação ou reprodução deste volume, no todo ou em parte, em quaisquer formas ou por quaisquer meios (eletrônico, mecânico, gravação, fotocópia, distribuição pela Internet ou outros), sem permissão, por escrito, da LTC | LIVROS TÉCNICOS E CIENTÍFICOS EDITORA LTDA.

- Capa:
  Imagens: André Valentim, Bruno Veiga, Rogério Reis, Thinkstock/Banco de Imagens Petrobras

- Projeto: Máquina Voadora DG

- Editoração eletrônica: K2 Design

- Ficha catalográfica

CIP-BRASIL. CATALOGAÇÃO-NA-FONTE
SINDICATO NACIONAL DOS EDITORES DE LIVROS, RJ

F226p
Farah, Marco Antônio
Petróleo e seus derivados : definição, constituição, aplicação, especificações, características de qualidade / Marco Antônio Farah. - [Reimpr.]. - Rio de Janeiro : LTC, 2023.
il. ; 28 cm

Inclui bibliografia e índice
ISBN 978-85-216-2052-5

1. Petróleo - Brasil. 2. Petróleo - Derivados. 3. Indústria petrolífera. I. Título.

12-0447.   CDD: 338.272820981
                        CDU: 330.123.7(81)

APRESENTAÇÃO

Dentre as principais atividades que levam ao sucesso uma corporação o modo como ela encara o desenvolvimento profissional de seus empregados tem sido muito ressaltado hoje em dia. Por trabalhar na Petrobras há muito tempo sou testemunha de como a Companhia tem levado a sério esta filosofia fundamental para o enfrentamento dos seus enormes desafios.

Ao incentivar e patrocinar, por meio de seu Programa de Editoração de Livros Didáticos, esta publicação, os esforços da empresa são reconhecidos, mais uma vez, pelos que para ela trabalham.

Esta obra, voltada para Petróleo e Seus Derivados, é um dos exemplos de ferramentas poderosas na formação técnica das gerações que por aqui passam e passarão.

Escrito por um dos mais conceituados engenheiros de processamento da Petrobras — o consultor sênior Marco Antônio Farah, profissional dos Recursos Humanos/Universidade Petrobras/Escola de Ciências e Tecnologias de Abastecimento — o livro contém informações baseadas na experiência, dedicação, comprometimento, de quem estuda os assuntos desta área de conhecimento há muito anos.

A Petrobras sente-se honrada e gratificada por poder contribuir para uma educação técnica ancorada nas experiências de vida do profissional Farah e de possibilitar a formação de novos engenheiros e técnicos no país com a disponibilização para o mercado de uma bibliografia deste gabarito.

Humberto Matrangolo de Oliveira
Recursos Humanos/Universidade Petrobras
Gerente da Escola de Ciências e Tecnologias de Abastecimento

PREFÁCIO

Especialistas do mundo inteiro discutem a necessidade de energia para o crescimento mundial e novas fontes de energia, renováveis e com menos impacto ambiental. Um dos consensos sobre o tema, por enquanto, é que o petróleo continuará ainda, por algumas décadas, a principal fonte de energia.

O Brasil, nos últimos anos, tornou-se um dos principais polos de desenvolvimento da indústria de petróleo mundial. As descobertas recentes de petróleo e o potencial existente posicionam o País como uma das fronteiras petrolíferas mais promissoras, recebendo a atenção de empresas, prestadores de serviços e fornecedores de equipamentos.

Adicionalmente, o País, que tem um dos maiores mercados mundiais de combustível, está em processo de ampliação de sua capacidade de refino, construindo novas refinarias. Sem falar nos investimentos em petroquímica, outro importante segmento de utilização de derivados de petróleo.

Apesar da pujança do setor, a literatura disponível no Brasil sobre o tema ainda é pequena. Só por esse motivo, o livro produzido por Marco Antônio Farah já é muito bem-vindo. Mas existem outras razões.

Farah é um dos profissionais mais respeitados em sua área, dentro e fora da Petrobras, com larga experiência como professor na Universidade Petrobras, formando e desenvolvendo os profissionais da Companhia, em particular os engenheiros de processamento. O livro é uma síntese de toda essa experiência.

O texto aborda os tipos de petróleo, suas propriedades e como elas afetam o manuseio, o processamento e os produtos dele resultantes. Explica os principais processos de refino e os produtos deles resultantes. São dedicados capítulos específicos para discutir as especificações e qualidades dos principais combustíveis, como gasolina, diesel, GLP, querosene de aviação e óleos combustíveis; e um capítulo dedicado a produtos especiais, como a nafta petroquímica e solventes.

Apesar de apresentar de forma detalhada os testes que determinam a qualidade - um assunto para especialistas -, as definições são simples e as explicações dos efeitos das propriedades sobre o uso também o são. Isso faz com que o livro seja útil não só para especialistas, mas também para curiosos sobre o tema.

Parabéns ao Farah pelo livro e boa leitura para você, que o está adquirindo.

José Lima de Andrade Neto
Presidente da Petrobras Distribuidora S.A.

AGRADECIMENTOS

É uma experiência extremamente gratificante e recompensadora a oportunidade que, por meio de seus gerentes, a Petrobras oferece a seus profissionais de publicar o que foi aprendido ao longo de suas carreiras.

Sinto-me honrado de ter também essa possibilidade de deixar um livro escrito sobre Petróleo e Seus Derivados, depois de muitos anos de carreira estreitamente ligada à formação de engenheiros. Espero que esse material possa ser continuado por outros colegas, pois entendo que nada é definitivo em termos de conhecimentos.

Assim, agradeço ao gerente da Escola de Ciências e Tecnologias de Abastecimento, Humberto Matrangolo de Oliveira, e ao gerente geral da Universidade Petrobras, Ricardo Salomão, pelo incentivo e pelas cobranças para transformar em livro as apostilas que eram utilizadas nos cursos da Companhia.

Desde que trabalhei na Refinaria Duque de Caxias tive um gosto especial pela área de Petróleo e Seus Derivados, conhecida como Engenharia de Produtos, uma vez que ela traduz uma das áreas de atuação mais importantes do engenheiro de processo. Abrange desde a matéria-prima, petróleo, passa pelos processos de produção das frações de petróleo, pela formulação de mistura dessas frações para a produção dos derivados, continua com a caracterização e distribuição dos derivados e finaliza com a sua utilização.

Quando comecei a trabalhar na área de desenvolvimento de profissionais da Universidade Petrobras, imaginei que poderia contribuir na área de Engenharia de Produtos. Para minha sorte conheci aqui um colega – Antonio Maurício Pinto de Figueiredo – que teve um papel fundamental no desenvolvimento desse livro, a quem muito agradeço. Ele conduzia os cursos da forma que imagino como a correta: tratá-lo com foco na engenharia. Isto é, analisar os aspectos intrínsecos e extrínsecos de cada tema, avaliando globalmente as interações e mútuas influências, desde o poço produtor de petróleo até o posto de distribuição dos derivados.

Essa também é a forma que veem esse assunto inúmeros colegas com quem tive a oportunidade de compartilhar conhecimentos, os quais procurei referenciar ao longo deste livro, transcrevendo aquilo que aprendi ou aquilo que juntos aprendemos. Espero ter citado todos aqueles colegas que contribuíram direta ou indiretamente para o que aqui está escrito, aos quais agradeço. Muito obrigado em especial a Adriana Fores Porto Rezende, André de Mello Fachetti, Andrea Soares Meira, Antonio Fernandez Prada Júnior, Cynthia Michel Soares Coimbra, Diocles Dalavia, Elie Abadie, Francesco Palombo, Frederico Guilherme da Costa Kremer, Juarez Barbosa Perissé, Luciano Messina Stor, Maria Adelina Santos Araújo, Mauro Iurk Rocha, Nilo Indio do Brasil, Regina Célia Lourenço Guimarães, Ricardo Almeida Barbosa de Sá, Ricardo Rodrigues da Cunha Pinto, Roberto Lopes Carvalho, Roberto Mesquita Lage, Silmara Wolkan, Tadeu Cavalcante Cordeiro de Melo, Ulysses Brandão Pinto e Walter Zanchet, pelo convívio amigo e profícuo em termos profissionais que tivemos durante nossas preparações e revisões de materiais didáticos, cursos e seminários. Agradecimento especial à colega Lúcia Emília de Azevedo, principal profissional do Programa de Editoração de Livros Didáticos – PELD, que tem ao longo dos anos viabilizado a edição de inúmeras publicações e que, mais uma vez, contribuiu de modo decisivo para a realização desta obra.

Marco Antônio Farah

AGRADECIMENTOS ESPECIAIS

Dediquei grande parte de minha vida profissional à Universidade Petrobras na consolidação do material didático apresentado nos cursos para profissionais da Companhia, que abordam aspectos tecnológicos suscetíveis a constantes evoluções. Assim, apesar de ter preparado uma apostila sobre o assunto, constantemente tinha que revê-la em função dos avanços e mudanças tecnológicas implantadas na área, dificultando a decisão de transformá-la em livro. Porém, o tempo passa, e os quarenta e três anos de trabalho na Petrobras diziam que era chegada a hora de fazê-lo. Iniciei então o processo de elaboração do livro, realizando a reestruturação do material e efetuando várias revisões do texto, em busca da melhor compreensão do seu conteúdo.

Após enviar o material para a publicação, voluntariamente surgiu uma preciosa ajuda para a conclusão deste trabalho: a colega **Maria Adelina Santos Araújo** ofereceu-se para fazer o difícil e árduo trabalho de rever todo o material, ajudando a tornar mais claras as ideias, revisando detalhes que passavam despercebidos, refazendo textos e figuras. Sua participação foi de fundamental importância, a tal ponto que entendi que sua participação a tornava coautora do livro. Isso lhe foi dito, por mais de uma vez, e com insistência, mas ela recusou de forma desprendida e veemente, o que dá, perfeitamente, a dimensão do caráter da Adelina, sempre pronta a colaborar com todos, dedicando-se profundamente ao que faz, trabalhando com afinco em busca da perfeição, seja de dia, seja de noite, e mesmo durante as férias, até ver finalizado o seu trabalho.

Então, mesmo contra sua vontade, a única forma que encontrei para reconhecer sua participação foi a de colocá-la como **Colaboradora**, com **C maiúsculo**.

De forma especial, agradeço e presto meu reconhecimento ao trabalho que a colega **Lúcia Emília de Azevedo** tem realizado para consolidar a memória técnica da Companhia por meio de livros e material didático. Lúcia atua sempre com muita dedicação e competência, desde as orientações iniciais que devem ser dadas para a elaboração de um livro, passando pelo gerenciamento de cada projeto, sendo incansável até ver concluída a obra, o que no meu caso foi, mais uma vez, de fundamental importância.

Da mesma forma, como alguém em algum tempo disse, não há como separar a vida profissional da vida pessoal. Para realizar algo importante é preciso sentir-se bem em todos os níveis.

Agradeço, assim, à minha mãe **Adélia**, que sempre trabalhou e dedicou sua vida para que eu buscasse o crescimento profissional e que sempre me apoiou e incentivou, junto com meus irmãos, para a realização de meus ideais.

Nesta mesma linha, foram de fundamental importância a paz, a tranquilidade e o amor proporcionados por minha mulher **Lucia**, que deu seu apoio e abriu mão das inúmeras horas dedicadas a este trabalho e que seriam de convívio familiar.

Marco Antônio Farah

Material Suplementar

Este livro conta com o seguinte material suplementar:

- Ilustrações da obra em formato de apresentação (exclusivo para professores)

O acesso ao material suplementar é gratuito. Basta que o leitor se cadastre e faça seu *login* em nosso *site* (www.grupogen.com.br), clicando em Ambiente de aprendizagem, no *menu* superior do lado direito.

O acesso ao material suplementar online fica disponível até seis meses após a edição do livro ser retirada do mercado.

Caso haja alguma mudança no sistema ou dificuldade de acesso, entre em contato conosco pelo e-mail gendigital@grupogen.com.br.

SUMÁRIO

Capítulo 1   O Petróleo   1

1.1   O PETRÓLEO COMO FONTE DE ENERGIA   1
1.2   A DESCOBERTA INDUSTRIAL DO PETRÓLEO   4
1.3   ORIGEM DO PETRÓLEO   5
1.4   A EXPLORAÇÃO DE PETRÓLEO   7
1.5   A PRODUÇÃO DE PETRÓLEO   8
1.6   O REFINO DO PETRÓLEO   11
1.7   A QUALIDADE DO PETRÓLEO   14
1.8   O PETRÓLEO – DEFINIÇÃO   16
1.9   CONSTITUIÇÃO DO PETRÓLEO   17
   1.9.1   Os Hidrocarbonetos   18
   1.9.2   Os Não Hidrocarbonetos   30
   1.9.3   Correlação de Ocorrência dos Constituintes do Petróleo   37
1.10   QUALIFICAÇÃO DE PETRÓLEOS   39
   1.10.1   A Avaliação de Petróleos   39
   1.10.2   Qualificação do Petróleo pela Composição Química   40
   1.10.3   Acidez   43
   1.10.4   Qualificação de Petróleos pela Densidade   43
   1.10.5   Qualificação do Petróleo pela Volatilidade   45
   1.10.6   Qualificação do Petróleo por Propriedades Ligadas ao Transporte e Armazenamento   50
   1.10.7   Qualificação do Petróleo pela Estabilidade   51
1.11   CARACTERÍSTICAS DE PETRÓLEOS   51
1.12   CLASSIFICAÇÃO QUÍMICA DO PETRÓLEO POR MEIO DE INDICADORES   55
   1.12.1   Constante Viscosidade-Densidade – VGC   55
   1.12.2   Fator de Caracterização de Watson   56
   1.12.3   *Interseptus* Índice de Refração-Densidade   60
   1.12.4   Índice de Caracterização de Huang   60
   1.12.5   Razão Densidade-Viscosidade $^{\circ}API/(A/B)$ 61
   1.12.6   Índice de Correlação do Bureau of Mines (BMCI)   64

Capítulo 2   Derivados do Petróleo e Sua Produção   69

2.1   PROCESSOS DE REFINO   70
2.2   DESTILAÇÃO   70
2.3   CRAQUEAMENTO CATALÍTICO FLUIDO (FCC)   72
2.4   COQUEAMENTO RETARDADO   74
2.5   REFORMA CATALÍTICA   75
2.6   HIDROTRATAMENTO   76
2.7   DESASFALTAÇÃO A PROPANO   78
2.8   PROCESSOS CONVENCIONAIS DE TRATAMENTO   79
2.9   PROCESSOS DE PRODUÇÃO DE ÓLEOS LUBRIFICANTES BÁSICOS   79

xii Sumário

2.10   PROCESSOS COMPLEMENTARES   82
2.11   ESQUEMAS DE REFINO   82
      2.11.1   Produção de Combustíveis - Tipo I   82
      2.11.2   Produção de Combustíveis - Tipo II   83

Capítulo 3   Qualificação dos Derivados do Petróleo   85

3.1   INTRODUÇÃO   85
3.2   ESPECIFICAÇÃO DOS DERIVADOS   86
      3.2.1   Ensaios Normativos   86
3.3   CARACTERÍSTICAS DE VOLATILIDADE   87
      3.3.1   Intemperismo   87
      3.3.2   Destilação   88
      3.3.3   Pressão de Vapor Reid - PVR   90
      3.3.4   Ponto de Fulgor   92
3.4   CARACTERÍSTICAS DE COMBUSTÃO   94
      3.4.1   Número de Octano   94
      3.4.2   Número de Luminômetro   98
      3.4.3   Ponto de Fuligem   100
      3.4.4   Número de Cetano   101
      3.4.5   Poder Calorífico   105
      3.4.6   Índice Diesel   109
3.5   CARACTERÍSTICAS DE CRISTALIZAÇÃO E DE ESCOAMENTO   109
      3.5.1   Introdução   109
      3.5.2   Ponto de Congelamento   111
      3.5.3   Ponto de Névoa   112
      3.5.4   Ponto de Entupimento   113
      3.5.5   Ponto de Fluidez   114
      3.5.6   Temperatura Inicial de Aparecimento de Cristal   114
      3.5.7   Viscosidade Absoluta e Cinemática   115
3.6   ENSAIOS DE ESTABILIDADE TERMO-OXIDATIVA   118
      3.6.1   Goma Atual   118
      3.6.2   Período de Indução   119
      3.6.3   Goma Potencial   120
      3.6.4   Estabilidade à Oxidação pelo Método Acelerado   120
      3.6.5   Estabilidade à Oxidação (LPR – *Low Pressure Reactor*)   121
      3.6.6   Estabilidade à Oxidação durante a Estocagem – 13 Semanas   121
      3.6.7   Estabilidade Termo-oxidativa de QAV – *Jet Fuel Thermal Oxidation Test* (JFTOT)   122
3.7   CARACTERÍSTICA DE ESTABILIDADE E COMPATIBILIDADE FÍSICA   123
      3.7.1   Ensaio da Mancha   123
      3.7.2   Sedimentos por Extração a Quente   123
      3.7.3   BMCI – TE e IFS   124
      3.7.4   Parâmetro de Solubilidade   126
      3.7.5   Parâmetro de Heithaus   126
3.8   CARACTERÍSTICAS RELACIONADAS A ASPECTOS AMBIENTAIS E DE DURABILIDADE DE EQUIPAMENTOS   128
      3.8.1   Teor de Enxofre   128
      3.8.2   Teor de Enxofre Mercaptídico   129
      3.8.3   Corrosividade à Lâmina de Cobre   130
3.9   CARACTERÍSTICAS DE COMPOSIÇÃO QUÍMICA   133
      3.9.1   Análise Elementar   133
      3.9.2   Espécies Químicas por Cromatografia Gasosa   134
      3.9.3   Grupos ou Famílias Químicas por Cromatografia Líquida – FIA e PONA   135
      3.9.4   Grupos ou Famílias Químicas por Cromatografia Líquida – SARA   136

Sumário | **xiii** |

3.9.5   Grupos ou Famílias Químicas por Cromatografia por Fluido Supercrítico   137

3.9.6   Grupos ou Famílias Químicas por Espectometria de Massa
Combinada a Cromatografia Gasosa   138

3.9.7   Grupos ou Famílias Químicas por Ressonância Magnética Nuclear   138

3.10   CARACTERÍSTICAS RELACIONADAS À PRESENÇA DE ÁGUA,
SAL E SEDIMENTOS   139

3.10.1   Índice de Separação da Água   139

3.10.2   Água por Titulação Karl Fischer   140

3.10.3   Água e Sedimentos por Centrifugação   141

3.10.4   Água por Destilação   141

3.10.5   Teor de Sal   142

3.11   CARACTERÍSTICA RELACIONADAS À FORMAÇÃO DE RESÍDUOS
NA COMBUSTÃO   142

3.11.1   Teor de Cinzas   142

3.11.2   Resíduo de Carbono Conradson e Ramsbottom   143

3.12   CARACTERÍSTICAS DE ACABAMENTO   144

3.12.1   Cor Saybolt e ASTM   144

3.13   CARACTERÍSTICAS DE CONSISTÊNCIA E DUCTIBILIDADE   145

3.13.1   Penetração em Asfaltos, Parafinas e Graxas   145

3.13.2   Ponto de Amolecimento   145

3.13.3   Índice de Suscetibilidade Térmica   146

3.13.4   Ductilidade   146

3.13.5   Efeito do Calor e do Ar   146

3.13.6   Ponto de Fusão   147

3.13.7   Ponto de Gota   147

Capítulo 4   Gás Liquefeito de Petróleo   151

4.1   DEFINIÇÃO   151

4.2   PRINCIPAIS APLICAÇÕES DOS GASES LIQUEFEITOS DE PETRÓLEO   151

4.3   CONSTITUIÇÃO DO GLP   152

4.4   REQUISITOS DE QUALIDADE   153

4.5   ESPECIFICAÇÕES DO GLP   153

4.6   REQUISITOS DE QUALIDADE E CARACTERÍSTICAS DO GLP   154

4.6.1   Facilidade de Liquefação – Pressão de Vapor Reid   154

4.6.2   Facilidade de Vaporização – Intemperismo   154

4.6.3   Poluição e Corrosão – Teor de Enxofre e Corrosividade   154

4.6.4   Composição e Queima Completa – Densidade, Resíduo
de Evaporação, Teor de Pentanos   155

4.7   PRODUÇÃO DE GLP   155

4.8   CONSTITUIÇÃO DO GLP   156

Capítulo 5   Gasolina Automotiva   159

5.1   DEFINIÇÃO   159

5.2   CONSTITUIÇÃO DA GASOLINA   159

5.3   UTILIZAÇÃO   160

5.4   FUNCIONAMENTO DO MOTOR AUTOMOTIVO – CICLO OTTO   160

5.4.1   Ciclo e Rendimento Termodinâmico do Motor Automotivo – Ciclo Otto   163

5.4.2   Sistema de Combustível   164

5.4.3   Sistema de Ignição   166

5.4.4   Dispositivos Antipoluição   167

5.5   OS DIVERSOS TIPOS DE MOTORES E OS TIPOS DE GASOLINA   168

5.6   REQUISITOS DE QUALIDADE   169

5.7   CARACTERÍSTICAS DE QUALIDADE DA GASOLINA   170

	5.7.1	Qualidade Antidetonante – Número de Octano 170
	5.7.2	Volatilidade – Vaporização Adequada em Toda a Faixa de Funcionamento 173
	5.7.3	Estabilidade – Goma Atual, Período de Indução, Teor de Olefinas 175
	5.7.4	Compatibilidade com os Materiais – Corrosividade 175
	5.7.5	Emissões – PVR, Teor de Enxofre, de Benzeno, de Aromáticos e de Olefinas 175
	5.7.6	Segurança na Utilização – PVR 175
5.8	AS ESPECIFICAÇÕES DOS DIVERSOS TIPOS DE GASOLINAS 176	
5.9	AS CORRENTES EMPREGADAS NA DE PRODUÇÃO DE GASOLINA 176	
	5.9.1	Naftas de Destilação Direta 176
	5.9.2	Nafta de Craqueamento Catalítico 177
	5.9.3	Nafta de Reforma Catalítica 177
	5.9.4	Nafta de Coqueamento Retardado 177
	5.9.5	Nafta de Hidrocraqueamento Catalítico 177
	5.9.6	Nafta de Alcoilação 177
	5.9.7	Nafta de Isomerização 177
	5.9.8	Líquido de Gás Natural 178
	5.9.9	Esquema de Produção de Gasolina no Brasil 178
5.10	A UTILIZAÇÃO DE OXIGENADOS NA GASOLINA 179	
	5.10.1	Consumo 180
	5.10.2	Relação Ar-Combustível 180
5.11	AS EMISSÕES DE UM MOTOR CICLO OTTO 181	
5.12	ADITIVOS PARA A GASOLINA 181	
	5.12.1	Classificação dos Aditivos para a Gasolina 181
	5.12.2	A Utilização dos Aditivos na Gasolina 182

Capítulo 6 Querosene de Aviação 185

6.1	DEFINIÇÃO 185	
6.2	CONSTITUIÇÃO DO QAV 185	
6.3	UTILIZAÇÃO 186	
6.4	FUNCIONAMENTO DA TURBINA AERONÁUTICA 186	
	6.4.1	Ciclo Termodinâmico da Turbina 189
6.5	REQUISITOS DE QUALIDADE 189	
6.6	CARACTERÍSTICAS DE QUALIDADE DO QAV-1 190	
	6.6.1	Qualidade da Combustão 190
	6.6.2	Ponto de Congelamento, Tolerância à Água – Escoamento a Frio 191
	6.6.3	Estabilidade Termo-oxidativa, Ponto Final de Ebulição – Controle de Depósitos 192
	6.6.4	Lubricidade, Teor de Enxofre e Teor de Mercaptanos – Integridade dos Materiais 192
	6.6.5	Volatilidade, Ponto de Fulgor, Condutividade Elétrica – Segurança 193
6.7	ESPECIFICAÇÕES DO QAV-1 193	

Capítulo 7 Óleo Diesel 197

7.1	DEFINIÇÃO 197	
7.2	CONSTITUIÇÃO DO ÓLEO DIESEL 197	
7.3	UTILIZAÇÃO E DEMANDA DE ÓLEO DIESEL 198	
7.4	FUNCIONAMENTO DO MOTOR AUTOMOTIVO – CICLO DIESEL 198	
	7.4.1	Ciclo de um Motor Diesel 199
	7.4.2	Sistema de Alimentação 201
	7.4.3	Sistema de Redução das Emissões 202
	7.4.4	Rendimento de uma Máquina Diesel 203
7.5	REQUISITOS DE QUALIDADE 203	
7.6	TIPOS DE ÓLEO DIESEL AUTOMOTIVO 204	
7.7	REQUISITOS E CARACTERÍSTICAS DE QUALIDADE DO ÓLEO DIESEL 204	
	7.7.1	Qualidade de Ignição – Número de Cetano 204

Sumário | **xv** |

7.7.2   Consumo e Emissões – Densidade, Volatilidade e Teor de Enxofre   206

7.7.3   Nebulização e Lubrificação das Bombas e Injetores – Viscosidade, Lubricidade   207

7.7.4   Características a Frio – Ponto de Entupimento   208

7.7.5   Estabilidade à Oxidação, Teor de Água   208

7.8   AS ESPECIFICAÇÕES DO ÓLEO DIESEL   209

7.9   A PRODUÇÃO DE ÓLEO DIESEL   209

7.10   ADITIVOS PARA ÓLEO DIESEL   210

Capítulo 8   Óleo *Bunker*   213

8.1   DEFINIÇÃO   213

8.2   UTILIZAÇÃO DE ÓLEOS *BUNKER*   213

8.3   TIPOS DE ÓLEO *BUNKER*   214

8.4   REQUISITOS DE QUALIDADE   214

8.5   CARACTERÍSTICAS DE QUALIDADE DOS ÓLEOS *BUNKER*   214

8.5.1   Facilidade de Nebulização – Viscosidade   214

8.6.2   Qualidade de Ignição – Viscosidade, Densidade e CCAI   215

8.5.3   Características a Frio – Ponto de Fluidez   216

8.5.4   Qualidade da Combustão – Resíduo de Carbono, Teor de Asfaltenos e de Metais   216

8.5.5   Teor de Água, de Sedimentos e de Enxofre – Integridade da Máquina e Emissões   217

8.5.6   Estabilidade e Compatibilidade   218

8.5.7   Segurança – Ponto de Fulgor   218

8.6   ESPECIFICAÇÕES DOS ÓLEOS *BUNKER*   218

8.7   A PRODUÇÃO DE ÓLEOS *BUNKER*   218

Capítulo 9   Óleo Combustível Industrial   221

9.1   DEFINIÇÃO   221

9.2   UTILIZAÇÃO DE ÓLEOS COMBUSTÍVEIS INDUSTRIAIS   221

9.3   TIPOS DE ÓLEOS COMBUSTÍVEIS INDUSTRIAIS   222

9.4   REQUISITOS DE QUALIDADE DOS ÓLEOS COMBUSTÍVEIS INDUSTRIAIS   222

9.5   CARACTERÍSTICAS DOS ÓLEOS INDUSTRIAIS   222

9.5.1   Facilidade de Nebulização - Viscosidade   222

9.5.2   Conteúdo Energético – Poder Calorífico   223

9.5.3   Facilidade de Transporte a Baixas Temperaturas – Ponto de Fluidez   223

9.5.4   Integridade do Equipamento e Emissões – Teor de Metais, Cinzas e BSW   223

9.5.5   Emissões e Durabilidade dos Equipamentos – Teor de Enxofre   224

9.5.6   Estabilidade e Compatibilidade   224

9.5.7   Segurança – Ponto de Fulgor   224

9.6   ESPECIFICAÇÕES DOS ÓLEOS COMBUSTÍVEIS INDUSTRIAIS   224

9.7   PRODUÇÃO DE ÓLEOS COMBUSTÍVEIS   225

Capítulo 10   Produtos Especiais   227

10.1   NAFTA PETROQUÍMICA   227

10.1.1   Definição   227

10.1.2   Utilização   227

10.1.3   Requisitos de Qualidade   227

10.1.4   Produção   228

10.2   SOLVENTES   228

10.2.1   Definição   228

10.2.2   Utilização   228

10.2.3   Requisitos de Qualidade   228

	10.2.4	Tipos	228
	10.2.5	Produção	229
10.3	NORMAIS PARAFINAS (C_{12})		229
	10.3.1	Definição e Utilização	229
	10.3.2	Utilização	229
	10.3.3	Requisitos de Qualidade	229
	10.3.4	Produção	229
10.4	ÓLEOS BÁSICOS LUBRIFICANTES		229
	10.4.1	Definição	229
	10.4.2	Tipos e Classificação	230
	10.4.3	Utilização	230
	10.4.4	Requisitos de Qualidade	231
	10.4.5	Produção	233
10.5	PARAFINAS		233
	10.5.1	Definição	233
	10.5.2	Utilização	234
	10.5.3	Requisitos de Qualidade	234
	10.5.4	Produção	234
10.6	ASFALTOS		234
	10.6.1	Definição	234
	10.6.2	Tipos e Utilização	235
	10.6.3	Requisitos de Qualidade	235
	10.6.4	Produção	236
10.7	RESÍDUO AROMÁTICO (RARO)		236
	10.7.1	Definição	236
	10.7.2	Tipos e Utilização	236
	10.7.3	Requisitos de Qualidade	237
	10.7.4	Produção	237
10.8	COQUE VERDE DE PETRÓLEO		237
	10.8.1	Definição	237
	10.8.2	Tipos e Aplicações	238
	10.8.3	Requisitos de Qualidade	238
	10.8.4	Produção	238

Anexo   **Especificações dos Derivados**   **239**

Bibliografia   **255**

Índice   **259**

CAPÍTULO 1

O Petróleo

1.1 O PETRÓLEO COMO FONTE DE ENERGIA

O petróleo, desde a sua descoberta em quantidades comerciais em 1859 na Pensilvânia, Estados Unidos, tornou-se indispensável para a civilização. Automóveis, trens, navios e aviões são movidos pela energia gerada pela combustão de seus derivados. Estradas são pavimentadas usando-se o asfalto, máquinas são lubrificadas com produtos extraídos do petróleo. A indústria petroquímica utiliza como matéria-prima derivados do óleo cru, como eteno, buteno, butano e benzeno, daí se originando inúmeros produtos, tais como plásticos, fibras, borrachas e outros.

Devido a essas inúmeras aplicações, notadamente como fonte de energia, o consumo de petróleo cresceu fortemente no século passado, entre 1920 e 1973. Nessa época, tendo como origem o conflito no Oriente Médio, o preço do petróleo rapidamente quadruplicou, provocando grande reflexo na economia mundial. Como consequência, a maioria dos países consumidores buscou a redução do consumo de petróleo com a sua substituição por outras fontes energéticas ou simplesmente por medidas de economia nas indústrias e nas cidades. Na Figura 1.1, obtida a partir de dados publicados na British Petroleum Review of Energy World 2009, mostra-se a distribuição do consumo mundial de energia primária.

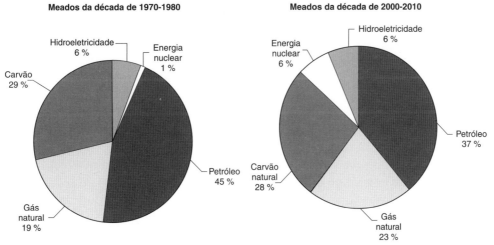

Figura 1.1   Evolução do consumo mundial de energia primária. (Fonte: British Petroleum Review of Energy World 2011.)

Particularmente no Brasil, a estrutura de consumo de energia se alterou mais profundamente a partir de 1979, devido à segunda grande alta no preço do petróleo, decorrente do início da guerra entre Irã e Iraque. Desde essa época até hoje, buscou-se um equilíbrio em nossa matriz energética, que registrava grande participação de petróleo, com 45 % do total das fontes primárias de energia. Como cerca de 80 % do consumo de petróleo era importado, visou-se ao aumento de sua produção interna, com grandes investimentos em exploração de petróleo, que resultaram em descobertas na bacia de Campos. Os aumentos da produção interna de petróleo e de gás, Figuras 1.2 e 1.3, refletiram o grande investimento feito pela Petrobras na exploração e produção de petróleo. Além disso, racionalizou-se o uso do petróleo pela sua substituição por energias renováveis, etanol e outros combustíveis de origem vegetal, e por hidroelétricas.

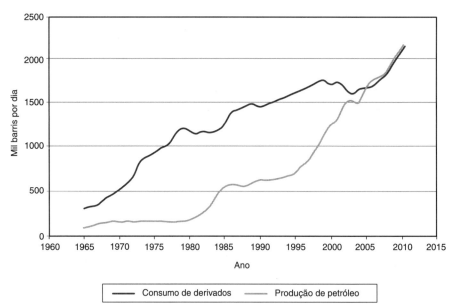

Figura 1.2 Produção de petróleo nacional e consumo de derivados no Brasil 1967-2010. (Fonte: British Petroleum Review of Energy World 2011.)

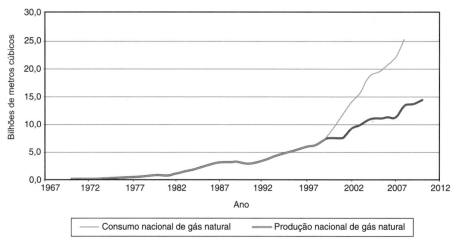

Figura 1.3 Evolução da produção e consumo de gás natural no Brasil 1970-2010. (Fonte: British Petroleum Review of Energy World 2011.)

É destacado o ritmo das descobertas de petróleo no Brasil a partir da segunda metade dos anos 1980, Tabela 1.1. O país situa-se hoje como o quarto no mundo que mais aumentou o seu volume de reservas entre 2000 e 2010. A produção e as reservas nacionais de gás e de óleo, Figura 1.4, cresceram significativamente a partir da década de 1980, atingindo-se a autossuficiência em produção de petróleo em 2006. As reservas mundiais provadas de petróleo alcançavam 1,33 trilhão de barris, 56,5 % das quais localizadas no Oriente Médio, sendo 20 % na Arábia Saudita, 10 % no Irã e 8,5 % no Iraque, quando as reservas de petróleo provadas brasileiras em 2010 alcançavam 14,2 bilhões de barris (1 % do total mundial). Com as descobertas recentes do pré-sal, podem se elevar a cerca de 26 bilhões de barris (2 % do total mundial).

Mesmo com a autossuficiência brasileira em petróleo alcançada em 2006, ocorre ainda a importação de petróleo, devido a aspectos técnicos e comerciais, com a consequente exportação de petróleo nacional excedente. Entre os fornecedores externos mais comuns, nos últimos anos destacam-se os países do Oriente Médio, pelo seu volume, e a América Latina, pelo seu crescimento, como pode ser observado na Figura 1.5. A tendência é diversificar ao máximo as importações de petróleo a fim de abrir possibilidades amplas de comércio e reduzir o risco de interrupção do fornecimento devido à conjuntura mundial. Por outro lado, as exportações de petróleo nacional para diversos países têm alcançado volumes expressivos, Figura 1.6, oferecendo alternativas operacionais ao refino de petróleo no Brasil.

Tabela 1.1 Aumento das reservas provadas de petróleo no mundo

País	Reservas provadas (bilhões de barris em 2010)	Porcentagem do total mundial	Aumento de reservas na década entre 2000 e 2010 (%)	Produção em 2010 (mil barris)	Relação reservas provadas-produção
Angola	13,5	1,0	126,1	1851	7,3
Arábia Saudita	264,5	19,1	0,7	10 007	26,4
Brasil	14,2	1,0	68,3	2137	6,7
China	14,8	1,1	-2,7	4071	3,6
Estados Unidos	30,9	2,2	1,6	7555*	11,4
Emirados Árabes	97,8	7,1	0,0	2867	94,8
Gabão	3,7	0,3	52,2	245	15,0
Índia	9,0	0,7	71,0	826	10,9
Irã	137,0	9,9	37,7	4245	32,3
Iraque	115,0	8,3	2,2	2460	46,8
Kuwait	101,5	7,3	5,2	2508	40,5
Líbia	46,4	3,4	29,0	1659	28,0
México	11,4	0,8	-43,5	2958	3,9
Nigéria	37,2	2,7	28,3	2402	15,5
Noruega	6,7	0,5	-41,4	2137	3,1
Peru	1,2	0,1	36,9	157	7,9
Reino Unido	2,8	0,2	-40,0	1339	2,1
Rússia	77,4	5,6	31,1	10 270	7,5
Venezuela	211,2	15,3	174,8	2471	85,4
Total do Mundo	1383,2	1,0	25,2	82 095	16,8

Fonte: British Petroleum Review of Energy World 2011.
*Inclui cerca de 1.500.000 barris por dia de tight oil, oriundo de rochas de baixa permeabilidade.

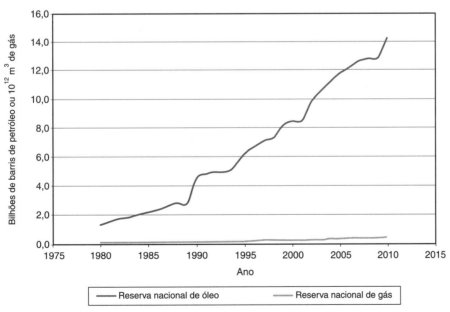

Figura 1.4 Reservas provadas brasileiras de óleo e gás natural de 1980 a 2010. (Fonte: British Petroleum Review of Energy World 2011.)

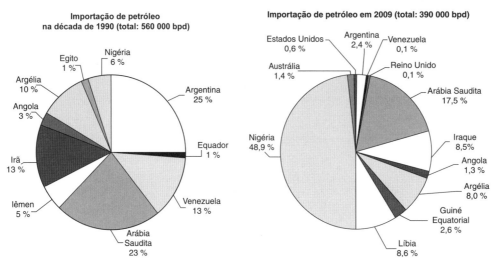

Figura 1.5 Maiores fornecedores de petróleo ao Brasil. (Fonte: ANP-Anuário Estatístico 2010.)

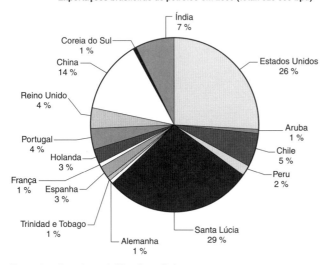

Figura 1.6 Exportações de petróleo brasileiro. (Fonte: ANP-Anuário Estatístico 2010.)

1.2 A DESCOBERTA INDUSTRIAL DO PETRÓLEO

A utilização do petróleo, ainda que de forma incipiente, remonta ao início de nossa civilização, constando referências de seu uso na Bíblia, como na Arca de Noé, a qual teria sido impermeabilizada com betume (Hobson e Pohl, 1975). Os povos bíblicos e os chineses utilizavam o petróleo há cerca de 6 000 anos para o cozimento de alimentos, iluminação e aquecimento. No entanto, até o século XIX, a utilização industrial do petróleo ainda era muito reduzida, até que a possibilidade de sua utilização para fins de iluminação, como substituto do óleo de baleia, impulsionou as primeiras tentativas de sua produção comercial. Praticamente em épocas simultâneas entre 1850 e 1853, Abraham Pineo Gesner, canadense, e Jan Józef Ignacy Łukasiewicz, polonês, desenvolveram o lampião a querosene e o querosene de iluminação, dando início à indústria do petróleo no mundo. Esses farmacêuticos verificaram que, por vaporização, o petróleo produzia um derivado, hoje conhecido como querosene, que apresentava as características necessárias ao combustível de iluminação. A possibilidade de obtenção deste derivado do petróleo com aplicação para iluminação atraiu o interesse de muitos para a procura de processos que realizassem a produção de petróleo em escala industrial. O primeiro a ter sucesso comercial foi Edwin Lawrence Drake, que fez jorrar petróleo de um poço de 21 metros de profundidade à vazão de 20 barris por dia, Figura 1.7. Como consequência, as primeiras refinarias surgiram nos Estados Unidos, Polônia e Romênia, tendo-se como referência a data de 1856 como a de início de suas operações para produzir querosene de iluminação, e o refino de petróleo teve forte impulso, especialmente nos Estados Unidos.

Figura 1.7   Primórdios da indústria de refino do petróleo nos Estados Unidos.

Esses acontecimentos provocaram uma corrida a essa nova riqueza, chamada de ouro negro, sucedendo-se inúmeros poços perfurados, fazendo com que a produção mundial de óleo e o seu refino crescessem muito. Em 1887, com o advento dos motores a explosão, outras frações do petróleo que antes eram desprezadas, como a gasolina e o óleo diesel, passaram a ter grande aplicação. Isso provocou vertiginoso crescimento da indústria do petróleo. Com o passar dos anos, surgiram outras aplicações para os derivados, refletindo-se atualmente em uma extensa gama de produtos, tendo, em 2010, sido produzidos 82,1 milhões de barris por dia, segundo a British Petroleum Review of Energy World 2011.

1.3 ORIGEM DO PETRÓLEO

Existe mais de uma teoria a respeito da origem do petróleo, que se constitui em uma das bases da nossa civilização industrial e que, como lembram Hobson e Pohl (1975), etimologicamente significa óleo de pedra ou óleo mineral. O processo que explica a origem do petróleo contribui para o descobrimento de novas jazidas, como também para maiores informações sobre sua composição química e suas propriedades. As teorias mais aceitas sobre a origem do petróleo se baseiam em uma série de fatos observados ao longo de sua exploração e produção (Hobson e Pohl (1975) e Speight, 1991):

— o petróleo é encontrado em muitos lugares da crosta terrestre e em grandes quantidades; desse modo, o seu processo de formação deve ser espontâneo;

— o petróleo é encontrado acumulado em regiões cujo subsolo seja constituído por grande número de rochas sedimentares, denominadas bacias sedimentares, Figura 1.8. Essas rochas, ao contrário das ígneas e metamórficas, se caracterizam por sua alta permeabilidade, o que possibilita condições para o armazenamento do petróleo;

— o petróleo é constituído basicamente por hidrocarbonetos que são substâncias pouco comuns em outros produtos minerais. Sua composição química varia bastante, e tem-se sempre algum acúmulo de gás nos poços de petróleo;

— quase todos os petróleos conhecidos mostram atividade ótica, e a maioria é dextrógira. Conclui-se então que sua origem é de organismos vivos, pois apenas estes são opticamente ativos;

— no petróleo bruto estão presentes compostos que se decompõem a temperaturas elevadas, entre as quais as porfirinas, Figura 1.9. Isso leva à admissão de que, ao longo do processo que origina o petróleo, a temperatura não é elevada;

— a composição química do petróleo pode variar de poço para poço de um mesmo campo produtor.

A partir de estudos de inúmeros cientistas, surgiram diferentes teorias a respeito da origem do petróleo, como a mineral, entre as quais citam-se as devidas aos pesquisadores franceses Henry Moissan e Paul Sabatier, e a orgânica, proposta por Karl Engler e Hans Hofer, que é a mais aceita por estar suportada pelos fatos citados e por ter maior comprovação científica. Pela hipótese desses cientistas, que conseguiram produzir hidrocarbonetos a partir de peixes e vegetais, o petróleo seria oriundo de substâncias orgânicas, restos de animais e vegetais, principalmente microfauna, plânctons e microflora, que se teriam depositado em grandes quantidades no fundo dos mares e lagos. Essa massa de detritos orgânicos se transformaria em compostos químicos, sob a ação do calor e da pressão das camadas que iriam se depositando e pela ação de bactérias ao longo do tempo. Entre os compostos oriundos dessa transformação estariam alguns gases, alguns compostos solúveis em água e um material sólido remanescente, que continuaria a sofrer a ação das bactérias até se transformar em uma substância semissólida, pastosa.

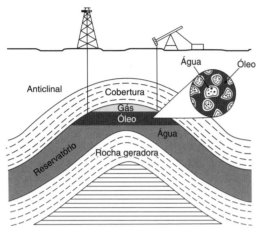

Migração primária:
– Dentro da rocha geradora

Migração secundária:
– Dentro do reservatório ou através de falhas

Velocidade de migração:
– 30 cm por ano

Figura 1.8   Migração do petróleo.

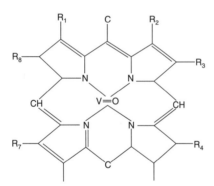

Figura 1.9   Tipo de porfirina.

Esse material só seria transformado em uma substância no estado líquido por reações químicas de craqueamento, realizadas em temperaturas inferiores a 200 °C, catalisadas por minerais contidos na rocha matriz. A substância líquida formada já teria algumas das características do petróleo e estaria submetida ao peso exercido pelos sedimentos, às forças geológicas e à diferença de densidade com relação à água salgada. Assim, ela teria tendência a migrar através das rochas mais permeáveis à sua passagem ou de fissuras existentes nessas rochas, produzidas por deslizamento das camadas (Thomas, 2001). Essa migração se efetuaria geralmente para cima, "por ascensão", por ser o petróleo menos denso que a água, e continuaria até que o petróleo encontrasse uma armadilha, constituída por uma bolsa rochosa de seção triangular, a qual, em geral, teria sido uma antiga costa marinha. Essas armadilhas são as rochas reservatório, porosas, que armazenam o petróleo, cobertas por uma camada suficientemente impermeável para impedir a saída do petróleo para a superfície.

As jazidas petrolíferas podem ser de dois tipos: estruturais, cuja forma clássica é representada pelos anticlinais, com a forma de uma calota, e as estratigráficas, mais difíceis de serem encontradas. Nas rochas reservatório, o petróleo se acumula sobre os domos salinos, em cima e nos flancos, permanecendo em uma posição de equilíbrio com a água residual, equilíbrio este obtido pela igualdade de pressões do óleo e da água nos poros. Nos poros onde se acumula, o petróleo pode sofrer ainda pequenas variações em sua composição decorrentes de processos físicos, até que o homem o descubra. Assim, para que se tenha uma jazida de petróleo comercialmente interessante, é preciso a existência de (Thomas, 2001):

— rocha geradora, onde o petróleo se formou;
— rocha reservatório, onde o petróleo fica estocado;
— rocha selante, que impede a constante migração do petróleo;
— falhas estruturais para permitir a migração adequada do petróleo;
— armadilha para armazenar o petróleo que migrou, Figura 1.10;
— tempo para permitir que essas condições apontadas se deem na sequência adequada.

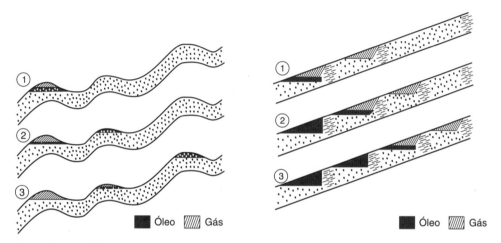

Figura 1.10 Tipos de armadilhas para armazenamento de petróleo.

1.4 A EXPLORAÇÃO DE PETRÓLEO

A exploração de petróleo é uma atividade dispendiosa e demorada para apresentar resultados, e envolve o levantamento de dados, estudos sísmicos e análises dos dados, em que se verifica a possibilidade de uma bacia sedimentar acumular petróleo. A prospecção do petróleo pode ser realizada por dois métodos (Thomas, 2001):

- **geológicos**: baseiam-se no fato de que apenas rochas sedimentares podem acumular petróleo, não existindo, no entanto, métodos diretos de pesquisa de petróleo em terrenos sedimentares. Elas são realizadas por métodos indiretos, que colocam em evidência as possíveis armadilhas que podem ocorrer em um dado terreno. Por meio de um estudo detalhado, pode-se reconstruir a forma de armadilhas profundas em terrenos onde a sinuosidade das camadas profundas se prolonga até a superfície. Para efetuar esse estudo, os geólogos percorrem o terreno verificando a idade do solo, suas inclinações e a direção dessas inclinações. Esse estudo permite reconstruir as camadas geológicas do terreno.

- **geofísicos**: frequentemente um estudo geológico não é possível de ser realizado devido à forma do terreno, pois as camadas mais profundas estão mascaradas por modificações que ocorreram ao longo da história. Os métodos geofísicos completam os conhecimentos geológicos, os quais podem ser, entre outros, dos tipos:

    — *qualitativos:* gravimétrico, magnético e elétrico. O método gravimétrico se baseia na variação da aceleração da gravidade através de camadas mais densas encontradas em estruturas anticlinais, enquanto o magnético, similarmente, se baseia na variação do campo magnético da Terra, que é influenciado pela estrutura das rochas existentes, dando indicações das estruturas possíveis de ocorrer. Os métodos elétricos são também utilizados como primeira investigação, com base na diferença de resistividade dos terrenos sedimentares, quando se transmitem correntes elétricas através deles. Em alguns casos, os resultados podem ser interpretados de forma quantitativa.

— *quantitativos:* os métodos sísmicos, de reflexão e de refração fornecem resultados quantitativos, sendo os de reflexão os mais utilizados na prospecção de petróleo (Thomas, 2001). Pela sísmica de reflexão, as ondas sonoras criadas e propagadas através de um terreno sedimentar pela sua explosão se propagam e se refletem, permitindo a separação entre terrenos sedimentares de natureza diferente, por exemplo, argila de calcário, Figura 1.11. Os estudos sísmicos levam em conta o tempo necessário para que as ondas se reflitam, o que dá indicações da profundidade dos terrenos. A sísmica de refração utiliza a diferença de velocidade de transmissão das ondas através de elementos constituintes do subsolo. Essas velocidades variam bastante, desde 330 m/s no ar, 1475 m/s na água do mar, 1800 m/s na argila, 3000 m/s a 3600 m/s no calcário até de 5000 m/s a 6000 m/s em rochas cristalinas. Os dispositivos de sismografia são colocados em uma superfície suficientemente vasta, de alguns quilômetros, para que se obtenham, de forma precisa, diferenças de tempo notáveis que deem segurança aos estudos.

Figura 1.11 Métodos sísmicos de exploração de petróleo. (Fonte: Rogério Reis/Banco de Imagens Petrobras.)

1.5 A PRODUÇÃO DE PETRÓLEO

Uma vez definidas as estruturas possíveis para acumular petróleo, efetua-se a sondagem para comprovar a viabilidade de sua ocorrência e se ela é comercial. Essa sondagem é feita por meio de perfurações do solo, muitas vezes em lâminas d'água de cerca de 2000 metros e em profundidades de terreno em alguns casos superiores a 4000 metros, Figura 1.12. Para isso, procede-se à perfuração do terreno com sondas classificadas em três categorias, de acordo com a profundidade:

— até 1500 m;
— entre 1500 m e 3000 m;
— superiores a 3000 m.

Na perfuração rotativa, as rochas são perfuradas pela ação da rotação e da força aplicadas a uma broca colocada na extremidade da coluna de perfuração (Thomas, 2001). As brocas podem ser de diferentes tipos, como lâminas de aço, usadas para terrenos menos duros, ou cilindros de aço recarregados com tungstênio ou de diamantes, que são as mais usadas, para qualquer terreno. Essas brocas são acopladas a um conjunto de cilindros ocos enroscados uns nos outros, que, por um movimento rotativo, promovem a perfuração do terreno. A direção da perfuração deve ser perfeitamente controlada para que o objetivo final seja alcançado pela sonda, sem que haja desvios. A terra retirada pela sonda é removida para a superfície pela injeção contínua de uma corrente de lama que desce pelo interior dos cilindros e sobe pelo espaço anular existente entre os cilindros e as paredes do poço. A lama injetada tem ainda a função de manter resfriada a sonda e lubrificar o conjunto rotativo, manter íntegras as paredes do poço, depositando sobre elas uma fina película de argila resultante da filtração através da parede, e exercer pressão para que os fluidos encontrados não saiam do poço.

A definição do potencial produtivo do poço começa pelo exame do terreno removido do poço, prosseguindo pela remoção de uma amostra da camada do terreno, recorrendo-se em seguida a medidas físicas das rochas atravessadas e terminando por se utilizar aparelhos especiais que permitam o escoamento dos fluidos existentes no poço durante um certo tempo. Quando o poço está terminado, e se é encontrada uma camada produtiva, desce-se a coluna de produção destinada a permitir o escoamento dos fluidos produzidos para a superfície. Em função da profundidade do poço, pode ocorrer a necessidade de se colocarem diversas colunas de produção.

Figura 1.12 Perfuração de poços de petróleo. (Fonte: Bruno Veiga/Banco de Imagens Petrobras.)

A coluna de produção é perfurada após sua colocação por meio de comando elétrico. Realizam-se diversos furos que atravessam a parede da coluna, colocando a formação produtiva de petróleo em contato com o interior da coluna. A seguir, introduz-se o conjunto de tubos até a camada produtora de petróleo, que é ligado à coluna na superfície por conexões e válvulas, ao qual se dá o nome de "árvore de natal", Figura 1.13. Esse conjunto permite colocar em produção o poço produtor de petróleo, seja pelos tubos, seja pelo espaço entre eles e a coluna de produção, seja na produção em terra ou na plataforma continental, Figura 1.14.

Figura 1.13 Árvore de natal. (Fonte: José Caldas/Banco de Imagens Petrobras.)

Figura 1.14 Plataforma de produção de petróleo da bacia de Campos. (Fonte: Eliana Fernandes/Banco de Imagens Petrobras.)

Para que o escoamento de petróleo se inicie, é necessário promover o efeito de "pistonamento", que permitirá que o petróleo vença a pressão hidrostática da lama que está sobre a camada produtora. Caso a pressão da camada seja ainda assim insuficiente para que o petróleo escoe, deve-se promover um bombeamento mecânico, por meio de bombas instaladas em baixas profundidades e acionadas a partir da superfície. Outro procedimento bastante usado para auxiliar o escoamento do petróleo é o chamado *gas-lift*, em que se injeta gás sob pressão entre a coluna e o conjunto de tubos de produção. Esse gás arrasta o petróleo até a superfície.

Junto com o petróleo que chega à superfície podem estar presentes gás, água e material inorgânico como areia, sal etc. Todo esse material deve ser separado do petróleo, o que é feito no próprio campo de produção, com equipamentos que promovem a sua desidratação e remoção. Se o gás separado se apresenta em grande quantidade, é feito o seu aproveitamento no próprio campo, para diversas finalidades. Pode-se ainda enviá-lo, por dutos, a outras unidades produtoras, onde, após processamento e purificação, ele será consumido em diferentes aplicações.

Um campo de petróleo, normalmente, é composto por diversos poços produtores, cujas vazões podem variar desde valores bastante reduzidos até algumas dezenas de milhares de barris por dia. Os diversos poços produtores de um campo podem produzir petróleos com características diferentes, o que depende basicamente da formação encontrada e de sua profundidade.

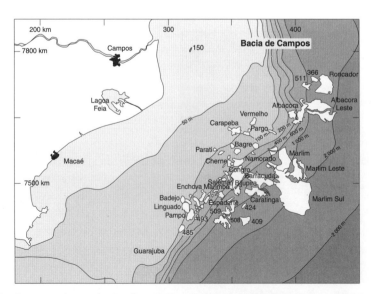

Figura 1.15 Campos de produção de petróleo da bacia de Campos. (Fonte: Banco de Imagens Petrobras.)

Ainda, em muitos casos, pode-se reunir os diversos campos produtores de petróleo em uma só corrente, tal como o petróleo brasileiro denominado Cabiúnas, Figura 1.15. Esse petróleo é o resultado da mistura de diversos petróleos de vários poços de diferentes campos produtores, como Badejo, Namorado, Enchova, Linguado e outros, podendo alcançar mais de 30 campos e cerca de uma centena de poços. Assim, uma corrente de petróleo pode ser composta por um grande número de campos, que por sua vez são compostos por diversos poços. Essa situação pode fazer com que a corrente de petróleo tenha características variáveis ao longo do tempo, em função da entrada ou saída de operação dos poços dos diversos campos que estão contribuindo para a sua produção.

1.6 O REFINO DO PETRÓLEO

Desde a operação das primeiras refinarias no século XIX até o processamento de petróleo nas refinarias de hoje, as aplicações dos seus derivados têm crescido exponencialmente, Figura 1.16, com utilizações nos mais variados tipos de equipamentos e de indústrias em geral. Essa grande diversidade de produtos é dividida em duas classes principais:

- combustíveis ou energéticos
  - doméstico: gás liquefeito de petróleo (GLP) e gás natural;
  - automotivos: gasolina e óleo diesel;
  - de aviação: gasolina e querosene (QAV);
  - industriais: gás, óleo combustível e coque (coque combustível);
  - marítimos: óleo diesel e óleo combustível.
- não combustíveis ou não energéticos
  - lubrificantes, graxas e parafinas;
  - matéria-prima para petroquímica e fertilizantes: gases, nafta e gasóleos;
  - outros: solventes, óleo para pulverização agrícola, asfaltos, coque (coque grau anodo), extrato aromático e outros.

Figura 1.16 Aplicações de produtos de petróleo.

O abastecimento do mercado brasileiro de derivados de petróleo ao longo de mais de 50 anos tem sido realizado pela Petrobras, que comercializa inúmeros produtos obtidos pelo refino do petróleo e processamento do gás natural.

Os combustíveis se constituem no tipo de derivados de petróleo de maior produção e de maior demanda em todo o mundo. Em particular, no Brasil, alcançam mais de 80 % da produção e do consumo de derivados, Figuras 1.17 e 1.18. Para que seja possível abastecer o mercado de derivados de petróleo na quantidade e qualidade requeridas pelo mercado, torna-se necessário dispor de processos de refino que permitam obter esses produtos. A distribuição relativa da produção dos derivados de petróleo em uma refinaria é denominada perfil de refino do petróleo. Esse perfil de refino tem se alterado ao longo dos últimos anos no Brasil e no mundo em função de mudanças no quadro político-econômico, ditadas principalmente por restrições ambientais, levando a grandes alterações nas refinarias para adequá-las às novas necessidades de qualidade e quantidade dos derivados. As porcentagens típicas dos principais produtos produzidos pelo refino do petróleo no Brasil são mostradas nas Figuras 1.17(a) e 1.17(b).

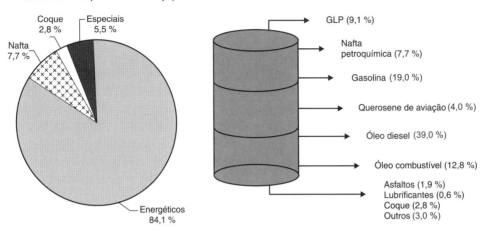

Figura 1.17(a) Demanda de derivados no Brasil – porcentual em relação ao petróleo. (Fonte: ANP-Anuário Estatístico 2010.)

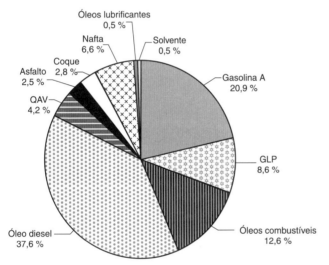

Figura 1.17(b) Produção dos principais derivados do petróleo no Brasil em meados da década de 2000 – Total: 1.850.000 bpd.

A evolução histórica do consumo dos derivados de petróleo e de etanol no Brasil entre 1970 e 2010 é mostrada na Figura 1.18, onde se verificam o aumento do consumo de óleo diesel, GLP e etanol e a redução da gasolina automotiva e do óleo combustível. Essas alterações no perfil brasileiro de refino refletem a política energética brasileira, estabelecida a partir do final da década de 1970, quando se buscou reduzir a dependência de fornecimento de petróleo importado pelo fomento do desenvolvimento de fontes energéticas alternativas, como o etanol e a hidroeletricidade, em substituição à gasolina e ao óleo combustível. Em decorrência dessa política, o consumo desses derivados caiu acentuadamente. Em meados da década de 1980, cerca de 90 % dos consumidores optavam pelos veículos movidos a etanol, e a demanda de gasolina, que em 1970 representava cerca de 35 % do consumo de petróleo, caiu para 12 % em 1988.

A partir do final da década de 1980 até o início da década de 2000, motivados, possivelmente, pelas sucessivas crises de abastecimento de etanol, os compradores de veículos novos voltaram a adquirir veículos a gasolina, que alcançou cerca de 95 % do total de veículos leves produzidos no país na época. Isso fez com que o consumo de gasolina voltasse a crescer, alcançando cerca de 20 % em meados da década de 1990, valor no entanto ainda muito inferior à média mundial, de cerca de 35 %. Observe-se que, mesmo nos veículos ditos a gasolina, o combustível é constituído por uma parcela entre 20 % e 25 % de etanol anidro, segundo lei federal promulgada em 1992 pelo Congresso brasileiro.

A partir de 2005, com a introdução dos veículos *flex-fuel*, para esses tipos de veículos houve aumento acentuado do consumo porcentual de etanol hidratado, enquanto o consumo porcentual de gasolina e de

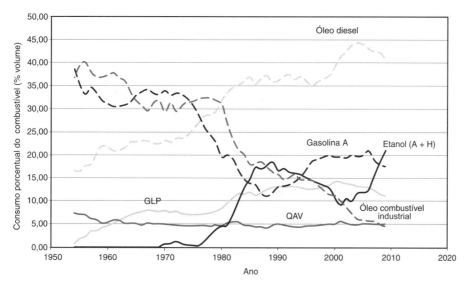

Figura 1.18 Evolução do consumo brasileiro de combustíveis e de etanol entre 1970 e 2010. (Fonte: Petrobras e ANP Anuário Estatístico 2010.)

etanol anidro caiu. Por outro lado, há ainda, na Europa, a tendência de utilização de motores diesel em veículos leves, o que poderá provocar a redução da frota de veículos leves do tipo ciclo Otto, refletindo-se, principalmente, no consumo de gasolina. Também, com a adição de biodiesel ao óleo diesel em cada vez maior porcentagem, há a perspectiva de que no futuro haja um decréscimo da participação porcentual desse derivado no perfil de consumo de combustíveis brasileiros.

Para o abastecimento do mercado de derivados utilizam-se, comercialmente, a importação e exportação desses produtos. No Brasil, via de regra, os derivados normalmente importados em maiores quantidades são o óleo diesel, o GLP, a nafta e o coque, Figura 1.19, e os derivados normalmente exportados em maiores quantidades são a gasolina e o óleo combustível industrial e marítimo, Figura 1.20, devido às características da matriz energética brasileira.

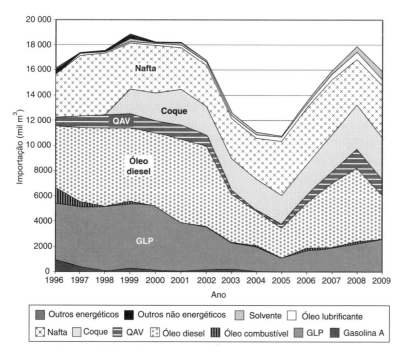

Figura 1.19 Importações brasileiras de derivados de petróleo. (Fonte: ANP Anuário Estatístico 2010.)

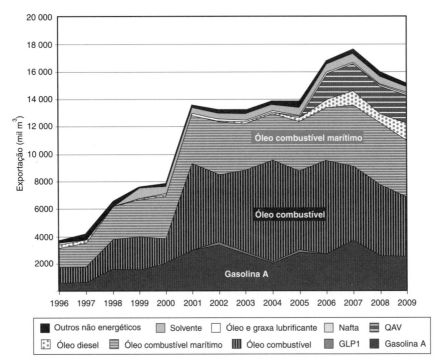

Figura 1.20 Exportações brasileiras de derivados de petróleo. (Fonte: ANP Anuário Estatístico 2010.)

1.7 A QUALIDADE DO PETRÓLEO

A partir de qualquer petróleo podem-se obter quaisquer dos seus derivados, desde que haja na refinaria processos adequados para tal. Assim, o que difere o refino, de um petróleo para outro, são os processos necessários para viabilizar a obtenção dos derivados desejados, o que se reflete nos custos do seu processamento. Assim, o tipo de petróleo determina o grau de refino necessário para a produção das quantidades e tipos de derivados desejados, e o seu valor comercial depende de sua qualidade.

Para avaliá-lo com vistas à sua alocação, utilizam-se, além de suas próprias características, os rendimentos, tipos e qualidade de derivados que ele produz por um esquema de refino, Figura 1.21. As refinarias têm por objetivo produzir derivados para atender o mercado, com máxima rentabilidade, de forma segura e responsável ambientalmente. Para que esse objetivo seja alcançado, o tipo de petróleo a ser processado necessita ser definido em função desses objetivos e dos processos de refino existentes na refinaria. Assim, surge a necessidade de qualificar o petróleo para sua alocação nas refinarias.

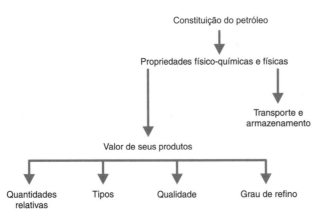

Figura 1.21 Valor e qualidade do petróleo.

A qualidade intrínseca do petróleo depende, basicamente, de sua constituição físico-química, o que determina os rendimentos e as propriedades dos seus derivados. Na Tabela 1.2 são apresentados os valores de densidade e de teor de enxofre de diversos petróleos, e na Figura 1.22 são mostrados os rendimentos das frações básicas de refino. Essa frações se constituem em matérias-primas para a produção dos derivados ou de cargas de outros processos e são as seguintes: o GLP, a nafta, o querosene, os gasóleos atmosféricos, os gasóleos de vácuo e o resíduo de vácuo. Para comparar petróleos, os rendimentos das frações básicas devem ser definidos em uma mesma base de processamento, que é ditada por temperaturas teóricas de corte dessas frações nas unidades de destilação.

Tabela 1.2   Características de petróleos

Petróleo	País	°API	Enxofre total (% m/m)	Viscosidade a 40 °C (mm²/s)	Ponto de fluidez (°C)	Acidez (mg KOH/g)	Vanádio (mg/kg)	Níquel (mg/kg)
Albacora	Brasil	28,3	0,44	17,75	-21	0,15	6,2	9,0
Árabe Leve	Arábia Saudita	33,5	1,93	6,120	-24	0,06	3,1	10,6
Bachaquero	Venezuela	10,8	2,78	5830	15	4,15	55,2	400,0
Baiano	Brasil	36,5	0,06	17,75	33	0,11	14,0	<0,5
Basrah Médio	Iraque	30,3	2,70	8,210	-27	0,11	11,3	42,3
Bonny Light	Nigéria	33,7	0,14	4,130	6	0,18	4,2	0,4
Brent	Reino Unido	37,7	0,38	3,850	6	0,04	1,1	7,3
Cabiúnas	Brasil	25,3	0,47	32,18	-45	0,71	11,0	14,0
Gulf of Suez	Egito	30,9	1,70	7,220	3	0,20	21,7	36,8
Marib Light	Iêmen	42,1	0,16	2,080	-48	0,13	1,5	1,2
Marlim	Brasil	19,4	0,77	133,3	-33	1,25	19,0	28
Olmeca	México	39,1	0,87	2,680	-63	0,14	2,9	7,3
Redwater	Canadá	33,0	0,72	5,580	-15	0,20	12,5	12,2
Russian	Rússia	18,8	1,93	175,0	15	0,02	20,8	58,9
Sheng-Li	China	25,0	0,63	98,50	27	1,15	24,1	2,3
Soyo	Angola	39,6	0,10	4,160	12	0,08	0,6	0,8
Urals	Rússia	31,0	1,33	11,70	-3	0,03	12,4	44,7
Urucu	Brasil	48,5	0,05	2,360	-6	0,01	<0,5	<0,5

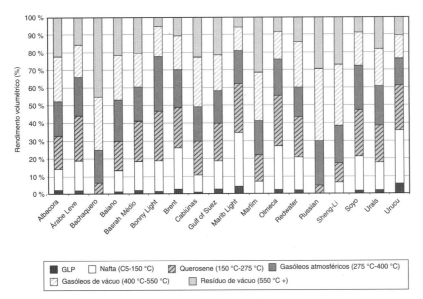

Figura 1.22 Características de petróleos: rendimento das frações básicas.

1.8 O PETRÓLEO – DEFINIÇÃO

O petróleo, Figura 1.23, aparentemente uma substância homogênea, é no entanto uma mistura de gases, líquidos e sólidos cujas características variam grandemente de acordo com o campo produtor. A American Society for Testing and Materials, ASTM, por meio da norma D4175-09a (2010), o define como:

> "Uma mistura de ocorrência natural, consistindo predominantemente em hidrocarbonetos e derivados orgânicos sulfurados, nitrogenados e oxigenados e outros elementos."

Figura 1.23 O petróleo. (Fonte: Juarez Cavalcanti/ Banco de Imagens Petrobras.)

O petróleo bruto está comumente acompanhado por quantidades variáveis de substâncias estranhas tais como água, matéria inorgânica e gases, as quais não fazem parte do petróleo. Qualquer processo que altere a composição do óleo fará com que o produto resultante não seja mais considerado petróleo. No passado, alguns autores definiam o estado físico do petróleo como líquido. Em realidade, os hidrocarbonetos e demais compostos presentes podem ocorrer nos estados gasoso, líquido e sólido, em proporções variáveis, dependendo do tamanho da cadeia de átomos de carbono. Dessa forma, o petróleo em seu estado natural e à temperatura ambiente constitui-se em uma dispersão de gases e sólidos em uma fase líquida e pode estar no estado de líquido, newtoniano ou não newtoniano, em função de sua temperatura. A passagem de um estado para outro se dá nas imediações da temperatura em que se formam os primeiros cristais de parafina.

As diferentes famílias de hidrocarbonetos presentes no petróleo apresentam propriedades bem distintas entre si, o que se reflete sobre suas características, que variam bastante de acordo com o tipo de hidrocarboneto predominante — parafínicos, naftênicos ou aromáticos. Podem ocorrer óleos muito fluidos e claros, com grandes proporções de destilados leves, como também óleos muito viscosos e escuros, com grandes proporções de destilados pesados. O petróleo é inflamável à temperatura ambiente e sua densidade pode variar bastante, entre 0,75 e 1,0. Seu odor pode, em alguns casos, ser fortemente desagradável, produzido pelos compostos sulfurados.

Apesar dessas diferenças em suas características físicas, sua composição elementar varia pouco, Tabela 1.3, o que pode parecer contraditório.

Tabela 1.3 Composição elementar média do petróleo segundo Speight (2001)

Elemento	Porcentagem mássica
Carbono	83,0 a 87,0
Hidrogênio	11,0 a 14,0
Enxofre	0,06 a 8,0
Nitrogênio	0,11 a 1,7
Oxigênio	0,5
Metais (Fe, Ni, V etc.)	0,3

Isso é explicado pela sua constituição química, uma vez que ele é composto majoritariamente por séries homólogas de hidrocarbonetos, cujas quantidades variam pouco em termos relativos, produzindo pequenas diferenças na composição elementar. No entanto, as diferenças entre as propriedades físicas e químicas desses hidrocarbonetos são muito grandes, o que resulta em uma diversidade de características dos petróleos para uma faixa estreita de variação de composição elementar do óleo bruto.

1.9 CONSTITUIÇÃO DO PETRÓLEO

A elevada proporção de carbono e hidrogênio em relação aos outros constituintes existentes no petróleo mostra que os hidrocarbonetos são os seus principais constituintes, alcançando mais de 90 % de sua composição. Os outros elementos presentes aparecem sob a forma de compostos orgânicos e, em alguns casos, compostos organometálicos. O enxofre pode estar presente também na forma inorgânica como gás sulfídrico (H_2S) e enxofre elementar (S^0). Os metais também podem ocorrer como sais de ácidos orgânicos. De forma geral, o teor de contaminantes é maior nas frações mais pesadas do petróleo do que nas mais leves. Os constituintes do petróleo podem ser divididos em duas grandes classes, Figura 1.24:

— hidrocarbonetos propriamente ditos;
— não hidrocarbonetos: asfaltenos, resinas, compostos sulfurados, compostos oxigenados, compostos nitrogenados e compostos organometálicos.

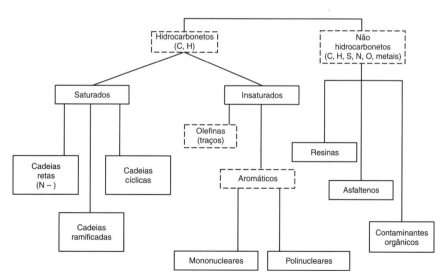

Figura 1.24 Constituição do petróleo.

18 | Capítulo 1

Os hidrocarbonetos estão presentes no óleo cru sob a forma de três classes: alcanos ou parafínicos, cicloalcanos ou naftênicos e aromáticos. Podem ocorrer desde hidrocarbonetos com um átomo de carbono, o metano, até compostos com mais de 60 átomos de carbono. O teor total de hidrocarbonetos no petróleo, segundo Speight (2001), pode variar entre cerca de 70 %, em petróleos pesados, com elevado teor de frações asfálticas e de contaminantes, e cerca de 97 %, em petróleos com elevado teor de frações leves. Em cada classe de hidrocarboneto destacam-se diferentes características, que serão comentadas a seguir.

1.9.1 Os Hidrocarbonetos

1.9.1.1 Os alcanos ou parafínicos

De fórmula geral C_nH_{2n+2}, os alcanos são hidrocarbonetos saturados, em que todos os átomos de carbono apresentam ligações simples, com cadeia aberta do tipo normal ou ramificada. Esses hidrocarbonetos são conhecidos na indústria do petróleo pelo nome de parafínicos, de cadeia normal ou ramificada, Tabela 1.4. Os do tipo normais parafínicos de longa cadeia são os principais constituintes do produto comercial denominado parafina. Os normais parafínicos são majoritários nas frações leves, até cerca de 120 °C, quando começa a ocorrer o equilíbrio com os ramificados. A cerca de 150 °C, em geral, passa a ocorrer predomínio dos parafínicos ramificados sobre os normais; no entanto, petróleos parafínicos podem conter cerca de 20 % a 50 % de parafínicos normais na fração 150 °C-350 °C, (Speight, 2001). A porcentagem em que os parafínicos ocorrem em petróleos varia muito, de acordo com o tipo de cru.

Tabela 1.4 Constantes físicas de n-alcanos

Nome	Fórmula	Ponto de fusão (ºC)	Ponto de ebulição normal (ºC)	Estado físico nas CNTP
Metano	CH_4	-183	-162	
Etano	C_2H_6	-172	-89	
n-Propano	C_3H_8	-187	-42	GASOSO
n-Butano	C_4H_{10}	-135	-0,5	
n-Pentano	C_5H_{12}	-130	36	
n-Hexano	C_6H_{14}	-94	69	
n-Heptano	C_7H_{16}	-91	98	
n-Octano	C_8H_{18}	-57	126	
n-Nonano	C_9H_{20}	-54	151	
n-Decano	$C_{10}H_{22}$	-30	174	
n-Undecano	$C_{11}H_{24}$	-26	196	LÍQUIDO
n-Dodecano	$C_{12}H_{26}$	-10	216	
n-Tridecano	$C_{13}H_{28}$	-6	236	
n-Tetradecano	$C_{14}H_{30}$	6	254	
n-Pentadecano	$C_{15}H_{32}$	10	271	
n-Hexadecano	$C_{16}H_{34}$	18	287	
n-Heptadecano	$C_{17}H_{36}$	22	302	
n-Octadecano	$C_{18}H_{38}$	28	317	SÓLIDO
n-Nonadecano	$C_{19}H_{40}$	32	330	
n-Eicosano	$C_{20}H_{42}$	36	344	

1.9.1.2 Os cicloalcanos ou naftênicos

Os cicloalcanos ou naftênicos são hidrocarbonetos saturados de fórmula geral C_nH_{2n}, contendo uma ou mais cadeias cíclicas. São conhecidos na indústria do petróleo como naftênicos, pois sua presença no petróleo começa a ocorrer a partir da fração do petróleo denominada nafta, Tabela 1.5.

Tabela 1.5   Algumas estruturas naftênicas existentes no petróleo

Normalmente, as estruturas naftênicas básicas existentes no petróleo são as do ciclopentano e do ciclo-hexano, com mínima ocorrência de ciclobutano. Podem ocorrer cadeias parafínicas ligadas à estrutura naftênica, substituindo átomos de hidrogênio. Compostos naftênicos com uma, duas ou três ramificações parafínicas são os principais constituintes das frações leves e médias de vários tipos de cru. De forma geral, os naftênicos ocorrem nos petróleos, majoritariamente, nas frações médias, querosenes, gasóleos atmosféricos e gasóleos de vácuo. Os naftênicos dicíclicos ocorrem nas frações médias do petróleo, querosene e gasóleos atmosféricos, enquanto os compostos naftênicos conjugados ou condensados, de três, quatro e cinco anéis, são constituintes das frações pesadas (Tissot e Welte, 1984).

1.9.1.3 Os aromáticos

Os hidrocarbonetos aromáticos são aqueles que contêm um ou mais anéis benzênicos, podendo apresentar ainda cadeias parafínicas e naftênicas ligadas à estrutura aromática. Esses últimos tipos de compostos aromáticos são os que mais ocorrem nos petróleos, não excluindo, no entanto, a possibilidade de ocorrência de aromáticos contendo apenas o núcleo aromático (Speight, 2001). Na Tabela 1.6 são apresentados alguns compostos dessa classe. São minoritários nas frações leves e, na maioria dos casos, também são minoritários nas frações médias. Ocorrem em teores maiores nas frações pesadas e residuais, onde, dependendo do tipo de petróleo, podem ser as majoritárias, apresentando estruturas policíclicas na forma de aromáticos-naftênicos, em alguns casos. Para os do tipo poliaromático, os anéis podem estar ligados de forma isolada, conjugada ou condensada. Entre os constituintes do tipo monoaromático citam-se o benzeno, o tolueno, o etilbenzeno e os xilenos, com pontos de ebulição normais entre 80 ºC e 140 ºC. Os naftalenos aparecem nas frações médias como alquilnaftalenos, enquanto os aromáticos do tipo tri e tetranucleares se concentram nas frações mais pesadas.

20 | Capítulo 1

Tabela 1.6   Alguns hidrocarbonetos aromáticos encontrados no petróleo

Em frações pesadas de petróleos pesados, os nafteno-aromáticos, Tabela 1.7, estão entre os principais constituintes, na forma de compostos aromáticos condensados ligados a um, dois ou três anéis naftênicos. Os de maior importância dessa classe são os tetra e pentacíclicos, e os de maior ocorrência são os que contêm de 20 a 30 átomos de carbono (Tissot e Welte, 1984). Compostos tetra e pentacíclicos em sua totalidade podem alcançar mais de 10% nas frações pesadas de petróleos pesados.

Tabela 1.7   Alguns hidrocarbonetos nafteno-aromáticos encontrados no petróleo

1.9.1.4   Teor de hidrocarbonetos no petróleo

A composição química dos diversos tipos de petróleos varia muito. Para estudá-la, foram conduzidas diversas pesquisas, entre as quais a que foi realizada pelo American Petroleum Institute (Mair, 1967) para determinar a composição química do petróleo norte-americano denominado Ponca City. Os resultados dessa pesquisa são mostrados na Tabela 1.8. No Brasil, a partir de dados de avaliações de petróleos realizadas pelo Centro de Pesquisas da Petrobras, foram levantados os valores médios de ocorrência de hidrocarbonetos parafínicos, naftênicos e aromáticos para um grupo de petróleos de diversas naturezas, apresentando os resultados mostrados na Tabela 1.9 e nas Figuras 1.25 a 1.30 (Farah, 2006). Essas e outras pesquisas realizadas sobre a constituição do petróleo permitiram que se tirassem as seguintes conclusões:

— existem identificados mais de cerca de 600 hidrocarbonetos no petróleo, especulando-se que podem ocorrer mais de mil substâncias no óleo cru;

— todos os petróleos contêm, praticamente, os mesmos hidrocarbonetos, porém suas quantidades relativas variam muito;

— também, a quantidade relativa de cada classe de hidrocarboneto presente varia grandemente, acarretando diferentes características de petróleo para petróleo;

— quanto aos não hidrocarbonetos, foram identificados mais de 200 compostos de enxofre.

Esses valores mostram de forma abrangente como varia a composição das frações de diversos tipos de petróleos.

Tabela 1.8 — Tipos de hidrocarbonetos encontrados no petróleo Ponca City (Mair, 1967)

Tipo e percentual	Tipo e percentual
Parafínicos normais (14 %)	Benzeno (1 %)
CH_3-CH_2-R	
Parafínicos ramificados (18 %)	Alquilbenzenos (17 %)
Alquilciclopentanos (10 %)	Aromáticos binucleares (17 %)
Alquilciclo-hexanos (6 %)	Aromáticos tri e tetranucleares (4 %)
Naftênicos bicíclicos (5 %)	Naftenos aromáticos (8 %)

Tabela 1.9 — Faixas de ocorrência de hidrocarbonetos em petróleos de 10 °API a 40 °API (Farah, 2006)

Faixa de temperatura de ebulição normal (ºC)	Faixas de valores	Parafínicos	Ciclopa-rafínicos	Aromáticos totais	Monoaro-máticos	Diaro-máticos	Triaromá-ticos	Tetra-aro-máticos	Compostos sulfurados
C_5-150	Médio	59,1	29,6	10,1	10,1				
	Mínimo	24,2	13,9	1,3	1,3				
	Máximo	82,0	56,9	27,7	27,7				
150-250	Médio	21,6	42,9	33,3	17,4	4,2			
	Mínimo	9,5	8,8	28,7	8,0	1,4			
	Máximo	28,4	56,6	57,8	23,3	7,8			
250-400	Médio	25,9	44,8	25,9	10,2	12,0	3,5	0,2	3,4
	Mínimo	9,8	3,1	27,4	3,6	4,6	1,4	0,0	0,6
	Máximo	38,8	57,7	66,2	13,8	19,4	7,0	0,6	14,6
400-550	Médio	15,1	48,1	31,9	12,3	10,1	6,4	3,0	5,0
	Mínimo	1,7	29,1	10,0	3,3	4,3	2,3	0,0	1,1
	Máximo	46,9	59,5	55,4	18,2	17,4	13,7	6,1	22,1

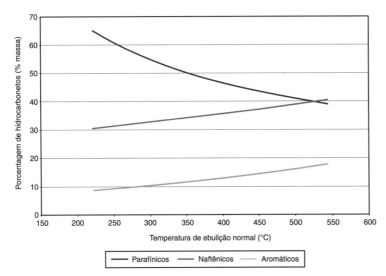

Figura 1.25 Exemplo de distribuição dos hidrocarbonetos em petróleos leves.

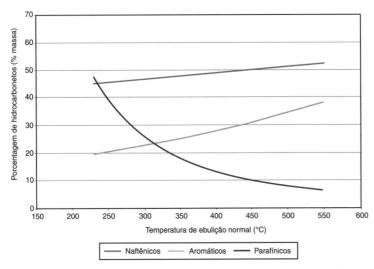

Figura 1.26 Exemplo de distribuição dos hidrocarbonetos em petróleos médios.

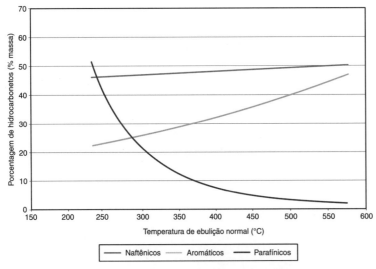

Figura 1.27 Exemplo de distribuição dos hidrocarbonetos em petróleos pesados.

O Petróleo | 23 |

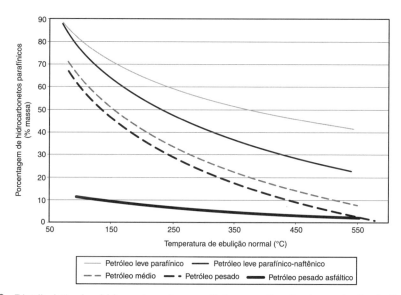

Figura 1.28 Distribuição dos hidrocarbonetos parafínicos em função do ponto de ebulição em diversos tipos de petróleos.

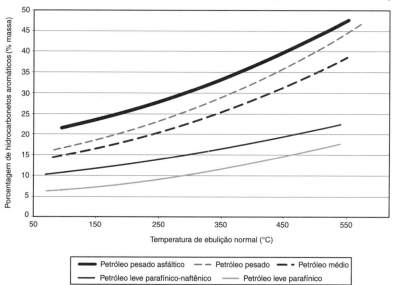

Figura 1.29 Distribuição dos hidrocarbonetos aromáticos em função do ponto de ebulição em diversos tipos de petróleos.

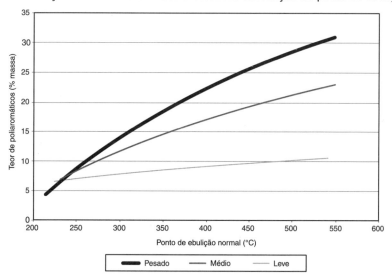

Figura 1.30 Distribuição dos hidrocarbonetos poliaromáticos em função do ponto de ebulição em diversos tipos de petróleos.

24 Capítulo 1

1.9.1.5 A influência dos hidrocarbonetos nas características dos petróleos

Os hidrocarbonetos parafínicos, naftênicos e aromáticos apresentam diferentes propriedades, como pode ser verificado nas Tabelas 1.10 a 1.13, que apresentam a densidade, o ponto de ebulição normal e a razão molar carbono-hidrogênio de hidrocarbonetos parafínicos, olefínicos, naftênicos e aromáticos. A Tabela 1.14 ilustra as diferenças existentes entre as propriedades dos hidrocarbonetos de diferentes tipos, contendo seis e sete átomos de carbono. Estas diferenças se refletem nas características do petróleo e de suas frações, influindo no seu processamento, movimentação e utilização.

Tabela 1.10 Propriedades de hidrocarbonetos parafínicos

Nº	Parafínicos normais e ramificados	$d_{15,6/15,6}$	Ponto de ebulição normal (°C)	Número de átomos		Razão mássica
				C	H	C/H
1	Pentano normal	0,626	36,0	5	12	5,0
2	2-Metilbutano (Isopentano)	0,620	28,0	5	12	5,0
3	2,2-Dimetilpentano (Neopentano)	0,590	9,5	5	12	5,0
4	Hexano normal	0,659	69,0	6	14	5,2
5	2-Metilpentano (Iso-hexano)	0,653	60,0	6	14	5,2
6	3-Metilpentano	0,664	63,0	6	14	5,2
7	2,2-Dimetilpentano (Neo-hexano)	0,649	50,0	6	14	5,2
8	2,3-Dimetilpentano	0,662	58,0	6	14	5,2
9	Heptano normal	0,684	98,5	7	16	5,2
10	2-Metil-hexano (Iso-heptano)	0,679	90,1	7	16	5,2
11	2,3-Dimetilpentano	0,695	89,8	7	16	5,2
12	2,4-Dimetilpentano	0,673	80,6	7	16	5,2
13	2,2,3-Trimetilbutano (Triptano)	0,690	80,9	7	16	5,2
14	3-Etilpentano	0,698	93,5	7	16	5,2
15	Octano normal	0,703	125,6	8	18	5,3
16	2-Metil-heptano	0,698	118,0	8	18	5,3
17	3-Etil-hexano	0,713	118,7	8	18	5,3
18	2,2,3-Trimetilpentano	0,716	109,8	8	18	5,3
19	2,2,4-Trimetilpentano	0,692	99,2	8	18	5,3
20	2,3,3-Trimetilpentano	0,726	114,6	8	18	5,3
21	2,3,4-Trimetilpentano	0,719	113,4	8	18	5,3
22	2,2,3,3-Tetrametilbutano	0,722	106,5	8	18	5,3
23	Nonano normal	0,718	150,7	9	20	5,4
24	Decano normal	0,730	174,0	10	22	5,5
25	Undecano normal	0,740	195,8	11	24	5,5
26	Dodecano normal	0,749	216,3	12	26	5,6
27	Tridecano normal	0,757	236,0	13	28	5,6
28	Tetradecano normal	0,763	254,0	14	30	5,6
29	Pentadecano normal	0,769	271,0	15	32	5,6
30	Hexadecano normal	0,773	287,0	16	34	5,6
31	Heptadecano normal	0,778	302,0	17	36	5,7
32	Octadecano normal	0,782	317,0	18	38	5,7
33	Nonadecano normal	0,786	330,0	19	40	5,7
34	Eicosano normal	0,789	344,0	20	42	5,7

(Continua)

O Petróleo | 25

Tabela 1.10 Propriedades de hidrocarbonetos parafínicos (*Continuação*)

Nº	Parafínicos normais e ramificados	$d_{15,6/15,6}$	Ponto de ebulição normal (°C)	Número de átomos		Razão mássica
				C	H	C/H
35	Heneicosano normal	0,795	366	21	44	5,7
36	Docosano normal	0,798	378	22	46	5,7
37	Tetracosano normal	0,810	403	24	50	5,8
38	Hexacosano normal	0,810	423	26	54	5,8
39	Octacosano normal	0,812	442	28	58	5,8
40	Triacontano normal	0,814	458	30	62	5,8
41	Tetratriacontano normal	0,816	492	34	70	5,9

Fonte: Wuithier, Raffinage et Génie Chimique, 1972.

Tabela 1.11 Propriedades de hidrocarbonetos olefínicos

Nº	Olefínicos	$d_{15,6/15,6}$	Ponto de ebulição normal (°C)	Número de átomos		Razão mássica
				C	H	C/H
1	Penteno	0,641	30,1	5	10	6,0
2	1-Hexeno	0,673	63,7	6	12	6,0
3	1-Hepteno	0,697	92,8	7	14	6,0
4	1-Octeno	0,715	121,6	8	16	6,0
5	1-Noneno	0,731	145,0	9	18	6,0
6	1-Deceno	0,740	172,0	10	20	6,0
7	1-Undeceno	0,751	189,0	11	22	6,0
8	1-Dodeceno	0,758	213,0	12	24	6,0

Fonte: Wuithier, Raffinage et Génie Chimique, 1972.

Tabela 1.12 Propriedades de hidrocarbonetos naftênicos

Nº	Naftênicos e alquilnaftênicos	$d_{15,6/15,6}$	Ponto de ebulição normal (°C)	Número de átomos		Razão mássica
				C	H	C/H
1	Ciclobutano	0,704	13,1	4	8	6,0
2	Metilciclobutano	0,694	35,5	5	10	6,0
3	Etilciclobutano	0,728	70,7	6	12	6,0
4	Propilciclobutano	0,744	99,5	7	14	6,0
5	Ciclopentano	0,745	49,2	5	10	6,0
6	Metilciclopentano	0,749	71,8	6	12	6,0
7	1,1-Dimetilciclopentano	0,751	87,5	7	14	6,0
8	1,2,3-Trimetilciclopentano	0,759	112,0	8	16	6,0
9	1,1,3-Trimetilciclo-hexano	0,770	139,0	9	18	6,0
10	Propilciclopentano	0,776	130,8	8	16	6,0
11	Butilciclopentano	0,785	157,2	9	18	6,0
12	Pentilciclopentano	0,790	178,0	10	20	6,0
13	Ciclo-hexano	0,779	80,8	6	12	6,0
14	Metilciclo-hexano	0,770	100,8	7	14	6,0

(*Continua*)

26 Capítulo 1

Tabela 1.12 Propriedades de hidrocarbonetos naftênicos (*Continuação*)

Nº	Naftênicos e alquilnaftênicos	$d_{15,6/15,6}$	Ponto de ebulição normal (ºC)	Número de átomos		Razão mássica
				C	H	C/H
15	Etilciclopentano	0,766	103,0	7	14	6,0
16	Dimetilciclo-hexano	0,781	120,0	8	16	6,0
17	Etilciclo-hexano	0,784	130,4	8	16	6,0
18	Propilciclo-hexano	0,793	155,0	9	18	6,0
19	1,3-Dietilciclo-hexano	0,800	174,0	10	20	6,0
20	Butilciclo-hexano	0,800	180,5	10	20	6,0
21	1-Metil-3-Butilciclo-hexano	0,801	195,0	11	22	6,0
22	Amilciclo-hexano	0,804	201,5	12	22	6,0
23	Heptilciclopentano	0,800	223,0	12	24	6,0
24	Hexilciclo-hexano	0,806	221,0	12	24	6,0
25	Heptilciclo-hexano	0,812	235,0	13	26	6,0
26	Octilciclo-hexano	0,817	254,0	14	28	6,0
27	Dodecilciclo-hexano	0,825	328,0	18	36	6,0

Fonte: Wuithier, Raffinage et Génie Chimique, 1972.

Tabela 1.13 Propriedades de hidrocarbonetos aromáticos

Nº	Aromáticos e alquilaromáticos	$d_{15,6/15,6}$	Ponto de ebulição normal (ºC)	Número de átomos		Razão mássica
				C	H	C/H
1	Benzeno	0,880	80,1	6	6	12,0
2	Tolueno (Metilbenzeno)	0,867	110,6	7	8	10,5
3	Etilbenzeno	0,867	136,1	8	10	9,6
4	Paraxileno	0,861	138,4	8	10	9,6
5	Metaxileno	0,864	139,2	8	10	9,6
6	Isopropilbenzeno	0,861	154,4	9	12	9,0
7	Ortoxileno	0,880	144,5	8	10	9,6
8	Propilbenzeno	0,862	159,2	9	12	9,0
9	1-Metil-3-Isopropilbenzeno	0,861	176,0	10	14	8,6
10	1,3-Dimetil-5-Etilbenzeno	0,861	185,0	10	14	8,6
11	Butilbenzeno	0,864	182,5	10	14	8,6
12	1,4-Dietilbenzeno	0,862	183,5	10	14	8,6
13	3-Fenilpentano	0,865	190,5	11	16	8,3
14	1-Metil-2-Isopropilbenzeno	0,876	175,5	10	14	8,6
15	1-Metil-2-Propilbenzeno	0,877	184,0	10	14	8,6
16	1-Metil-3,5-Dietilbenzeno	0,879	200,0	11	16	8,3
17	Amilbenzeno-1-Fenilpentano	0,858	205,0	11	16	8,3

(*Continua*)

Tabela 1.13 Propriedades de hidrocarbonetos aromáticos (*Continuação*)

Nº	Aromáticos e alquilaromáticos	$d_{15,6/15,6}$	Ponto de ebulição normal (°C)	Número de átomos		Razão mássica
				C	H	C/H
18	1-Fenil-heptano	0,859	240	13	20	7,8
19	Octilbenzeno-1-Feniloctano	0,858	250	14	22	7,6
20	1-Metil-4-Heptilbenzeno	0,859	261	14	22	7,6
21	1-Nonilbenzeno	0,859	280	15	24	7,5
22	2-Decilbenzeno	0,861	300	16	26	7,4
23	Tetradecilbenzeno	0,856	350	20	34	7,1
24	Octadecilbenzeno	0,856	380	24	42	6,9
25	5-Hexacosilbenzeno	0,853	420	32	58	6,7
26	Naftaleno	1,010	218	10	8	15,0
27	Metilnaftaleno	1,022	245	11	10	13,2
28	Etilnaftaleno	1,019	252	12	12	12,0
29	Butilnaftaleno	0,966	293	14	16	11,5
30	Octilnaftaleno	0,937	338	18	24	9,0

Fonte: Wuithier, Raffinage et Génie Chimique, 1972.

Tabela 1.14 Comparação de propriedades de hidrocarbonetos com seis e sete átomos de carbono

Hidrocarbonetos de seis átomos de carbono	Massa molar kg/kmol	Ponto de ebulição normal (°C)	Densidade $d_{15,6/15,6\,°C}$
Benzeno	78,11	80,1	0,880
Ciclo-hexano	84,16	80,8	0,779
Hexano normal	86,18	69,0	0,659
2-Metilpentano	86,18	60,0	0,653
Hidrocarbonetos de sete átomos de carbono	**Massa molar kg/kmol**	**Ponto de ebulição normal (°C)**	**Densidade $d_{15,6/15,6\,°C}$**
Tolueno	92,14	110,6	0,867
Metilciclo-hexano	98,19	100,8	0,770
Heptano normal	100,21	98,5	0,864
2-Metil-hexano	100,21	90,1	0,679

As Figuras 1.31 a 1.34 mostram como variam algumas propriedades físicas em função do tipo de hidrocarbonetos. Verifica-se que, para o mesmo número de átomos de carbono, os hidrocarbonetos aromáticos apresentam maiores valores de densidade e de temperatura de ebulição. Os hidrocarbonetos parafínicos são os que apresentam os menores valores para essas propriedades. Também verifica-se que, para mesma temperatura de ebulição, os hidrocarbonetos aromáticos, dentre todos os hidrocarbonetos, apresentam o maior valor de índice de refração, a menor facilidade de cristalização medida pelo ponto de congelamento e a melhor qualidade antidetonante medida pelo número de octano.

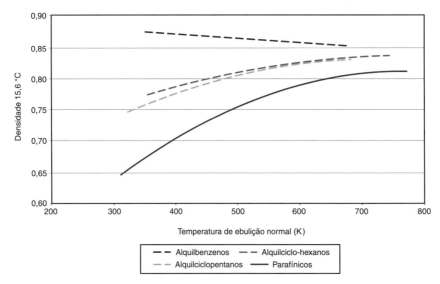

Figura 1.31   Densidade *versus* temperatura de ebulição de hidrocarbonetos.

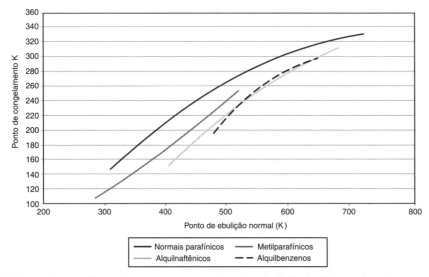

Figura 1.32   Ponto de congelamento *versus* temperatura de ebulição de hidrocarbonetos.

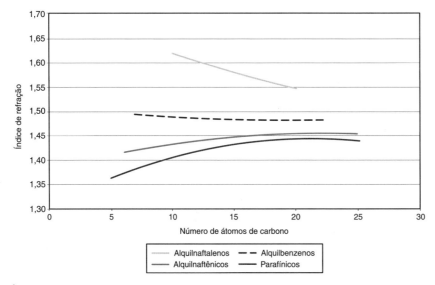

Figura 1.33   Índice de refração de hidrocarbonetos *versus* número de átomos de carbono.

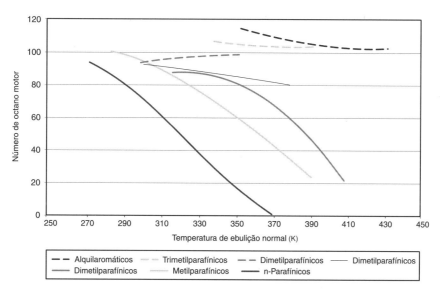

Figura 1.34 Número de octano motor *versus* temperatura de ebulição de hidrocarbonetos.

As Tabelas 1.15 e 1.16 comparam propriedades importantes dos derivados do petróleo para as diferentes famílias químicas, sintetizando o que foi apresentado nas Figuras 1.31 a 1.34.

Tabela 1.15 As principais famílias de hidrocarbonetos

Propriedade	Hidrocarbonetos saturados		Hidrocarbonetos insaturados	
	Cadeia aberta	Cadeia fechada	Cadeia fechada	Cadeia aberta
	Normais parafínicos / Ramificada	Naftênicos	Anel benzênico	Duplas ligações: olefínicos
Massa específica	Baixa / Baixa	Média	Elevada	Baixa
Número de octano	Baixo / Médio a alto	Médio	Muito alto	Médio a alto
Ponto de congelamento	Alto / Médio a alto	Baixo	Muito baixo	Médio
Número de cetano	Muito alto / Médio a alto	Médio	Baixo	Médio
Craqueamento	Fácil / Fácil	Moderado	Difícil	Fácil
Variação da viscosidade com a temperatura	Pequena / Pequena	Média	Grande	Pequena a média
Resistência à oxidação	Boa / Boa	Boa	Boa	Má

Tabela 1.16 Características dos hidrocarbonetos

Família	Produto	Característica
Parafínicos	QAV	Combustão limpa
	Diesel	Facilidade de ignição
	Lubrificantes	Pequena variação da viscosidade com temperatura
	Parafinas	Facilidade de cristalização
Aromáticos	Gasolina	Ótima resistência à detonação
	Solventes	Solubilização de substâncias
	Asfaltos	Agregados moleculares
	Coque	Elevado conteúdo de carbono
Naftênicos	Gasolina	
	QAV	Intermediários entre parafínicos e aromáticos
	Lubrificantes	

1.9.2 Os Não Hidrocarbonetos

Além dos hidrocarbonetos que conferem as características desejadas aos derivados, o petróleo contém os chamados não hidrocarbonetos, entre os quais listam-se os asfaltenos e resinas e os contaminantes. Asfaltenos e resinas fazem parte do resíduo do petróleo obtido por destilação, constituídos quase que exclusivamente de estruturas de hidrocarbonetos, principalmente aromáticos, ligados a heteroátomos. São constituintes importantes, senão os principais, do óleo combustível e do asfalto, Figura 1.35. Por essa razão, eles não são considerados contaminantes, mesmo contendo enxofre, nitrogênio, oxigênio e metais, em altos teores.

Os contaminantes existentes no petróleo são substâncias orgânicas constituídas por carbono, hidrogênio e elementos como enxofre, nitrogênio, oxigênio e metais. Os contaminantes podem apresentar estruturas bastante simples, como sulfetos e mercaptanos, até compostos com estruturas bastante complexas do tipo policíclico, com anéis aromáticos e naftênicos. Os contaminantes podem ocorrer em toda a faixa de ebulição do petróleo e, de forma geral, seus teores crescem, em geral, com o aumento do ponto de ebulição das frações.

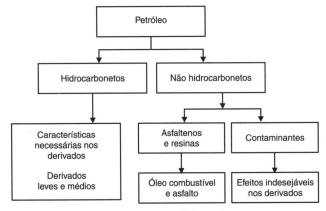

Figura 1.35 Constituição do petróleo: os não hidrocarbonetos.

1.9.2.1 Resinas e asfaltenos

No petróleo ocorrem compostos de estrutura complexa policíclica aromática ou nafteno-aromática, contendo átomos de S, N, O e metais, os quais são importantes constituintes das frações pesadas e residuais. Por causa dessa natureza química, essas substâncias apresentam elevada polaridade, constituindo-se em unidades básicas de agregados moleculares com maior ou menor número. Os agregados moleculares de menor número de unidades básicas são denominados resinas, e os de maior nível de agregação são os chamados asfaltenos. As resinas e os asfaltenos apresentam elevada relação carbono/hidrogênio, elevada massa molar e baixa volatilidade. Cerca de 50 % do enxofre, 80 % do nitrogênio e mais de 80 % do níquel e do vanádio que ocorrem em um petróleo se concentram nessas frações (Speight, 2001).

Uma vez que os asfaltenos e resinas são substâncias químicas bastante complexas e ainda bastante desconhecidas, as formas de defini-las se baseiam nos métodos usados para sua separação física. Isso ocorre em função da dificuldade de isolá-los quimicamente. Asfaltenos são definidos pela metodologia ASTM D6560 como a fração livre de parafinas que é insolúvel em n-pentano ou n-heptano, porém é solúvel em tolueno ou benzeno a quente. Outros métodos definem os asfaltenos como a fração do petróleo insolúvel em n-pentano. Da mesma forma, resinas são definidas como a fração do petróleo insolúvel em propano, mas solúvel em n-pentano (Burke, 1988; Jamaluddin, 2001) Figura 1.36.

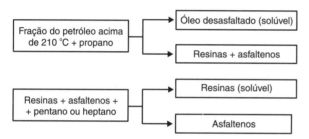

Figura 1.36 Separação de resinas e asfaltenos.

Os diversos pesquisadores que estudaram a estrutura química dos asfaltenos, como Yen (1974), Rogel (1995), Wiehe e Kennedy (2000), concordam que os grupos de compostos básicos que constituem os asfaltenos e as resinas apresentam massa molar e tamanho molecular elevados, sendo formados por anéis poliaromáticos ligados a anéis naftênicos, com até 20 anéis ligados a cadeias parafínicas e heteroátomos. Esse grupamento básico, chamado de lâmina, se junta em pilhas de quatro a seis, ligados por forças intermoleculares, constituindo as partículas. Estas, por sua vez, se juntam, formando as resinas ou os asfaltenos, Figura 1.37. Assim, podem ser feitas as seguintes diferenciações:

— lâmina ou grupo básico, massa molar entre 500 kg/kmol e 1000 kg/kmol e tamanho molecular entre 0,8 nm a 1,5 nm;

— partículas, massa molar entre 1000 kg/kmol e 5000 kg/kmol e tamanho molecular 1,5 nm a 2,0 nm;

— resinas e asfaltenos, massa molar de 10 000 kg/kmol e tamanho molecular entre 4,0 nm e 5,0 nm.

Comparando-se as resinas com os asfaltenos, as primeiras apresentam unidades básicas com menor concentração de anéis aromáticos, Tabela 1.17, o que faz com que ocorram ligações intermoleculares em menor escala.

As resinas não são estáveis, decompondo-se sob a ação do ar e da luz solar, evoluindo provavelmente para a formação dos asfaltenos, Figura 1.37. Quando aquecidas, elas produzem hidrocarbonetos e asfaltenos por reações de craqueamento. As resinas apresentam menor polaridade do que os asfaltenos, e são as principais responsáveis por sua dispersão no petróleo. A estabilidade de um petróleo depende do equilíbrio entre os teores de hidrocarbonetos parafínicos, naftênicos, aromáticos, resinas e asfaltenos, em razão das diferentes polaridades dessas substâncias.

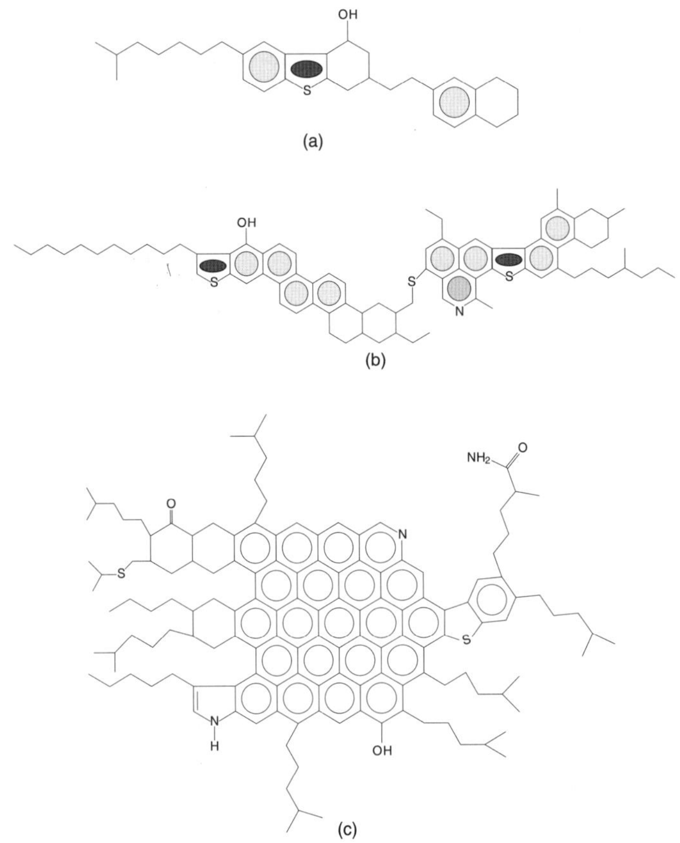

32 | Capítulo 1

Figura 1.37 Lâmina, unidade básica de resinas (a) e de asfaltenos (b e c). (Yen, 1974; Rogel, 1995.)

Tabela 1.17 Composição de resinas e de asfaltenos em petróleos (MacLean e Kilpatrick, 1997)

| | Resinas | | | | | Asfaltenos | | | | |
	A	B	C	D	Média	A	B	C	D	Média
Razão atômica C/H	8,7	8,7	8,8	8,6	8,7	10,3	11,1	11,8	10,8	11,0
S, % massa	1,9	3,3	4,8	6,0	4,0	1,6	3,1	5,9	7,2	4,5
N, % massa	1,9	0,9	0,7	0,7	1,0	2,5	1,1	0,8	0,9	1,3
O, % massa	2,3	2,9	2,4	2,4	2,5	3,5	2,7	2,5	1,5	2,6
Vanádio, mg/kg	188	118	63	205	144	463	516	353	668	500
Níquel, mg/kg	268	65	43	86	116	873	386	131	352	435

1.9.2.2 Contaminantes

1.9.2.2.1 *Compostos sulfurados*

O enxofre é o terceiro átomo mais abundante encontrado no petróleo. Tissot e Welte (1978), em seu livro *Petroleum Formation and Occurrence*, referem-se a cerca de 500 amostras analisadas pelo Instituto Francês de Petróleo e pelo U.S. Bureau of Mines em que o teor médio de enxofre foi 0,65 % em massa, com valores mínimos e máximos de 0,02 % em massa e 4,0 % em massa, respectivamente. O enxofre ocorre no petróleo nas seguintes formas, Tabela 1.18: mercaptanos; sulfetos; polissulfetos; enxofre em anéis — benzotiofenos e derivados; moléculas policíclicas contendo ainda N e O; gás sulfídrico e enxofre elementar, o qual ocorre raramente.

Os compostos sulfurados estão presentes em todos os tipos de petróleo, na forma inorgânica ou orgânica, e, em geral, quanto maior a densidade do petróleo, maior o seu teor de enxofre. Os petróleos que contêm mais do que 5 mg/kg (0,5 10⁻³ % em massa) de H₂S são chamados de "azedos", "*sour*", em inglês. Esse gás, devido à sua massa molar, tende a se concentrar nas frações mais leves, em especial no gás liquefeito do petróleo. Em determinadas situações, o H₂S pode se transformar em enxofre elementar, por oxidação pelo ar que pode estar presente nos tanques de armazenamento de GLP.

Tabela 1.18 Constituição do petróleo – compostos sulfurados

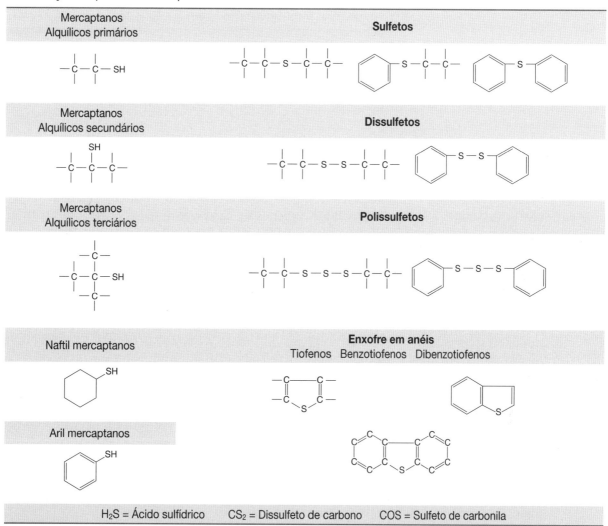

O teor de enxofre total do petróleo é excelente indicativo do tratamento necessário aos derivados. De forma geral, quanto mais pesado for o petróleo, maior será o seu teor de enxofre, ocorrendo muitas exceções, como em alguns petróleos brasileiros. Para um mesmo petróleo, quanto mais pesada for a fração, maior será o seu teor de enxofre, Figura 1.38. Eventualmente, algumas frações médias podem apresentar maior teor de enxofre do que as pesadas, devido à decomposição de compostos sulfurados de maior ponto de ebulição durante o processo de destilação (Speight, 2001). Os petróleos são classificados, de acordo com seu teor de enxofre, como:

— alto teor de enxofre (ATE), se maior que 1 % em massa;
— baixo teor de enxofre (BTE), se menor que 1 % em massa.

Dentre os compostos sulfurados orgânicos, os mais importantes são os alquilmercaptanos, que se concentram nos produtos do petróleo, da faixa do GLP ao querosene. Nas frações mais pesadas, o enxofre normalmente se apresenta, principalmente, na forma de mercaptanos aromáticos, tiofenos e benzotiofenos. Parte desses compostos sulfurados orgânicos se transformam por craqueamento em hidrocarbonetos mais leves, H₂S e mercaptanos.

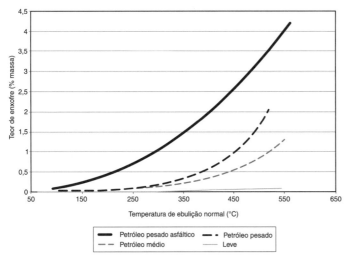

Figura 1.38 Teor de enxofre em frações de petróleos de diferentes tipos.

O H₂S e o enxofre elementar são os responsáveis pela corrosividade dos produtos do petróleo. Os compostos sulfurados são, em muitos casos, venenos de catalisadores de processos de transformação. São compostos tóxicos e, por combustão, produzem SO_2 e SO_3, gases poluentes da atmosfera, os quais, em meio aquoso, formam H_2SO_3 e H_2SO_4, compostos corrosivos.

1.9.2.2.2 Compostos nitrogenados

Os compostos nitrogenados se apresentam no petróleo, quase que em sua totalidade, na forma orgânica, podendo se transformar, em pequena escala, por hidrocraqueamento, em NH_3. Eles tendem a se concentrar nas frações médias e pesadas do cru. Segundo Tissot e Welte (1978), cerca de 90 % dos crus apresentam menos do que 0,2 % em massa de nitrogênio, situando-se o seu valor médio em 0,1 % em massa, concentrando-se mais nas frações pesadas e residuais do petróleo, Figura 1.39. Consideram-se altos os teores acima de 0,25 % em massa.

Os compostos nitrogenados existentes no petróleo, Tabela 1.19, podem ser divididos em:

— básicos: piridinas, quinolinas;

— não básicos: pirróis, indóis, carbazóis.

Os compostos nitrogenados, de um modo geral, também são responsáveis pelo envenenamento de catalisadores. Por aquecimento em condições oxidantes, as formas básicas tendem a se degradar, dando coloração aos derivados do petróleo e formando depósitos.

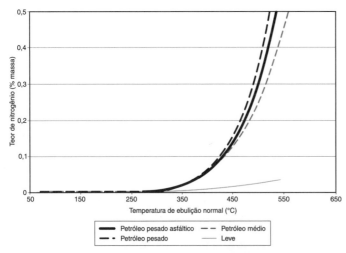

Figura 1.39 Teor de nitrogênio em frações de diferentes tipos de petróleos.

Tabela 1.19 Constituição do petróleo – compostos nitrogenados

Piridina	Pirrol	Indol	Quinolina

1.9.2.2.3 Compostos oxigenados

Tal como os nitrogenados, os compostos oxigenados ocorrem no petróleo em formas complexas, como ácidos carboxílicos, fenóis, cresóis, podendo ainda ocorrer formas não ácidas como ésteres, amidas, cetonas e benzofuranos, Tabela 1.20. A acidez do petróleo é ocasionada principalmente por ácidos carboxílicos, em particular os chamados ácidos naftênicos, podendo também ser devida a fenóis e outros compostos ácidos, que podem ser neutralizados por lavagem cáustica.

Tabela 1.20 Constituição do petróleo – compostos oxigenados

Ácido carboxílico	Fenol	Cresol
Ácido naftênico	Cetonas	Ésteres

Os compostos oxigenados estão entre os principais causadores da acidez, corrosividade, coloração, odor e formação de depósitos das frações do petróleo. A Figura 1.40 apresenta a evolução da acidez em função da faixa de vaporização de petróleos de diferentes tipos, onde se verifica não haver uma tendência definida de aumento contínuo da acidez ao longo da faixa de ebulição.

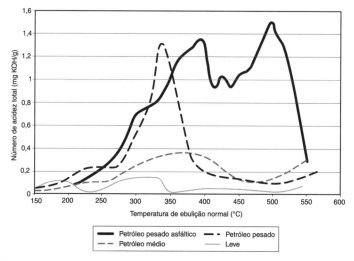

Figura 1.40 Evolução da acidez nas frações de petróleos.

1.9.2.2.4 Compostos organometálicos

Os compostos organometálicos tendem a se concentrar nas frações mais pesadas e ocorrem em complexos orgânicos, como quelatos da porfirina, por exemplo. A presença de metais é, em geral, maior nos petróleos que apresentam maiores teores de asfaltenos, devido à sua maior ocorrência nas estruturas desses últimos. Os metais que ocorrem no petróleo, entre outros, são: Fe, Zn, Cu, Pb, As, Co, Mo, Mn, Cr, Na, Ni e V, e esses dois últimos são os de maior incidência. O teor desses dois metais no petróleo varia entre 1 mg/kg e 50 mg/kg e entre 50 mg/kg e 1200 mg/kg, respectivamente, Figura 1.41, sendo o valor médio para o níquel de 18 mg/kg e para o vanádio, de 63 mg/kg. Os compostos metálicos são responsáveis pelo envenenamento de catalisadores. O sódio e o vanádio podem formar complexos com outros elementos com ponto de fusão de 880 ºC e 625 ºC, respectivamente, reduzindo o ponto de fusão dos tijolos refratários nos fornos industriais. Os óxidos de vanádio, como o V_2O_5, de ponto de fusão de 640 ºC, formados nos casos em que se usa grande excesso de ar na combustão, podem se depositar sobre as paredes dos tubos de fornos industriais, provocando superaquecimento que pode levar à fluência dos mesmos. As cinzas metálicas oriundas de óxidos metálicos podem provocar corrosão das tubulações, sobre as quais se depositam após a queima do óleo.

A Figura 1.42 mostra, de forma resumida, em que frações do petróleo, normalmente, ocorrem os contaminantes do petróleo.

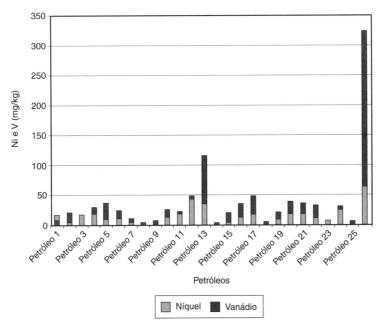

Figura 1.41   Ocorrência de níquel e vanádio no petróleo.

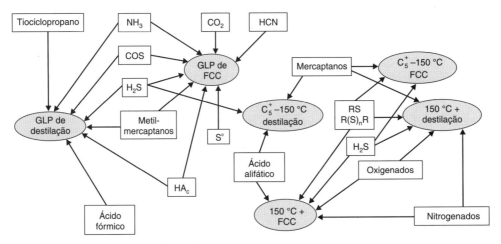

Figura 1.42   Contaminantes nas frações de petróleo.

1.9.3 Correlação de Ocorrência dos Constituintes do Petróleo

A correlação entre os diversos constituintes químicos do petróleo é extremamente variável de acordo com os seus tipos, como mostram alguns exemplos na Tabela 1.21 e na Figura 1.43. Assim sendo, com base nas relações de dependência medidas pelos coeficientes de variação linear das ocorrências destes compostos, Tissot e Welte (1978) propuseram a divisão dos constituintes do petróleo em dois grandes grupos:

— os que apresentam boa correlação entre si: compostos sulfurados, asfaltenos, resinas e hidrocarbonetos aromáticos;

— os que apresentam baixo coeficiente de correlação linear com os demais constituintes: hidrocarbonetos parafínicos e hidrocarbonetos naftênicos.

Tabela 1.21 Coeficiente de correlação linear do teor dos compostos presentes em óleos crus (Tissot e Welte, 1978)

	Aromáticos	Resinas e asfaltenos	Teor de enxofre	Parafínicos	Naftênicos	Tiofenos e derivados
Saturados	-0,86	-0,91	-0,79	0,83	0,33	-0,70
Aromáticos		0,56	0,63	-0,74	-0,40	0,61
Resinas e asfaltenos			0,78	-0,72	-0,20	0,56
Sulfurados				-0,54	-0,72	0,83
Parafínicos					-0,19	-0,42
Naftênicos						-0,59

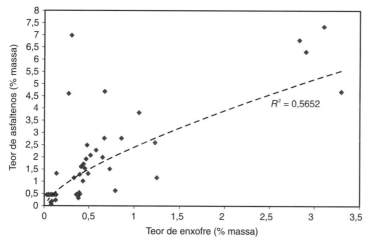

Figura 1.43 Teor de asfaltenos *versus* teor de enxofre em diversos petróleos.

O coeficiente de correlação positivo apresentado entre o teor de enxofre e de resinas e asfaltenos pode ser explicado pela forma como ocorrem o enxofre e os asfaltenos no petróleo (Tissot e Welte, 1978). O enxofre é incorporado, preferencialmente, aos hidrocarbonetos aromáticos e atua na matéria orgânica como agente de aromatização, pois, a combinação com cadeias insaturadas ou saturadas, pode conduzir à ciclização ou aromatização. Observe-se que alguns petróleos brasileiros não apresentam a mesma correlação entre o teor de enxofre e o teor de aromáticos.

A densidade e a viscosidade de um óleo cru mostram boa correlação entre si, e ambas as propriedades são dependentes do tipo de hidrocarbonetos e indiretamente do teor de enxofre, Tabela 1.22. O ponto de fluidez não apresenta correlação com a densidade e a viscosidade. Os graus de correlação dos pares "teor de asfaltenos-densidade" e "teor de enxofre-densidade" para petróleos brasileiros não são bons, como pode ser visto nas Figuras 1.44 e 1.45.

Tabela 1.22 Coeficientes de regressão linear da densidade, viscosidade, ponto de fluidez e teor de enxofre de óleos crus (Tissot e Welte, 1978)

	Densidade $d_{20/4}$	Viscosidade cinemática	Ponto de fluidez
Viscosidade cinemática	0,823		
Ponto de fluidez	0,090	0,121	
Enxofre no óleo	0,661	0,520	-0,070

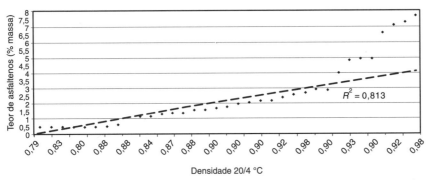

Figura 1.44 Teor de asfaltenos *versus* densidade em graus API em petróleos brasileiros.

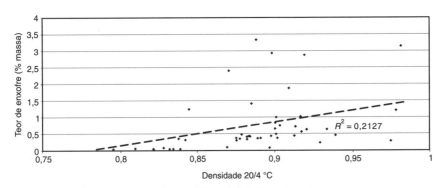

Figura 1.45 Teor de enxofre *versus* densidade API em petróleos brasileiros.

A presença de contaminantes nos derivados implica a necessidade de processos para a sua remoção devido aos efeitos indesejáveis que eles produzem nos derivados. Os principais efeitos desses tipos de contaminantes são mostrados na Figura 1.46.

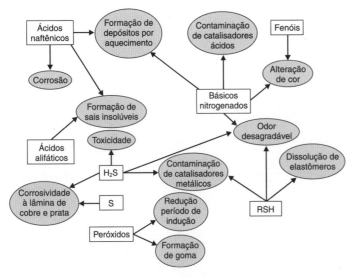

Figura 1.46 Efeito dos contaminantes sobre as frações.

1.10 QUALIFICAÇÃO DE PETRÓLEOS

Dispondo de diferentes tipos de petróleos para processamento, torna-se necessário avaliar técnico-economicamente o refino desses petróleos para o atendimento de um mercado consumidor. Para isso necessita-se realizar estudos sobre o potencial produtivo de cada um, além de analisar informações sobre o esquema de refino utilizado e sobre o mercado consumidor, qualificando-se os petróleos por diferentes critérios, Figura 1.47:

— intrínsecos ao petróleo quanto ao seu transporte, armazenamento e processamento;

— qualitativos e quantitativos quanto aos derivados que se quer produzir.

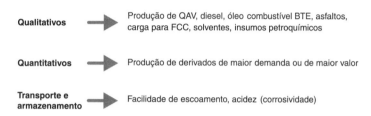

Figura 1.47 Critérios de qualificação do petróleo.

1.10.1 A Avaliação de Petróleos

A avaliação de petróleo é um conjunto de procedimentos analíticos utilizados para se obter dados sobre o petróleo e sobre as frações que esse petróleo pode produzir. Esses dados são importantes para a valoração do óleo e para a definição do seu potencial produtivo, que são então usadas para o transporte e, para o armazenamento e para a alocação de petróleos em refinarias, bem como para a sua comercialização. Essas informações são também necessárias para o licenciamento de unidades operativas, previsão de toxicidade do óleo, subsídios a planos de emergência e controle de emissões atmosféricas e para remediação de derrames (Guimarães, Iório, Brandão Pinto, 2010).

As características globais do petróleo avaliadas são: o teor de hidrocarbonetos saturados, de hidrocarbonetos aromáticos, de resinas e de asfaltenos, a acidez, o teor de contaminantes, a densidade, a viscosidade, a pressão de vapor e o ponto de fluidez, entre outros, Figura 1.48.

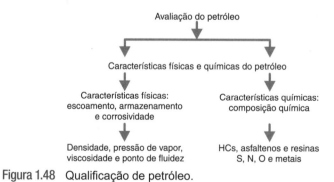

Figura 1.48 Qualificação de petróleo.

Essa avaliação prossegue com a separação do petróleo em frações, de acordo com seus pontos de ebulição, buscando-se compor as chamadas frações básicas de refino, pois é a partir delas que se obtêm os diversos derivados do petróleo.

Em relação aos derivados, é importante conhecer:

— a sua distribuição relativa, obtida a partir da curva de destilação denominada ponto de ebulição verdadeiro (PEV);

— os tipos das frações básicas produzidas, caracterizadas por suas propriedades físicas e químicas, Figura 1.49.

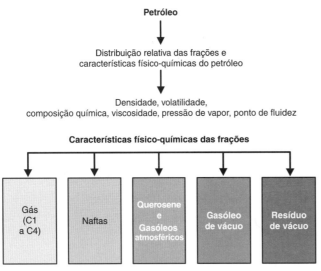

Figura 1.49 Separação e análises do petróleo e de suas frações básicas.

Entre os tipos de frações a serem avaliadas listam-se normalmente a nafta, o QAV, os gasóleos atmosféricos, os óleos lubrificantes básicos, os asfaltos, os solventes, a carga para craqueamento catalítico e os óleos combustíveis.

1.10.2 Qualificação do Petróleo pela Composição Química

1.10.2.1 Hidrocarbonetos, resinas, asfaltenos e contaminantes

A determinação da composição química é obtida por diferentes análises:

- **hidrocarbonetos saturados, aromáticos, resinas e asfaltenos**: no petróleo essas substâncias são separadas pelos métodos ASTM D2007 e D3712, os quais consistem, inicialmente, em se efetuar a extração seletiva das resinas e dos asfaltenos, utilizando solventes parafínicos, propano e pentano. A seguir, usa-se a adsorção cromatográfica em uma coluna recheada com um material sólido, sílica-gel ou terras diatomáceas, chamada de fase estacionária, para separar os saturados e os aromáticos. A coluna é lavada por uma fase móvel – álcool, éter ou outros compostos polares –, levando as frações para a parte inferior da coluna, ocorrendo a separação devido às diferenças em suas formas moleculares e polaridade. Os resultados do teste estão vinculados às condições operacionais e ao tipo de fase móvel utilizada. No caso de petróleos, deve-se antes destilá-lo, separando-se a fração com ponto inicial de ebulição de 210 °C, na qual é realizado o ensaio;
- **contaminantes**: os teores de enxofre, nitrogênio, oxigênio e metais são obtidos por meio de métodos de determinação específicos para cada um desses elementos, que serão tratados no Capítulo 3.

Por meio das análises de composição química é possível classificar o petróleo segundo o tipo de hidrocarboneto predominante. Essa qualificação é importante em todas as fases da indústria do petróleo, desde a exploração até a distribuição, aí incluído o refino. Na exploração, os geoquímicos caracterizam quimicamente o óleo para relacioná-los à rocha-mãe e medir o seu grau de evolução, permitindo não só tirar conclusões sobre sua origem como também avaliar as condições de sua produção. Por outro lado, os refinadores necessitam conhecer a quantidade e a qualidade das diversas frações, que são fortemente dependentes de sua composição química. As classificações químicas propostas se baseiam na análise dos tipos de hidrocarbonetos existentes no petróleo na fração acima de 210 °C. Speight (2001) sugeriu a classificação do petróleo segundo sua composição química, Tabela 1.23. Essa classificação tem contra si o fato de não levar em conta os teores de asfaltenos e de resinas, presenças que alteram bastante as características de um petróleo.

Tabela 1.23 Classificação proposta por Speight (2001) para o petróleo

Porcentagem em volume na fração do óleo cru entre 250 °C e 300 °C					Classe
Parafínicos	Naftênicos	Aromáticos	Parafinas	Asfaltenos	
46 a 61	22 a 32	12 a 25	< 10	< 6	Parafínica
42 a 45	38 a 39	16 a 20	< 6	< 6	Parafínica-Naftênica
27 a 35	36 a 47	26 a 33	< 1	< 10	Parafínica-Naftênica-Aromática
15 a 26	61 a 76	8 a 13	0	< 6	Naftênica
< 8	57 a 78	20 a 25	< 0,5	< 20	Aromática

A classificação proposta por Tissot e Welte (1978) é a classificação química mais aceita, e se baseia nos teores de hidrocarbonetos parafínicos, de naftênicos, de aromáticos, de enxofre, de asfaltenos e de resinas que ocorrem na fração com ponto de ebulição superior a 210 °C, Tabela 1.24 e Figura 1.50. Tissot e Welte consideram o fato de que o predomínio de parafínicos que ocorre quase sempre na fração até 210 °C poderia mascarar a constituição global do petróleo. Os autores propuseram a divisão em seis classes de petróleos.

Tabela 1.24 Classificação proposta por Tissot e Welte para o petróleo

Porcentagem em volume no resíduo do óleo cru acima de 210 °C P = parafínicos N = naftênicos S = saturados AA = aromáticos + resinas + asfaltenos		Tipo de óleo cru	Teor de enxofre (% massa)	Número de amostras por tipo (total = 541)
S > 50 AA < 50	P > N e P ≥ 40	Parafínicos		100
	P ≤ 40 e N ≤ 40	Parafínicos-naftênicos	< 1	217
	N > P e N ≥ 40	Naftênicos		21
S ≤ 50 AA ≥ 50	P > 10	Aromáticos intermediários	> 1	126
	P < 10 e N ≥ 25	Aromáticos-naftênicos	geralmente < 1	36
	N < 25	Aromáticos asfálticos	> 1	41

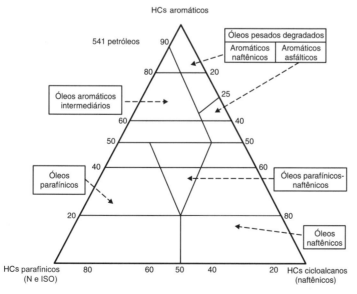

Figura 1.50 Diagrama ternário da composição das classes de petróleos. (Tissot e Welte, 1978.)

Uma dificuldade que existe para a aplicação dessa classificação e daquela proposta por Speight se deve a que a composição do petróleo obtida por cromatografia líquida não permite identificar separadamente os hidrocarbonetos parafínicos e naftênicos, englobando-os como saturados. Então, para se concluir a respeito da classe do petróleo, devem-se fazer inferências que usam propriedades como a densidade, o ponto de fluidez e os chamados fatores de caracterização. Cabe ressaltar que as tentativas de classificar quimicamente o petróleo por propriedades físicas como a densidade e/ou o ponto de fluidez ou por meio de fatores de caracterização, que serão vistos mais adiante, têm tido sucesso bastante relativo, embora sempre essas propriedades ou esses indicadores distinguam de forma precisa o tipo de hidrocarboneto predominante no petróleo. A seguir são apresentados exemplos de cada uma dessas classes:

- Classe parafínica

Nessa classe estão os óleos leves, com densidade inferior a 0,85 (maior do que 35 ºAPI), teor de resinas e asfaltenos menor do que 10 % em massa e viscosidade relativamente baixa. Nesses tipos de crus, os benzotiofenos são raros, e o teor de enxofre é baixo ou muito baixo. Petróleos desse tipo são oriundos de rochas paleozoicas do Norte da África (Escravos), Estados Unidos e América do Sul (Santa Cruz), outros de rochas cretáceas da plataforma continental do Atlântico Sul, e alguns óleos de rochas terciárias da Líbia, Indonésia e Europa Central. Quanto aos petróleos nacionais, enquadram-se como parafínicos os petróleos Baiano, Golfinho e alguns petróleos nordestinos.

- Classe parafínica-naftênica

Os óleos dessa classe são os que apresentam baixo teor de resinas e asfaltenos, baixo teor de enxofre, teor de aromáticos entre 25 % e 40 %, em massa, baixo teor de benzeno e dibenzotiofenos. A densidade e a viscosidade apresentam valores maiores do que na classe parafínica, mas ainda moderados. Essa classe inclui os óleos de rochas cretáceas de Alberta, de rochas paleozoicas do Norte da África e Estados Unidos, de rochas terciárias da Indonésia e da África Ocidental. No Brasil, inclui alguns óleos nordestinos e do pré-sal.

- Classe naftênica

Nessa classe enquadram-se poucos óleos, os óleos de rochas cretáceas da América do Sul, alguns da Rússia e do Mar do Norte e alguns óleos biodegradados que contenham menos de 20 % em massa de parafínicos. Eles apresentam baixo teor de enxofre e se originam da alteração bioquímica de óleos parafínicos e parafínicos-naftênicos. No Brasil, inclui alguns óleos da bacia de Campos e do pré-sal.

- Classe aromática intermediária

Essa classe compreende óleos pesados, contendo moderado teor de asfaltenos e resinas e teor de enxofre acima de 1 % em massa. Alguns óleos brasileiros que poderiam ser enquadrados nessa classe apresentam, contudo, teor de enxofre menor do que 1 % em massa. O teor de hidrocarbonetos monoaromáticos é baixo, enquanto o teor de tiofeno e de dibenzotiofenos é importante. A densidade é elevada (maior do que 0,85). Nessa classe enquadram-se os óleos de rochas cretáceas do Oriente Médio (Arábia Saudita, Qatar, Kuwait, Iraque, Síria e Turquia), da África Ocidental e alguns óleos da Venezuela, Califórnia e Mediterrâneo (Sicília, Espanha e Grécia). No Brasil estão nessa classe alguns óleos da bacia de Campos como o Bicudo.

- Classe aromática-naftênica

Alguns óleos desse grupo sofreram o processo de biodegradação, em que os hidrocarbonetos parafínicos são oxidados, formando compostos ácidos. Com isso ocorreram reduções relativas desses compostos e um consequente enriquecimento dos compostos cíclicos. Esses petróleos podem conter até mais de 25 % em massa de resinas e asfaltenos, enxofre entre 0,4 % e 1 % em massa. Entre esses óleos encontram-se os do tipo cretáceo inferior da África Ocidental e alguns óleos da bacia de Campos.

- Classe aromática-asfáltica

Esses óleos são oriundos do processo de biodegradação avançada em que ocorreu a condensação e oxidação dos monocicloalcanos. Essa classe compreende óleos pesados, viscosos, resultantes da biodegradação dos óleos aromáticos intermediários. O teor de asfaltenos e resinas nesses óleos é elevado, de 30 a 60 % em massa, havendo equilíbrio entre ambos. O teor de enxofre varia de 1 % a 6 % em massa. Nela se enquadram alguns óleos não biodegradados da Venezuela (Bachaquero, Boscan), África Ocidental, Canadá Ocidental e do Sul da França. No Brasil, inclui alguns óleos de campos terrestres do Espírito Santo e do Nordeste.

O processo de biodegradação no petróleo ocorre pelo ataque de micro-organismos aos hidrocarbonetos, catalisado por enzimas. Os hidrocarbonetos parafínicos normais são os mais suscetíveis a esse ataque, enquanto os aromáticos são os que mais resistem. Dessa forma, petróleos biodegradados apresentam aumento relativo da presença de aromáticos, resinas e asfaltenos com uma redução dos parafínicos. A umidade, o oxigênio e a presença de nutrientes como sulfatos e nitritos favorecem esse processo, cuja consequência é a redução do teor de hidrocarbonetos leves e o aumento da acidez, da aromaticidade e da polaridade do petróleo.

1.10.3 Acidez

A acidez de um petróleo é definida como a quantidade de KOH em miligramas necessária para neutralizar 1 grama de amostra, o que é referido como número de acidez total. Normalmente, essa acidez é provocada pela presença de compostos oxigenados, que costuma ocorrer em petróleos biodegradados e pode levar à corrosão em equipamentos de processamento do petróleo. Essa corrosão é devida, em particular, aos ácidos naftênicos, os quais podem ser determinados em separado dos outros tipos de ácidos existentes no petróleo. Um petróleo com acidez total superior a 0,5 mg KOH/g de petróleo pode acarretar corrosão em equipamentos e tubulações de unidades de destilação do cru que estejam a uma temperatura entre 220 °C e 440 °C. Para evitar esse tipo de corrosão, tem sido utilizado aço austenítico 316 ou 317 nos equipamentos de processo sujeitos a esse tipo de ataque. Nos casos em que não se tem tal tipo de material, costuma-se misturar petróleos de forma a se ter valores de acidez abaixo de 0,5 mg KOH/g de petróleo. Na Figura 1.51 são apresentados valores de acidez total de diversos petróleos.

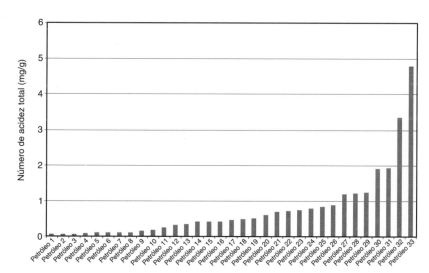

Figura 1.51   Acidez de petróleos.

1.10.4 Qualificação de Petróleos pela Densidade

A densidade de um produto é definida como a relação entre a massa específica desse produto a uma temperatura padronizada e a massa específica de um padrão a temperatura também padronizada. No Brasil, as temperaturas usadas são as de 20 °C e 4 °C, respectivamente, para o produto e para o padrão, que é a água. As temperaturas de determinação usadas nos Estados Unidos são de 15,6 °C e 15,6 °C. A densidade do petróleo é uma informação importante, pois reflete, em termos médios, o conteúdo de frações leves e pesadas do cru, já que se trata de uma propriedade aditiva em base volumétrica.

A partir da densidade podem-se definir outras grandezas, que expressam a relação massa-volume em outras escalas. Na indústria do petróleo, é comum usar-se a escala grau API como medida de densidade, que é definida da seguinte forma:

$$°API = \frac{141,5}{d_{15,6/15,6}} - 131,5 \tag{1.1}$$

em que:

$d_{15,6/15,6}$, densidade relativa do produto a 15,6 °C/15,6 °C.

A escala grau API foi criada como uma alternativa à escala grau Baumé, para produtos mais leves do que a água. A escala grau Baumé é normalmente utilizada para soluções mais densas que a água, como é o caso de soluções cáusticas. O grau Baumé é dado pela seguinte equação:

$$°Bé = \frac{140}{d_{15,6/15,6}} - 130 \tag{1.2}$$

A densidade é excelente indicador do teor de frações leves no petróleo, possibilitando uma classificação simples e direta, obtida a partir da comparação de propriedades de um conjunto de cerca de 500 petróleos de todos os tipos, brasileiros e importados, processados no Brasil, Tabela 1.25.

Tabela 1.25 Classificação de petróleos segundo a densidade

Densidade (°API)	Classificação
API ≥ 40	Extraleve
40 > API ≥ 33	Leve
33 > API ≥ 27	Médio
27 > API ≥ 19	Pesado
19 > API ≥ 15	Extrapesado
API < 15	Asfáltico

Diversos métodos são utilizados para a determinação da densidade, entre os quais citam-se o do densímetro nas escalas de densidade relativa a 20/4 °C ou 15,6/15,6 °C, o do densímetro na escala de grau API, e o método do densímetro digital, norma ASTM D4052. Esse método utiliza um tubo oscilatório, em que um pequeno volume da amostra é introduzido e, com base na variação da frequência de oscilação causada pela variação da massa do tubo, determina-se a densidade da substância.

O densímetro de vidro é usado em toda a faixa de densidade dos produtos líquidos e consiste em um flutuador de vidro com uma haste em que há uma escala graduada em grau API ou densidade a 20/4 °C, Figura 1.52.

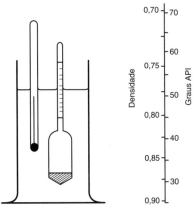

Figura 1.52 Densímetro.

A leitura feita na haste, no ponto de tangência do densímetro na superfície do líquido, corresponde à densidade do líquido na temperatura do teste. O resultado do teste deve ser corrigido com base na diferença entre essa temperatura e aquela em que foi feita a calibração do tubo, que é a temperatura de referência. Os densímetros de vidro são de fácil manejo e baixo custo, tendo como único inconveniente, em alguns casos, o fato de exigirem uma quantidade relativamente grande de amostra, Tabelas 1.26 e 1.27.

Tabela 1.26 Princípio do ensaio normalizado do densímetro de vidro

Método	Princípio
Densímetro (líquidos)	Equilíbrio de um flutuador imerso no líquido

Tabela 1.27 Precisão do ensaio normalizado do densímetro de vidro

Método	Ensaios	Repetibilidade	Reprodutibilidade
Densímetro	MB 104 (densidade)	0,0015	0,004
	ASTM D287 (°API - hidrômeto)	0,2000	0,500
	ASTM D4052 (°API - digital)	0,022 a 0,090 (escala grau API)	0,128 a 0,600

1.10.5 Qualificação do Petróleo pela Volatilidade

O petróleo apresenta constituintes que, nas condições normais de temperatura e pressão, CNTP, seriam gases, líquidos ou sólidos, se estivessem isolados entre si. Em mistura, constituem uma dispersão coloidal. Essa mistura pode ser separada por aquecimento, de acordo com a diferença entre os pontos de ebulição dos seus componentes, Figura 1.53.

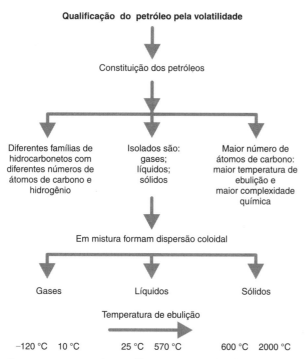

Figura 1.53 Os componentes do petróleo e seu estado físico.

Essa separação é feita em laboratórios pelo procedimento de destilação conhecido como Pontos de Ebulição Verdadeiros – PEV, que se constitui no ponto de partida para a determinação do rendimento dos derivados do petróleo, separando-se um número de frações que depende do tipo de avaliação realizada. O procedimento PEV, realizado segundo as normas ASTM D2892 e D5236, não tem, contudo, rigidez quanto aos tipos de aparelhagens empregadas, nem quanto às condições operacionais. No procedimento D2892, pode-se utilizar colunas de 14 a 18 estágios de equilíbrio, bandejas ou recheios, trabalhando-se com refluxo em torno de 5:1, destilando-se cerca de 50 litros.

Pela destilação PEV se obtém, teoricamente, na fase vapor, no topo da coluna, os constituintes da mistura que possuam *pontos de ebulição iguais ou menores do que a temperatura nesse ponto da torre*. Ou seja, os constituintes são separados de acordo com seus pontos de ebulição verdadeiros – PEV, Figura 1.54.

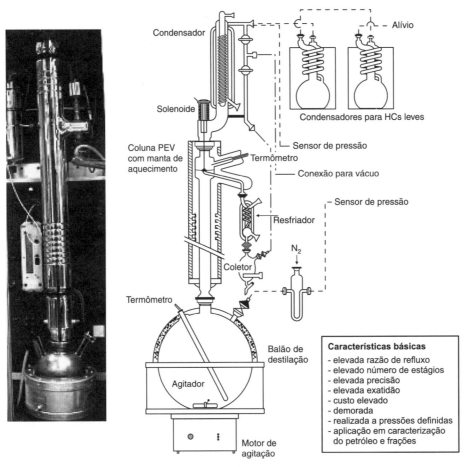

Figura 1.54   Aparelhagem PEV.

O procedimento PEV utiliza colunas que operam em condições ora com *refluxo total*, sem retirada de produto, ora *sem refluxo* e com retirada total de produto. A razão de refluxo é definida pela razão entre o tempo em que a coluna opera sem retirada de produto e o tempo em que opera com retirada total. Para que não ocorra o craqueamento térmico do petróleo, evita-se trabalhar em temperaturas maiores do que 310 °C no fundo, que equivale a cerca de 220 °C no topo, operando-se a pressões atmosférica e subatmosféricas (Guimarães, Iório, Brandão Pinto, 2010).

As colunas utilizadas atualmente em laboratórios são constituídas por:

— uma unidade automatizada, que segue a norma ASTM D2892, com a qual é possível alcançar 220 °C no topo, a pressão atmosférica ou subatmosférica;

— uma unidade automatizada, que segue a norma ASTM D5236, com a qual é possível continuar a destilar o resíduo remanescente da destilação ASTM D2892 a pressões subatmosféricas.

Cada temperatura do topo em que se retiram as frações corresponde, teoricamente, ao ponto de ebulição do constituinte mais pesado ali existente, que é separado nessa temperatura. Assim, o volume recolhido em cada intervalo de temperatura corresponde ao volume total de constituintes existentes no petróleo com pontos de ebulição situados nessa faixa de temperatura.

As temperaturas subatmosféricas são transformadas em temperaturas equivalentes à pressão atmosférica por meio de cálculos. A maior temperatura equivalente à pressão atmosférica que se obtém é cerca de 570 °C, Figura 1.55.

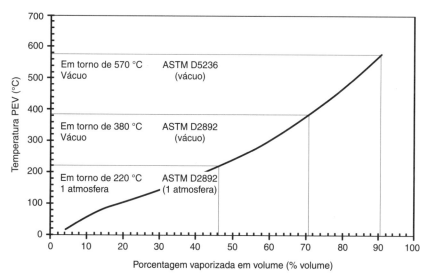

Figura 1.55 Procedimentos de destilação PEV empregados.

1.10.5.1 Procedimento básico de destilação por pontos de ebulição verdadeiros

O procedimento de destilação é iniciado pela desbutanização do petróleo, em que se separam os hidrocarbonetos leves, do metano ao butano, conduzida mantendo-se a temperatura no condensador em valores desde –20 °C até cerca de 15 °C, recolhendo-se os gases em recipientes refrigerados com gelo seco. O material recolhido é pesado e medido, e posteriormente analisado por cromatografia gasosa. A seguir procede-se à destilação propriamente dita, aquecendo-se o balão e a coluna por uma manta de aquecimento, ajustando-se as quantidades retiradas das frações em tempos fixados de acordo com critérios operacionais definidos. Enquanto a torre está trabalhando em refluxo total, a válvula solenoide que está instalada no topo da coluna controlando a saída de produto está em uma posição que permite o retorno de líquido para a coluna. Quando se efetua a retirada de produto, a solenoide fecha o retorno de líquido para a coluna, o qual é encaminhado para o coletor externo; essa operação dura entre 20 e 30 segundos.

Para cada volume retirado deve-se, entre outros pontos, anotar o volume recuperado, o tempo, a temperatura do vapor com precisão de 0,5 °C, a temperatura do líquido em ebulição, a perda de carga na coluna e a pressão no topo da coluna. Atingindo-se cerca de 220 °C, deve-se proceder à destilação a pressões subatmosféricas, para evitar craqueamento térmico do líquido contido no balão. O vácuo é obtido por uma bomba de vácuo conectada ao sistema. As temperaturas obtidas devem ser convertidas para os valores equivalentes à pressão atmosférica por meio de gráficos ou fórmulas próprias (Guimarães, Iório, Brandão Pinto, 2010).

Cada volume separado e a temperatura observada no topo da coluna de destilação são tabelados e lançados em gráfico, gerando a chamada curva PEV, de temperatura de ebulição *versus* porcentagem vaporizada, Figura 1.56.

O procedimento de separação por PEV, na avaliação completa, é conduzido em temperaturas tais que o volume de cada fração da destilação do petróleo corresponda, aproximadamente, a 2 % em volume do petróleo. Cada fração é pesada, determinando-se sua densidade relativa, o que permite obter a curva de destilação PEV em massa e em volume.

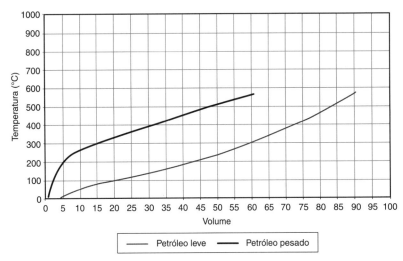

Figura 1.56 Curva PEV de petróleos.

1.10.5.2 A utilização da PEV para qualificação do petróleo

Um item importante para a qualificação de um petróleo são os rendimentos porcentuais das chamadas frações básicas de refino que podem ser obtidos com esse cru. A curva PEV é a característica do petróleo utilizada para essa estimativa, a partir da definição das temperaturas em que serão separadas essas frações, que se constituem na base para a produção de derivados.

A definição das temperaturas das frações básicas é feita de forma a se atender ao perfil desejado de produção de derivados, levando em conta demanda e qualidade. As especificações dos derivados são tais que suas faixas de ebulição podem se sobrepor, sendo necessário utilizar a demanda de cada derivado para delimitar as temperaturas de corte das frações básicas, Figura 1.57. Como a demanda varia sazonalmente, há variação dessas temperaturas de corte de acordo com a região geoeconômica e a época do ano, como mostrado na Tabela 1.28. Nas temperaturas de corte estão embutidas as restrições de qualidade necessárias para produzir os tipos de derivados. Nas frações básicas são realizadas análises de acordo com as especificações dos derivados que elas irão produzir.

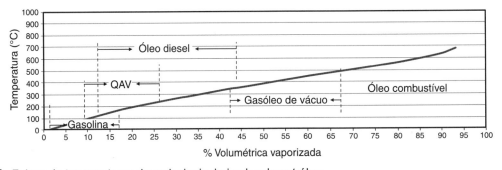

Figura 1.57 Faixas de temperaturas dos principais derivados de petróleo.

Tabela 1.28 Exemplos de diferentes temperaturas de corte das frações básicas de refino

Fração básica	Exemplos de temperaturas de separação (°C)		
GLP	−42 a 0	−42 a 0	−42 a 0
Naftas	C_5-150	C_5-170	C_5-220
Querosene	150-250	170-270	220-280
Diesel	250-380	270-380	280-380
Gasóleo	380-540	-	380-570
Resíduo	540+	380+	570+

Então, as quantidades de cada fração básica de refino que podem ser obtidas pela destilação do petróleo são obtidas pela fixação de valores de temperaturas de corte de cada fração básica do refino sobre a curva PEV, Figura 1.58. Para exemplificar, considerando-se as temperaturas de corte da Tabela 1.29 e entrando-se com esses valores de temperaturas na curva PEV do petróleo, Figuras 1.59(a) e 1.59(b), definem-se os rendimentos teóricos de cada fração básica. Dessa forma, é possível comparar e selecionar petróleos quanto aos rendimentos dessas frações.

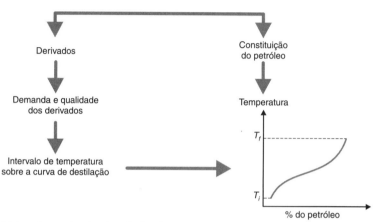

Figura 1.58 Faixa de produção dos derivados.

Tabela 1.29 Temperaturas de corte das frações básicas

Fração	Temperatura (°C)
GLP	–42 a 0
Nafta	C_5–170
Querosene	170–270
Gasóleo atmosférico	270–380
Gasóleo de vácuo	380–570
Resíduo de vácuo	570+

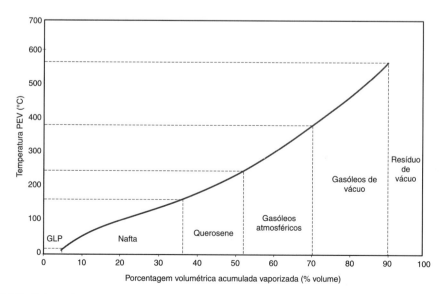

Figura 1.59(a) Definição dos rendimentos das frações básicas de refino sobre a PEV.

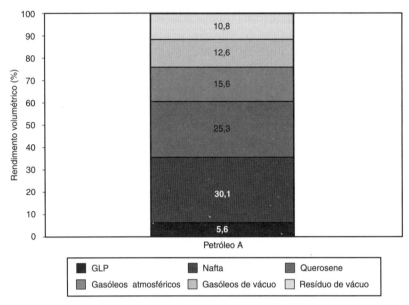

Figura 1.59(b) Definição dos rendimentos das frações básicas de refino sobre a PEV de um petróleo extraleve.

1.10.6 Qualificação do Petróleo por Propriedades Ligadas ao Transporte e Armazenamento

Além de informações sobre a quantidade das frações básicas produzidas, também é importante dispor de dados relativos às características de escoamento, transporte e armazenamento do petróleo propriamente dito, o que é avaliado por meio das propriedades discutidas a seguir.

1.10.6.1 Ponto de fluidez

O ponto de fluidez é definido como a menor temperatura na qual uma substância ainda flui. Ele se constitui em um indicativo da parafinicidade da substância, pois maiores teores de parafínicos conduzem a maiores valores de ponto de fluidez. A determinação do ponto de fluidez é descrita no Capítulo 3. O conhecimento do ponto de fluidez é importante no caso de petróleos, porque a partir dele são definidas suas condições de transferência e estocagem. Classifica-se o petróleo a partir do ponto de fluidez como:

APF: petróleos com ponto de fluidez superior à temperatura ambiente;

BPF: petróleos com ponto de fluidez inferior à temperatura ambiente.

1.10.6.2 Pressão de vapor

O conhecimento da pressão de vapor do petróleo é importante para caracterizá-lo quanto a questões de segurança e meio ambiente, fornecendo informações sobre o nível de emissões evaporativas. Também é importante para o escoamento do produto no que concerne às condições em que pode ocorrer a cavitação de bombas. A determinação de pressão de vapor é fornecida pelo ensaio de pressão de vapor Reid, que é descrito no Capítulo 3.

1.10.6.3 Viscosidade

A viscosidade do petróleo é importante para caracterizá-lo quanto ao escoamento do produto e para a sua caracterização química usando-se os chamados fatores de caracterização, item 1.17. A determinação da viscosidade é realizada pelo ensaio de ASTM D445, apresentado no Capítulo 3.

1.10.6.4 Teor de sal

O teor de sal não é uma propriedade intrínseca ao cru, pois está associado às condições do reservatório e da produção do cru. Todavia, é importante informação para o processamento do petróleo nas refinarias. Quando esse teor é superior a 3 mg/l de óleo, ele deve ser dessalgado, a fim de se evitar problemas de corrosão nas tubulações e nos equipamentos das unidades de destilação.

1.10.7 Qualificação do Petróleo pela Estabilidade

A estabilidade do petróleo está diretamente relacionada à interação dos asfaltenos com as resinas e com os outros componentes do petróleo. Pelo modelo proposto por Wiehe e Kennedy (2000), os asfaltenos, sólidos submicroscópicos, se mantêm em suspensão no petróleo por ação das resinas, que funcionam como dispersantes. A dispersão asfaltenos-resinas é envolvida por anéis aromáticos, solventes, em contraposição aos compostos saturados, não solventes. As resinas e aromáticos conferem caráter polar ao meio oleoso, enquanto os hidrocarbonetos parafínicos, principalmente os leves, conferem caráter apolar ao meio. Quando o caráter polar predomina, a dispersão é estável e não ocorre a separação dos asfaltenos. No entanto, quando o caráter apolar predomina, os asfaltenos se aglomeram por repulsão ao meio apolar oleoso e ocorre então a aglomeração dos asfaltenos com consequente precipitação e, nesse caso, diz-se que o petróleo é instável. Floculação é a migração dos asfaltenos da fase líquida para a fase sólida, etapa que antecede a precipitação, na qual ocorre o início da formação de partículas em suspensão, devido à agregação de asfaltenos. A floculação pode ser revertida pela ação das resinas, enquanto a precipitação é irreversível. A precipitação dos asfaltenos também pode ocorrer por causas externas (variação de temperatura, pressão, adição de solvente e outras).

A estabilidade dos petróleos tem particular importância na sua produção, em que a precipitação dos asfaltenos pode ser a causa da formação de depósitos que dificultam ou impedem a recuperação de petróleo dos reservatórios. Um dos fatores externos pode ser a diferença de temperatura entre o fundo do mar e a superfície, o que pode provocar a instabilização do petróleo. Outra causa externa é a pressão, pois sob alta pressão nos reservatórios os asfaltenos encontram-se dissolvidos no petróleo. Pela redução de pressão devido à extração do óleo, a solubilidade dos asfaltenos fica alterada.

Petróleos estáveis podem ser incompatíveis quando misturados, pois pode ser quebrado o equilíbrio entre os componentes saturados (principalmente parafínicos), aromáticos, resinas e asfaltenos. A incompatibilidade de petróleos pode provocar a deposição de asfaltenos principalmente em terminais e em refinarias: tanques, dutos e equipamentos como fundos de torres e fornos.

Para avaliar a estabilidade de petróleos pode-se utilizar o teste da mancha (*spot test*) – ASTM D4740, simples e de baixo custo operacional, no qual se pinga uma gota retirada de um volume de 50 ml de petróleo, previamente homogeneizado por 30 minutos a 95 °C, em um papel-filtro, aquecendo-o por 1 hora em estufa a 100 °C. A seguir compara-se a aparência da mancha formada com padrões que variam de 1 a 5. Outro ensaio é o de sedimentos por filtração a quente – ASTM D4870, em que se quantificam valores de materiais insolúveis, normalmente asfaltenos floculados. Ambos os ensaios são detalhados no Capítulo 3.

1.11 CARACTERÍSTICAS DE PETRÓLEOS

As Tabelas 1.30 a 1.32 apresentam rendimentos e propriedades de diversos petróleos brasileiros e de outros países, já processados no Brasil.

Tabela 1.30 Características de petróleos

Propriedades	Unidade	PETRÓLEOS						
		1	2	3	4	5	6	7
°API	-	20,0	28,3	25,3	15,4	20,6	19,6	18,1
Densidade a 20/4 °C	-	0,9299	0,8819	0,8986	0,9593	0,9266	0,9331	0,9421
Pressão de vapor Reid	kPa	23,6	49,4	43,6		27,9		26,7
Destilação - PIE	°C	48,2	37,0		77,6	28,6	66,0	52,2
Destilação - 5 %	°C	157,4	114,0		190,0	143,0	152,0	183,5
Destilação - 10 %	°C	216,4	153,0		241,6	206,4	207,0	240,0
Destilação - 15 %	°C	255,1	192,0		279,5	248,8	249,0	279,0
Destilação - 20 %	°C	290,1	226,0		312,8	284,2	283,0	312,9
Destilação - 25 %	°C	320,2	255,0		344,1	315,1	315,0	343,4

(*Continua*)

52 Capítulo 1

Tabela 1.30 Características de petróleos (*Continuação*)

Propriedades	Unidade	PETRÓLEOS						
		1	2	3	4	5	6	7
Destilação - 30 %	°C	350,7	284,0		374,3	346,7	346,0	372,3
Destilação - 35 %	°C	380,0	312,0		403,6	377,7	376,0	400,3
Destilação - 40 %	°C	407,9	341,0		427,4	407,6	406,0	423,5
Destilação - 45 %	°C	431,0	369,0		449,5	431,9	433,0	443,3
Destilação - 50 %	°C	453,0	397,0		476,3	455,1	456,0	467,3
Destilação - 55 %	°C	479,4	423,0		503,7	483,2	481,0	493,8
Destilação - 60 %	°C	506,4	448,0		529,5	511,1	511,0	519,5
Destilação - 65 %	°C	533,6	475,0		558,0	540,2		547,4
Destilação - 70 %	°C	563,4	502,0		587,9	573,2		577,8
Destilação - 75 %	°C	594,2	534,0					
Ponto de fluidez	°C	-42	-21	-45	-19	-36	-39	-27
Temp. inicial de aparecimento de cristais	°C	37,0	19,1		20,1	29,3	12,8	15,3
Viscosidade cinemática	mm²/s	369,2	39,30	73,54	4590	286,0	468,5	1076,0
Viscosidade cinemática	mm²/s	186,4	17,77	47,34	1731	150,0	233,3	475,1
Viscosidade cinemática	mm²/s	62,00	12,89	20,75	364,7	53,19	76,49	128,8
Temperatura viscosidade 1	°C	20	20	20	20	20	20	20
Temperatura viscosidade 2	°C	30	40	30	30	30	30	30
Temperatura viscosidade 3	°C	50	50	50	50	50	50	50
Resíduo de carbono	% m/m	6,1	4,1	4,8	2,8	5,8	6,8	6,0
Parafina	% m/m		4,0	2,2			1,5	
Fator de caracterização de Watson	-	11,6	11,9	11,8	11,5	11,7	11,6	11,6
Enxofre	% m/m	0,6	0,4	0,5	0,7	0,6	0,7	0,6
Enxofre mercaptídico	mg/kg	17	12	14	27	36	15	18
Nitrogênio básico	% m/m	0,1	0,1	0,1	0,2	0,2	0,2	0,1
Nitrogênio total	% m/m	0,4	0,3	0,4	0,5	0,5	0,4	0,4
Número de acidez total	mg KOH/g	1,9	0,2	0,7	3,7	1,2	1,2	3,1
Hidrocarbonetos - 1-Saturados	% m/m	40,4	53,6	55,3	37,1	44,9	41,3	35,9
Hidrocarbonetos - 2-Aromáticos	% m/m	35,1	24,6	26,4	30,3	29,7	32,9	37,4
Resinas	% m/m	23,0	20,7	16,5	29,5	23,2	22,9	25,4
Asfaltenos	% m/m	1,5	1,1	1,8	3,1	2,2	2,9	1,3
Cinzas	% m/m	0,01	0,02	0,02	0,17	0,01	0,02	0,04
Sal	% m/m	0,01	312,80	314,80	0,29	0,01	306,10	0,07
Água e sedimentos	% vol.	< 0,05	0,35	0,80	2,00	0,10	0,03	0,30
Sedimentos	% m/m	0,04	0,07	0,04			1	
Metais - Níquel	mg/kg	10,00	6,2	11,0	24,0	19,0	21,0	13,0

(*Continua*)

O Petróleo | **53** |

Tabela 1.30 Características de petróleos (*Continuação*)

Propriedades	Unidade	PETRÓLEOS						
		1	2	3	4	5	6	7
Metais - Vanádio	mg/kg	17,0	9,0	14,0	27,0	20,0	29,0	
Metais - Mercúrio	µg/kg	< 10,0				< 10,0	< 10,0	
Parâmetro de solubilidade	MPa$^{(1/2)}$	19,5	18,1	19,0		18,9	19,5	
Tolueno equivalente			13,7	15,9			15,4	

Tabela 1.31 Características de petróleos

Propriedades	Unidade	PETRÓLEOS						
		8	9	10	11	12	13	14
°API	-	33,1	36,5	40,9	15,8	13,4	30,3	48,5
Densidade a 20/4 °C	-	0,8560	0,8385	0,8168	0,9568	0,9726	0,8707	0,7822
Pressão de vapor Reid	kPa	23,6		50,1	9,9		41,0	75,5
Destilação - PIE	°C		71,0		98,2			13,0
Destilação - 5 %	°C		136,0		205,7			15,0
Destilação - 10 %	°C		175,0		256,3			35,0
Destilação - 15 %	°C		215,0		296,2			87,0
Destilação - 20 %	°C		247,0		332,9			105,0
Destilação - 25 %	°C		272,0		370,3			124,0
Destilação - 30 %	°C		301,0		405,6			139,0
Destilação - 35 %	°C		329,0		432,5			157,0
Destilação - 40 %	°C		356,0		457,2			180,0
Destilação - 45 %	°C		380,0		485,4			203,0
Destilação - 50 %	°C		405,0		514,5			226,0
Destilação - 55 %	°C		428,0		546,2			254,0
Destilação - 60 %	°C		450,0		580,0			281,0
Destilação - 65 %	°C		474,0					312,0
Destilação - 70 %	°C		503,0					343,0
Destilação - 75 %	°C		535,0					377,0
Destilação - 80 %	°C							416,0
Destilação - 85 %	°C							462,0
Destilação - 90 %	°C							515,0
Ponto de fluidez	°C	-54	33	9	-18	12	3	-6
Temp. inicial de aparecimento de cristais	°C	25,2	48,3	37,9	17,3			18,3
Viscosidade cinemática	mm^2/s	10,28	12,52	7,914	1498	15 748	24,38	3,577
Viscosidade cinemática	mm^2/s	7,702	10,06	5,825	639,7	5561	16,62	2,859
Viscosidade cinemática	mm^2/s	5,997			159,2	2180	11,83	2,408
Temperatura viscosidade 1	°C	20	20	20	20	30	20	20
Temperatura viscosidade 2	°C	30	30	25	30	40	30	30
Temperatura viscosidade 3	°C	40			50	50	40	40
Resíduo de carbono	% m/m	4,3	2,6	1,0	6,9	11,5	6,0	0,3
Parafina	% m/m	2,9	29,1	3,7		1,7	6,7	3,1
Fator de caracterização de Watson	-	11,9	12,6	12,3	11,5	11,6	12,0	12,6
Enxofre	% m/m	1,9	0,1	0,1	0,5	0,3	1,8	0,1
Enxofre mercaptídico	mg/kg	122	95	3	20	46	10	16

(*Continua*)

54 Capítulo 1

Tabela 1.31 Características de petróleos (*Continuação*)

Propriedades	Unidade	PETRÓLEOS						
		8	9	10	11	12	13	14
Nitrogênio básico	% m/m	0,02	0,05	0,02	0,12	0,12	0,08	0,01
Nitrogênio total	% m/m	0,08	0,14	0,05	0,38	0,27	0,20	0,01
Número de acidez total	mg KOH/g	< 0,05	0,1	0,1	2,9	1,1	0,0	< 0,05
Hidrocarbonetos - 1-Saturados	% m/m	58,5	68,8	80,2	52,2	41,9	37,7	84,3
Hidrocarbonetos - 2-Aromáticos	% m/m	29,2	13,0	12,1	26,9	35,9	33,1	11,0
Resinas	% m/m	10,6	18,2	7,7	19,4	14,6	26,5	4,7
Asfaltenos	% m/m	1,7	< 0,5	< 0,5	1,5	7,6	2,7	< 0,5
Cinzas	% m/m	0,01	0,04	0,02	0,13	0,05	0,02	0,00
Sal	mg NaCl/L	2,50	67,74	561,80		0,06	7,16	4,40
Água e sedimentos	% vol.		0,50	0,50	< 0,05		0,00	< 0,05
Sedimentos	% m/m							
Metais - Níquel	mg/kg	5,0	14,0	< 1,0	9,0	42,0	26,0	< 0,5
Metais - Vanádio	mg/kg	16,0	< 0,5	< 5,0	15,0	5,0	37,0	< 0,5
Metais - Mercúrio	µg/kg							
Parâmetro de solubilidade	MPa$^{(1/2)}$		16,5					15,9
Tolueno equivalente			9,5					

Tabela 1.32 Características de petróleos

Propriedades	Unidade	PETRÓLEOS						
		15	16	17	18	19	20	21
°API	-	27,2	43,0	57,7	58,4	39,5	27,8	28,5
Densidade a 20/4 °C	-	0,8877	0,8071	0,7434	0,7408	0,8237	0,8844	0,8805
Pressão de vapor Reid	kPa		41,3	50,4	62,3	51,4	48,5	29,8
Destilação - 5 %	°C	115,7		36,4		80,3	80,6	100,2
Destilação - 10 %	°C	167,9		60,4		100,8	125,0	143,5
Destilação - 15 %	°C	216,0		73,8		127,0	166,2	184,1
Destilação - 20 %	°C	254,1		83,0		150,3	206,5	223,1
Destilação - 25 %	°C	290,6		91,8		173,3	241,7	256,4
Destilação - 30 %	°C	321,2		101,4		200,0	273,0	290,0
Destilação - 35 %	°C	356,5		104,0		226,3	304,9	319,0
Destilação - 40 %	°C	390,3		113,0		250,5	336,2	352,7
Destilação - 45 %	°C	419,3		120,0		273,5	368,5	384,6
Destilação - 50 %	°C	442,3		128,4		299,8	399,9	414,6
Destilação - 55 %	°C	471,8		139,0		325,0	426,0	438,7
Destilação - 60 %	°C	504,2		144,8		353,5	450,4	466,4
Destilação - 65 %	°C	536,3		153,4		385,0	480,2	497,9
Destilação - 70 %	°C	571,1		164,8		416,8	511,3	530,0
Destilação - 75 %	°C			175,6		456,0	543,7	563,4
Destilação - 80 %	°C			191,8		502,5	577,3	598,4
Destilação - 85 %	°C			210,2		573,8		
Destilação - 90 %	°C			235,0				
Ponto de fluidez	°C	15	-3	< -51	-36	-24	6	9
Temp. inicial de aparecimento de cristais	°C	46,1	22,1			3,9	41,0	35,1

(*Continua*)

Tabela 1.32   Características de petróleos (*Continuação*)

Propriedades	Unidade	PETRÓLEOS						
		15	16	17	18	19	20	21
Viscosidade cinemática	mm²/s	85,48	3,690	1,458	0,983	3,186	47,31	44,94
Viscosidade cinemática	mm²/s	67,06	3,244	1,057	0,868	2,654	30,61	28,81
Viscosidade cinemática	mm²/s	27,44	2,382	0,793	0,776	2,255	14,49	13,50
Temperatura viscosidade 1	°C	20	20	-20	20	30	20	20
Temperatura viscosidade 2	°C	30	25	0	30	40	30	30
Temperatura viscosidade 3	°C	50	40	20	40	50	50	50
Resíduo de carbono	% m/m	5,7	0,7	0,0	< 0,1	1,1	4,1	4,5
Parafina	% m/m	12,0	6,1	0,0	< 0,5	4,1		
Fator de caracterização de Watson	-	0,4	< 0,5	11,8	12,2	11,9	11,9	12,0
Enxofre	% m/m	25,0	> 12,6	17,2	0,0	0,1	0,4	0,4
Enxofre mercaptídico	mg/kg	0,1	0,1	< 2,0	< 2,0	< 2,0	25,0	33,0
Nitrogênio básico	% m/m	0,4	70,0	3,0	3,0	105,0	0,1	0,1
Nitrogênio total	% m/m	0,2	63,0	5,9	5,5	268,8	0,4	0,4
Número de acidez total	mg KOH/g		0,0	< 0,03	< 0,02	< 0,1	0,3	0,3
Hidrocarbonetos - 1-Saturados	% m/m	51,2	0,1	82,5	87,0	80,8	55,1	53,8
Hidrocarbonetos - 2-Aromáticos	% m/m	24,2	83,2	17,5	13,0	12,4	27,3	22,0
Resinas	% m/m	23,1	12,2		< 1,0	6,8	17,1	23,7
Asfaltenos	% m/m	1,5	4,5		< 0,5	< 0,5	0,55	0,5
Cinzas	% m/m	0,01	< 0,5		< 0,01	0,01	0,01	0,01
Sal	mg NaCl/L	0,01	0,01		0,01	9,90	0,02	0,01
Água e sedimentos	% vol.	< 0,05		< 0,05	0,20	0,05	0,11	< 0,05
Sedimentos	% m/m		< 0,05	Ausente				Ausente
Metais - Níquel	mg/kg	19,0	< 1,0	0,3	< 1,0	< 1,0	9,5	13,0
Metais - Vanádio	mg/kg	15,0	< 5,0	< 1,0	< 5,0	< 5,0	7,7	12,0
Metais - Mercúrio	µg/kg			< 10,0		< 10,0		
Parâmetro de solubilidade	MPa[(1,2)]	18,4		16,3		17,2		Estável 18,6
Tolueno equivalente						76,9		

1.12 CLASSIFICAÇÃO QUÍMICA DO PETRÓLEO POR MEIO DE INDICADORES

Pode-se classificar quimicamente o petróleo e suas frações por meio de grandezas que permitem estimar a classe de hidrocarbonetos nele predominante. Essas grandezas são calculadas a partir de propriedades físicas básicas, escolhidas por serem precisas, de fácil medida e de disponibilidade frequente. As propriedades básicas mais utilizadas para essa finalidade são a densidade, a faixa de ebulição, a viscosidade e o índice de refração.

1.12.1 Constante Viscosidade-Densidade – VGC

O primeiro fator de caracterização de frações do petróleo de que se tem notícia deve-se a Hill e Coats (1928), que definiram uma relação empírica entre a viscosidade Saybolt e a densidade para obterem a chamada constante viscosidade-densidade (VGC). Essa relação foi obtida a partir da análise da variação da densidade com a viscosidade para hidrocarbonetos parafínicos, naftênicos e aromáticos, Figura 1.60, o que permitiu definir essa grandeza. A conclusão desse estudo foi a de que a VGC, definida pelas Equações (1.3)

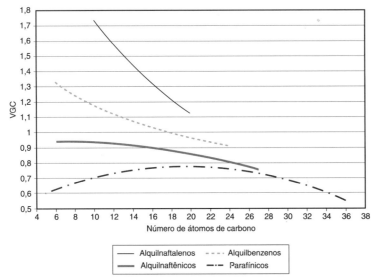

Figura 1.60 Variação da viscosidade com a densidade de hidrocarbonetos.

e (1.4), assume valores diferentes em função da característica química, sendo utilizada para petróleos e frações pesadas, nos quais a determinação da viscosidade é mais precisa.

As equações originais propostas por Hill e Coats utilizavam unidades de viscosidades que não são mais utilizadas na indústria do petróleo, e por isso foram alteradas pela ASTM, como representadas pelas Equações (1.3) e (1.4). Essas duas equações são equivalentes e devem fornecer o mesmo valor para a VGC.

$$VGC = \frac{\rho_{15} - 0,0664 - 0,1154 \log(\nu_1 - 5,5)}{0,94 - 0,109 \log(\nu_1 - 5,5)} \qquad (1.3)$$

$$VGC = \frac{\rho_{15} - 0,108 - 0,1255 \log(\nu_2 - 0,8)}{0,90 - 0,097 \log(\nu_2 - 0,8)} \qquad (1.4)$$

nas quais:

- ρ_{15}: massa específica da fração a 15 °C;
- ν_1: viscosidade cinemática (cSt) a 40 °C;
- ν_2: viscosidade cinemática (cSt) a 100 °C;
- VGC: constante viscosidade-densidade.

A constante viscosidade-densidade (VGC) é aplicável para classificar o petróleo e suas frações, especialmente as frações lubrificantes, e sugere-se a seguinte classificação:

- $VGC \leq 0,60$: parafínicos de cadeia curta
- $0,60 \leq VGC < 0,70$: parafínicos de cadeia média
- $0,70 \leq VGC < 0,80$: parafínicos de cadeia longa
- $0,80 \leq VGC < 0,90$: alquilnaftênicos
- $0,90 \leq VGC < 1,0$: naftênicos
- $1,0 \leq VGC < 1,2$: alquilaromáticos
- $VGC \geq 1,5$: aromáticos

1.12.2 Fator de Caracterização de Watson

O mais conhecido e utilizado dos fatores de caracterização é o de Watson [Watson e Nelson (1933); Watson *et alii* (1935); Smith e Watson (1937)] proposto com base no diagrama de densidade *versus* ponto de ebulição dos diversos tipos de hidrocarbonetos, Figura 1.61, Tabelas 1.31 a 1.33. Nesse diagrama, verifica-se que os diversos hidrocarbonetos de uma mesma família se distribuem regularmente sobre curvas bem definidas. O fator de caracterização de Watson (K_w) [Equação (1.5)] divide o diagrama em regiões distintas, segundo o tipo de hidrocarboneto:

$$K_W = \frac{PEMC^{1/3}}{d_{15,6/15,6}} \qquad (1.5)$$

em que:

PEMC: ponto de ebulição médio cúbico de fração em R, determinado pelo método de Watson, item 1.12.2.1;

$d_{15,6/15,6}$: densidade da fração a 15,6 °C/15,6 °C;

K_W: fator de caracterização de Watson.

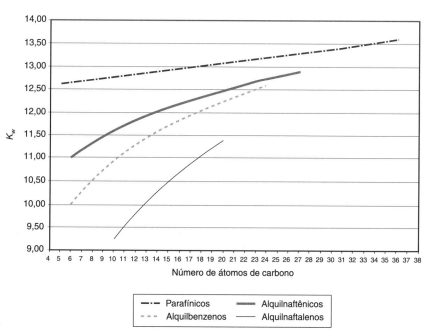

Figura 1.61 Diagrama do fator de caracterização de Watson.

Watson sugeriu a seguinte classificação para frações de petróleos:

$K_W > 13$: parafínicos de cadeia longa
$12 < K_W \leq 13$: parafínicos de cadeia média e alquilnaftênicos
$11 < K_W \leq 12$: naftênicos
$10 < K_W \leq 11$: alquilbenzenos
$9 < K_W \leq 10$: alquilnaftalenos

O API – Technical Data Book on Petroleum Refining adotou a proposição de Winn (1957) para cálculo do fator de caracterização de Watson para:

$$K_{API} = \frac{PEMe^{1/3}}{d_{15,6/15,6}} \qquad (1.6)$$

em que:

PEMe: ponto de ebulição mediano em R, determinado pelo método de Watson (item 1.12.2.1).

58 Capítulo 1

Essas diferentes metodologias de cálculo do fator de caracterização de Watson não geram diferenças significativas nos valores encontrados, porém, para uso em correlações, a fim de preservar a fidelidade às fontes originais, sugerem-se os seguintes critérios de utilização dos métodos:

K_w: utilizado nas correlações propostas originalmente por Watson

K_{API}:   utilizado nas correlações do API e de Winn.

1.12.2.1 Determinação dos pontos de ebulição médios por Watson e Smith

Uma das dificuldades iniciais para a caracterização do petróleo e frações é a de não se dispor de um valor único de ponto de ebulição que caracterize sua volatilidade, pois, tratando-se de misturas, a vaporização ocorre em uma faixa de temperatura. A necessidade de se dispor de um valor único que possa ser utilizado, matematicamente, como o ponto de ebulição médio levou diversos pesquisadores a definir uma temperatura média de ebulição. O conceito de ponto de ebulição médio, embora inexato por não ser uma propriedade aditiva, permite chegar a excelentes estimativas de diversas propriedades.

Watson e Smith (1933), a partir do estudo do comportamento de compostos puros, propuseram o cálculo do ponto de ebulição médio em base volumétrica, PEMV, por meio de dados experimentais da curva de destilação. Utilizaram uma expressão matemática simples para a determinação do PEMV, compatível com os recursos disponíveis na época em que isso ocorreu, década de 1930. Esses autores propuseram a seguinte expressão matemática para cálculo do PEMV:

$$PEMV = \frac{T_{10} + T_{30} + T_{50} + T_{70} + T_{90}}{5} \tag{1.7}$$

em que: T_{10}, T_{30}, T_{50}, T_{70} e T_{90} representam as temperaturas relativas aos 10 %, 30 %, 50 %, 70 % e 90 % recuperados pela destilação ASTM D86.

Watson e Nelson (1933) verificaram ainda que, se fosse usado apenas o PEMV como a temperatura média de ebulição da fração de petróleo, não seria possível correlacionar, com boa precisão, as diversas propriedades das frações. Por isso, adicionalmente, definiram o Ponto de Ebulição Médio Ponderal – PEMP, e o PEMM, Ponto de Ebulição Médio Molar, considerando a fração vaporizada em massa e em quantidade de matéria, respectivamente. Em função da indisponibilidade usual dos dados de destilação nessas bases, Watson e Nelson (1933) definiram esses pontos médios a partir do PEMV, segundo a correlação gráfica apresentada na Figura 1.62.

Estes autores, ainda não satisfeitos com os resultados obtidos para as correlações utilizando esses pontos médios, sugeriram outros dois pontos médios, o Mediano e o Cúbico, para cálculo de propriedades. Watson e Smith (1933) sugeriram que esses outros pontos médios fossem obtidos por cálculos a partir do PEMV, e as correções feitas no gráfico, com base na inclinação 10-90 da curva, $S_{10\text{-}90}$, calculadas da seguinte forma:

$$S_{10\text{-}90} = \frac{T_{90} - T_{10}}{80} \tag{1.8}$$

Uma forma simplificada de se determinar o ponto de ebulição médio seria se associar a temperatura média de ebulição à temperatura de ebulição correspondente à fração 50 % em volume vaporizada. Essa forma de cálculo pode ser aplicada a frações de faixa de ebulição estreita e em regiões onde a curva de destilação pode ser confundida com uma reta. Quando não ocorre essa situação, como é o caso de petróleo e das frações longas, o cálculo correto deve levar em conta toda a faixa de ebulição.

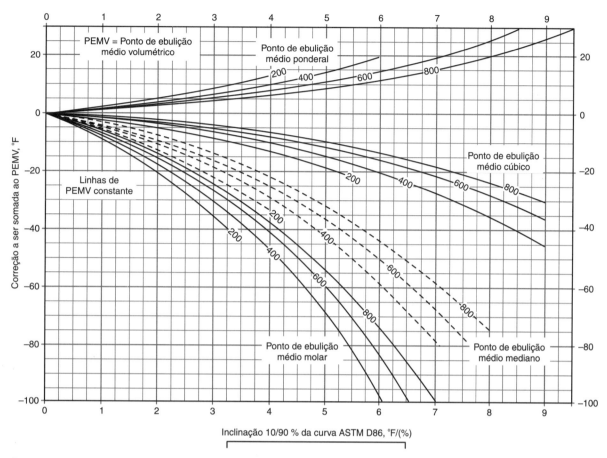

Figura 1.62 Correlação para outros pontos de ebulição médios (Watson).

Para utilização em computadores, posteriormente, Zhou (1982) propôs as seguintes correlações para substituir o método gráfico:

$$PEMP = PEMV + \Delta_1 \tag{1.9}$$

$$\ln \Delta_1 = -3{,}64991 - 0{,}027060\, PEMV^{0{,}6667} + 5{,}16388\, S_{10\text{-}90}^{0{,}25} \tag{1.10}$$

$$PEMM = PEMV - \Delta_2 \tag{1.11}$$

$$\ln \Delta_2 = -1{,}15158 - 0{,}011810\, PEMV^{0{,}6667} + 3{,}70684\, S_{10\text{-}90}^{0{,}3333} \tag{1.12}$$

$$PEMC = PEMV - \Delta_3 \tag{1.13}$$

$$\ln \Delta_3 = -0{,}82368 - 0{,}089970\, PEMV^{0{,}45} + 2{,}45679\, S_{10\text{-}90}^{0{,}45} \tag{1.14}$$

$$PEMe = \frac{PEMM + PEMC}{2} = PEMV - \Delta_4 \tag{1.15}$$

$$\ln \Delta_4 = -1{,}53181 - 0{,}012800\, PEMV^{0{,}6667} + 3{,}64678\, S_{10\text{-}90}^{0{,}3333} \tag{1.16}$$

Para as correlações de Zhou, todas as temperaturas estão em graus Celsius.

1.12.3 *Interseptus* Índice de Refração-Densidade

Kurtz e Ward (1936) fizeram observação análoga à de Watson para o diagrama densidade *versus* índice de refração, Figura 1.63, concluindo que esta é aproximadamente linear para uma série homóloga de hidrocarbonetos, sugerindo a seguinte relação:

$$Ri = n_{20} - \frac{d_{20/4}}{2} \tag{1.17}$$

em que:

- R_i: *interseptus* refração-densidade;
- n_{20}: índice de refração a 20 °C;
- $d_{20/4}$: densidade da fração a 20/4 °C.

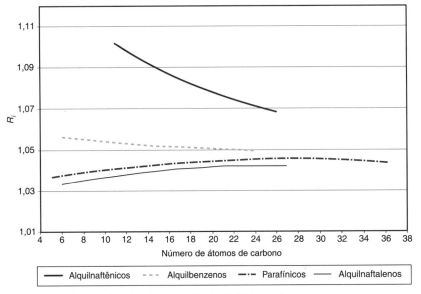

Figura 1.63 *Interseptus* índice de refração-densidade de hidrocarbonetos.

O *interseptus* índice de refração-densidade normalmente é aplicável a frações do petróleo de cor ASTM menor do que 6, nas quais é possível determinar o índice de refração. Para frações pesadas, quando não se dispõe do índice de refração, pode-se estimá-lo pela equação de Huang e daí calcular o *interseptus*. Os autores sugeriram a seguinte classificação para frações de petróleo:

$R_i > 1,08$: alquilnaftalenos
$1,08 > R_i \geq 1,06$: alquilbenzenos
$1,06 > R_i \geq 1,05$: aromáticos
$1,05 > R_i \geq 1,04$: parafínicos
$1,04 > R_i \geq 1,02$: alquilnaftênicos
$1,020 \geq R_i$: naftênicos

1.12.4 Índice de Caracterização de Huang

Huang (1977) propôs um fator de caracterização de frações de petróleo baseado no índice de refração (n_{20}). Para uma dada família de hidrocarbonetos, que varia de forma definida em função do número de átomos, Figura 1.64. O índice sugerido por Huang é o seguinte:

$$I_H = \frac{n_{20}^2 - 1}{n_{20}^2 + 2} \tag{1.18}$$

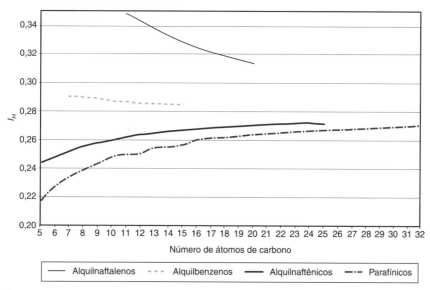

Figura 1.64 Índice de Huang de hidrocarbonetos.

em que:

n_{20}: índice de refração da fração a 20 °C e 1 atmosfera;

I_H: fator de caracterização de Huang.

Huang sugeriu a seguinte classificação:

$I_H < 0,22$: parafínicos de pequena cadeia
$0,22 \leq I_H < 0,24$: parafínicos de média cadeia
$0,24 \leq I_H < 0,26$: parafínicos de longa cadeia
$0,26 \leq I_H < 0,28$: parafínicos-naftênicos
$0,28 \leq I_H < 0,29$: naftênicos
$0,29 \leq I_H < 0,30$: aromáticos-naftênicos
$I_H \geq 0,30$: aromáticos-asfálticos

1.12.5 Razão Densidade-Viscosidade °API/(A/B)

A razão densidade-viscosidade proposta por Farah (2006) é expressa pela relação (°API/(A/B)), entre o °API e os parâmetros A e B da equação de Walther-ASTM de variação de viscosidade com a temperatura [Equação (1.19)]. A razão densidade-viscosidade discrimina os hidrocarbonetos e classifica as frações de petróleo, Figuras 1.65a, 1.65b, 1.65c e 1.66. A vantagem de seu uso é a de não se ter limitações para sua determinação em frações pesadas, que ocorre com outros indicadores pela indisponibilidade de dados de índice de refração e de temperaturas de ebulição.

Os hidrocarbonetos dos tipos parafínicos, naftênicos e aromáticos apresentam os seguintes valores para a razão °API/(A/B):

— parafínicos do n-pentano ao n-triacontano: 50 a 15;

— naftênicos, alquilciclopentanos e alquilciclo-hexanos: 25 a 14;

— benzeno e alquilbenzenos aromáticos: 12 a 14;

— naftaleno e alquilnaftalenos: 2 a 10.

A variação da viscosidade com a temperatura é definida por Walther (1926) como:

$$\log(\log(z)) = A - B \log(T) \tag{1.19}$$

em que ($z = v + 0,7$) representa a viscosidade cinemática da fração de petróleo e T, a temperatura absoluta em Kelvin.

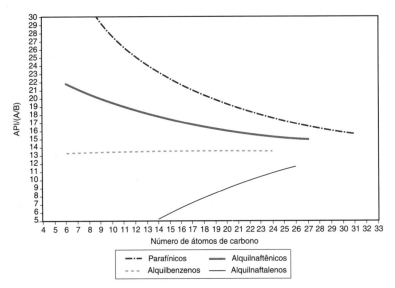

Figura 1.65(a) Razão °API/(A/B) de hidrocarbonetos.

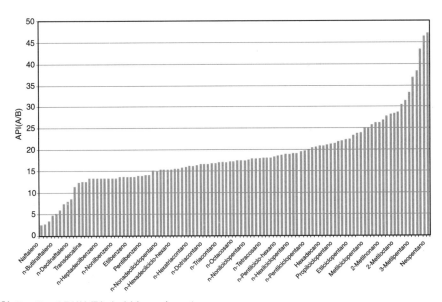

Figura 1.65(b) Razão °API/(A/B) de hidrocarbonetos.

A relação A/B representa o logaritmo da temperatura na qual o valor da variável z é igual a 10 mm²/s, indicando que quanto maior for a variação da viscosidade com a temperatura, maior será a temperatura em que o valor de z será igual a 10 mm²/s.

$$\frac{A}{B} = \log(T)_{Z=10\,mm^2/s}, \text{ ou seja, } T = 10^{\frac{A}{B}} \qquad (1.20)$$

A variação da viscosidade com a temperatura depende do tamanho da molécula e do seu tipo, pois os hidrocarbonetos parafínicos, naftênicos e aromáticos apresentam diferentes perfis de variação. Os aromáticos são os que apresentam maior variação, enquanto os parafínicos são os de menor variação. Como o °API é maior para os parafínicos e menor para os aromáticos, a razão densidade-viscosidade será maior para os parafínicos e menor para os aromáticos. A Figura 1.65c mostra a variação dos parâmetros para hidrocarbonetos parafínicos, naftênicos e aromáticos, representada por retas convergentes a altas temperaturas.

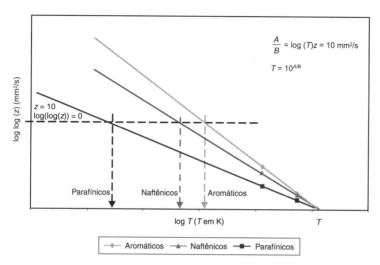

Figura 1.65(c) Variação da viscosidade com a temperatura de hidrocarbonetos.

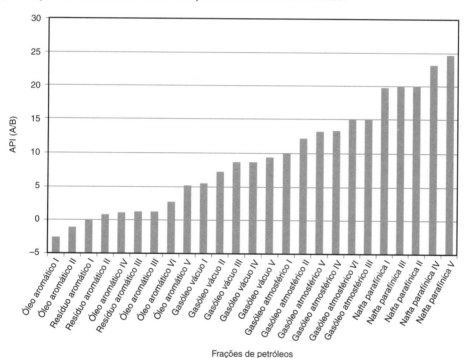

Figura 1.66 Relação °API/(A/B) de frações de petróleo.

Com base nos valores observados para os hidrocarbonetos e na análise de diversos petróleos e de suas frações, Figuras 1.67 e 1.68, Farah (2006) sugeriu a classificação para petróleo e resíduos mostrada na Tabela 1.33.

Tabela 1.33 Classificação de petróleos sugerida utilizando a relação °API/(A/B)

°API/(A/B)	Tipo
Maior do que 14	Parafínico
Entre 12 e 14	Parafínico-Naftênico
Entre 10 e 12	Naftênico
Entre 8 e 10	Aromático-Intermediário
Entre 6 e 8	Aromático-Naftênico
Menor do que 6	Aromático-Asfáltico

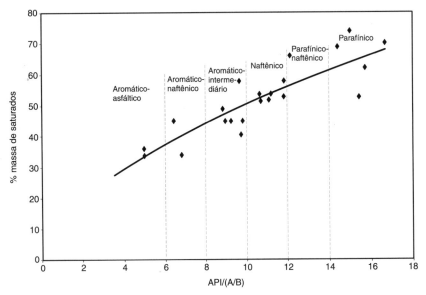

Figura 1.67 Proposta de classificação de petróleos pelo fator API/(A/B).

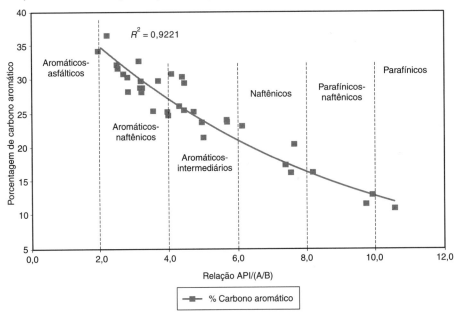

Figura 1.68 Variação do teor de carbono aromático em resíduos na faixa de 360 °C⁺ com a relação °API/(A/B) de acordo com o tipo de petróleo.

1.12.6 Índice de Correlação do Bureau of Mines (BMCI)

Smith (1940) sugeriu o chamado índice de correlação do Bureau of Mines (BMCI), baseado na temperatura de ebulição média volumétrica e na densidade 15,6/15,6 °C:

$$BMCI = \frac{48640}{PEMV} + 473,7\, d_{15,6/15,6} - 456,8 \tag{1.21}$$

em que:

PEMV: ponto de ebulição médio volumétrico (K);

BMCI: índice de correlação Bureau of Mines.

O BMCI é aplicado ao cálculo de frações leves, principalmente naftas com destinação para indústrias petroquímicas ou de solventes, apresentando valor próximo de 100 para os aromáticos e próximo a zero para os parafínicos de cadeia linear. Nos casos de frações pesadas em que não se disponha do PEMV, pode-se calculá-lo a partir de correlações empíricas partindo da viscosidade e da densidade.

EXERCÍCIOS

1. Características de Petróleos

Com base nas características apresentadas na tabela a seguir, responda às seguintes perguntas:

Característica	Petróleo A	Petróleo B	Petróleo C	Petróleo D	Petróleo E
Temp. inicial de aparecimento de cristais °C	48		19		2,0
Viscosidade a 50,0 °C (mm²/s)	12,52	21,46	12,89	8,500	3142
Viscosidade a 82,2 °C (mm²/s)		2,594			
Viscosidade a 60,0 °C (mm²/s)	8,227				1353
Resíduo de carbono (% m/m)	2,6	0,4	4,1	6,0	11,6
Pressão de vapor Reid (kPa)		84,6	49,4	41,0	
Ponto de fluidez (°C)	33	-9	-21	3	9
Número de acidez total (mg KOH/g)	0,11	0,01	0,15	0,04	0,65
Asfaltenos (% m/m)	0,5	0,5	1,1	2,7	7,3
Resinas (% m/m)	18,2	4,7	20,7	26,5	32,4
Aromáticos totais (% m/m)	13,0	11,0	24,6	33,1	24,6
Saturados (% m/m)	68,8	84,3	53,6	37,7	35,7
Enxofre (% m/m)	0,06	0,05	0,44	1,8	0,35
Densidade (°API)	36,5	45,6	29,0	30,0	12,6
Densidade a 20/4 °C	0,8423	0,7990	0,8816	0,8762	0,9820

1.1 Qual petróleo deve apresentar maior o teor de parafinas? Por quê?

1.2 Qual mistura equivolumétrica de petróleos deve apresentar maior incompatibilidade: aquela realizada entre os petróleos **B** e **C** ou aquela realizada entre os petróleos **E** e **C**? Por quê?

1.3 Como você justifica o fato de o ponto de fluidez do petróleo **B** ser menor do que o do petróleo **E**?

1.4 Como você explica o fato de o petróleo **D** apresentar maior teor de resíduo de carbono do que o petróleo **C**?

1.5 Como você explica o fato de os petróleos **C** e **D** apresentarem valores de °API bem próximos, porém com composição química e ponto de fluidez bastante diferentes?

2. Qualificação de Petróleo

Dados valores da curva de destilação de um petróleo, estime, com o auxílio do ábaco, os rendimentos esperados para esse petróleo nas frações básicas de hidrocarbonetos leves até o C_5, nafta (30 °C-170 °C), querosene (170 °C-270 °C), gasóleo atmosférico (270 °C-400 °C), gasóleo de vácuo (400 °C-570 °C) e também de resíduo de vácuo (570 °C⁺).

Temperatura (°C)	Rendimento % vol.	Rendimento % vol. acumulado
15	2,1	2,1
95	5,7	7,8
185	10,2	18,0
250	10,5	28,5
300	7,2	35,7
325	4,5	40,2
350	3,6	43,8
375	3,7	47,5
400	2,7	50,2
450	9,3	59,5
500	9,6	69,1
570	8,9	81,0

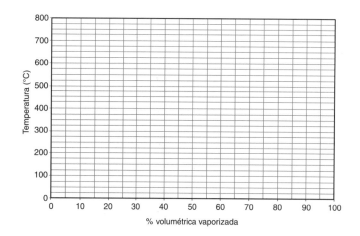

3. Qualificação de Petróleo

A figura a seguir apresenta as curvas de destilação PEV (pontos de ebulição verdadeiros) de dois petróleos diferentes (petróleos A e B). Com base nessas curvas, responda às seguintes questões:

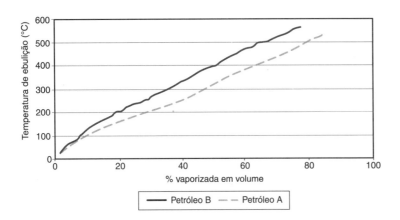

3.1 Qual petróleo deve apresentar maior PVR? Por quê? Ou você entende que nada pode ser dito? Por quê?

3.2 Qual petróleo deve apresentar maior viscosidade? Por quê? Ou você entende que nada pode ser dito? Por quê?

3.3 Qual petróleo deve apresentar maior teor de enxofre? Por quê? Ou você entende que nada pode ser dito? Por quê?

4. Estabilidade do Petróleo

4.1 O que se entende por estabilidade de um petróleo?

4.2 O que se entende por compatibilidade entre petróleos?

4.3 Petróleos estáveis podem formar misturas instáveis? Por quê?

5. Contaminantes do Petróleo

Marque **F** se forem falsas e **V** se forem verdadeiras as afirmações a seguir sobre contaminantes do petróleo:

( ) Os compostos sulfurados de todos os tipos são responsáveis por problemas de corrosividade, ataque a elastômeros e poluição ambiental nos derivados.

( ) Há uma correlação entre o teor de compostos organometálicos e o teor de resinas e asfaltenos no petróleo.

( ) Os compostos sulfurados conferem acidez às frações de petróleo.

( ) Os compostos nitrogenados básicos podem ser oxidados formando depósitos e dar coloração às frações de petróleo.

( ) Os compostos oxigenados, pela sua polaridade, favorecem a formação de resinas e asfaltenos.

( ) Os compostos oxigenados em geral são responsáveis pelo envenenamento de catalisadores de processos de refino.

( ) O níquel e o vanádio são os principais responsáveis pelo envenenamento de catalisadores de processos de refino e por problemas de qualidade dos combustíveis pesados (óleo combustível e *bunker*).

6. Qualificação de Petróleo

A figura a seguir apresenta as curvas de destilação PEV (ponto de ebulição verdadeiro) de dois petróleos diferentes (petróleo 1 e 2), ambos com baixos teores de enxofre e nitrogenados. A partir das informações que podem ser obtidas da curva e dos conhecimentos sobre petróleo e derivados, assinale a **única opção verdadeira**:

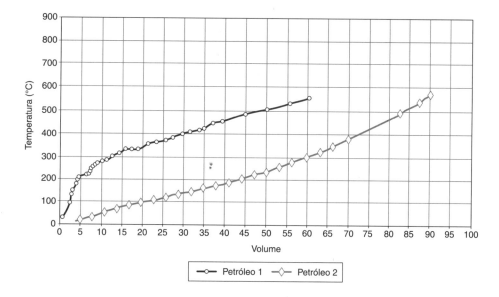

(a) É possível produzir mais óleo diesel a partir do petróleo 2 do que a partir do petróleo 1, utilizando-se apenas o processo de destilação.
(b) O petróleo 1 deverá apresentar maior teor de compostos parafínicos do que o petróleo 2.
(c) O petróleo 2 produz mais resíduo de vácuo que o petróleo 1.
(d) O petróleo 1 deverá apresentar menor viscosidade que o petróleo 2.
(e) O petróleo 1 deverá apresentar maior valor de mercado que o petróleo 2.

7. Dadas as características dos petróleos mostrados na tabela a seguir:

Petróleo	A	B	C
°API	28,3	23,5	36,5
Saturados (% m/m)	53,6	45,0	68,8
Aromáticos totais (% m/m)	24,6	25,7	13,0
Resinas (% m/m)	20,7	24,0	18,2
Asfaltenos (% m/m)	1,1	5,3	0,5
Enxofre (% m/m)	0,44	1,87	0,06
Nitrogênio básico (mg/kg)	0,14	0,08	0,05
Nitrogênio total (mg/kg)	0,30	0,32	0,14
Teor de parafinas (% m/m)	4,0	0,8	29,1
P. fluidez (°C)	33	-3	33
PEMe (°F)	723,1	908,2	648,8
A/B Equação ASTM	2,5244	2,5507	2,5184
$d_{15,6/15,6}$	0,8855	0,9129	0,8423
Acidez (mg KOH/g)	0,40	2,8	0,11

Classifique-os quanto aos seguintes aspectos:

Característica	A	B	C
°API (extraleve a asfáltico)			
Teor de enxofre (ATE/BTE)			
Tipo químico segundo Tissot			
Características de escoamento a frio (APF/BPF)			

68 | Capítulo 1

8. Alguns tipos de hidrocarbonetos são de importância relevante para diversos tipos de derivados combustíveis, seja pelos efeitos positivos, seja pelos efeitos negativos sobre o desempenho. Classifique, com notas crescentes de 1 a 4, de acordo com a melhor qualidade, cada um dos hidrocarbonetos a seguir quanto a esses efeitos sobre os requisitos de índice de viscosidade, facilidade de escoamento a frio e resistência à oxidação.

Propriedade	Parafínicos lineares	Parafínicos ramificados	Aromáticos	Olefínicos e diolefínicos
Variação da viscosidade com a temperatura				
Facilidade de escoamento a frio				
Resistência à oxidação				

9. Analise a influência dos hidrocarbonetos nas características dos petróleos, abordando ainda a sua classificação. Indique as utilizações mais adequadas para dois tipos de petróleo, segundo a classificação de Tissot e Welte, explicando por que e as possíveis necessidades de processos para o seu refino.

10. Analise as influências dos diversos tipos de não hidrocarbonetos, indicando os impactos desses contaminantes na qualidade dos derivados desses petróleos: efeitos, formas, remoção. Apresente um quadro de propriedades de petróleos, classificando-os de acordo com o teor de enxofre, o teor de nitrogenados e a acidez naftênica.

11. Discuta a metodologia para a qualificação do petróleo pela densidade, pela volatilidade, pelas propriedades ligadas ao transporte e ao armazenamento. Apresente um quadro de propriedades de petróleos, classificando-os de acordo com a densidade, o ponto de fluidez, a estabilidade e a natureza química a partir dos indicadores de natureza química. Comente as melhores utilizações para cada um desses petróleos e as necessidades de processos para o atendimento de um mercado com maior consumo de diesel e de GLP.

CAPÍTULO 2

Derivados do Petróleo e Sua Produção

Inúmeras são as aplicações dos produtos obtidos em uma refinaria de petróleo a partir de diversos tipos de processos de refino, físicos ou químicos (Figura 2.1), os quais podem ser divididos em três grandes classes (Brasil, Araújo e Molina, 2011; Gary e Handwerk, 2001).

- **Processos de separação** – quando os constituintes existentes na carga do processo são separados de acordo com alguma propriedade física que os caracterize, tal como ponto de ebulição (destilação), solubilidade (desaromatização, desasfaltação), ponto de fusão (desparafinação) e outros. Nesses processos não ocorre transformação química dos constituintes da carga.
- **Processos de conversão** – quando os hidrocarbonetos constituintes da carga são transformados em outros hidrocarbonetos por processos químicos, catalíticos ou não. Comumente, esses processos de conversão são complementados por operações de destilação, para separar as frações obtidas pela transformação dos constituintes da carga.
- **Processos de tratamento** – quando o objetivo é a remoção ou transformação dos contaminantes da carga empregando-se processos químicos ou físicos. O objetivo desses processos não é a alteração física ou química de hidrocarbonetos; contudo, no processo de hidrotratamento pode ocorrer conversão de hidrocarbonetos em pequena escala. Os processos de tratamentos são, em geral, usados em sequência aos processos de separação e de conversão, e por isso são algumas vezes chamados de processos de acabamento.

O refino do petróleo se inicia pela separação física das frações básicas por destilação atmosférica e a vácuo, de acordo com suas faixas de temperaturas de ebulição. Essas frações são encaminhadas para tanques de armazenamento, onde irão compor os derivados finais, misturadas ou não a outras frações de outros processos. As frações básicas podem ainda ser enviadas a tanques intermediários, de onde seguem para outros processos de separação, conversão ou acabamento.

Dessa forma, os derivados do petróleo são compostos por misturas de frações de diversos processos de refino, constituindo o que é chamado de "*pool*", conjunto de frações que fazem parte de um derivado de petróleo.

Figura 2.1   Refinaria de petróleo. (Fonte: Geraldo Falcão/Banco de Imagens Petrobras.)

Assim, a diferença entre uma fração e um derivado do petróleo se deve a que uma fração pode não apresentar, necessariamente, todas as características de um derivado de petróleo, de acordo com as especificações legais vigentes. O derivado de petróleo, por sua vez, é composto por frações, que produzem uma mistura que apresenta, obrigatoriamente, todas as características legais vigentes para esse derivado.

2.1 PROCESSOS DE REFINO

Numerosos são os processos de refino utilizados para a produção de derivados, os quais são brevemente descritos a seguir, quanto aos seus objetivos, princípios e, sobretudo, quanto aos tipos das frações obtidas, suas características e suas aplicações.

2.2 DESTILAÇÃO

Processo básico de uma refinaria de petróleo que se inicia com a operação de preaquecimento e dessalgação, em que a maior parte da água emulsionada e os sais nela dissolvidos são removidos. Após a dessalgação, o petróleo segue para a torre de pré-fracionamento, onde são separados o gás combustível, o GLP e a nafta leve, que constituem a parte leve do petróleo. Esses produtos seguem para a torre desbutanizadora, onde são separados, sendo que a nafta pode ser fracionada em duas ou mais frações. O petróleo pré-fracionado, produto de fundo da torre de pré-fracionamento, é aquecido a uma temperatura mais elevada, para que sejam separados a nafta pesada, o querosene e os gasóleos atmosféricos leve e pesado, também denominados *diesel*, com cerca de 400 °C de ponto final de ebulição. Os cortes de querosene e de gasóleos atmosféricos são retificados para acerto do ponto de fulgor. O resíduo dessa torre, denominado resíduo atmosférico, RAT, segue, então, para a torre a vácuo, a qual opera a pressão subatmosférica para permitir a separação das frações pesadas, gasóleo leve e pesado de vácuo, tendo-se como produto de fundo o resíduo de vácuo, RV ou RESVAC (Figuras 2.2 e 2.3).

A destilação de petróleo é um processo físico que separa os constituintes de acordo com seus pontos de ebulição, obtendo-se as frações mostradas na Figura 2.4, com suas possíveis destinações.

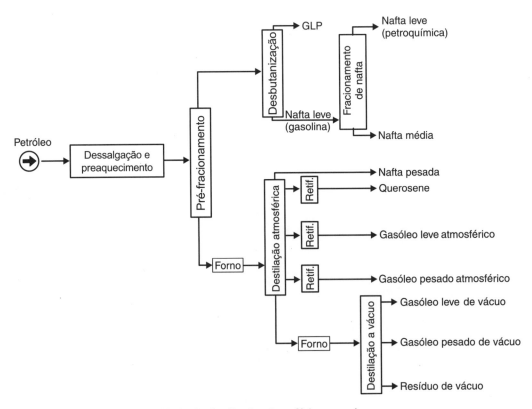

Figura 2.2   Esquema básico de uma unidade de destilação atmosférica e a vácuo.

Derivados do Petróleo e Sua Produção | 71 |

Figura 2.3   Colunas fracionadoras e fornos de unidades de destilação atmosférica e a vácuo. (Fonte: Geraldo Falcão/Banco de Imagens Petrobras.)

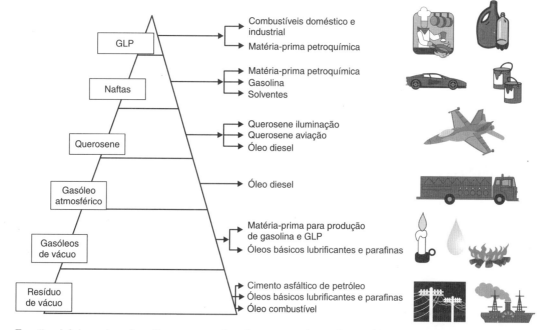

Figura 2.4   Frações básicas de refinação e suas aplicações em produtos de petróleo.

Na Tabela 2.1 é mostrada a faixa de ebulição das diversas frações da destilação e suas aplicações. Por ser um processo físico, as frações obtidas por destilação apresentam características químicas e físicas e rendimentos que dependem do tipo de petróleo processado (Wauquier, 2000).

Tabela 2.1   Aplicações comerciais das frações de destilação do petróleo

Fração	Faixa de destilação PEV (°C)	Principais aplicações comerciais
Gás combustível	Abaixo de -42	Gás combustível; petroquímica
Gás liquefeito do petróleo	-42 a 0	Combustível doméstico e industrial; petroquímica
Nafta leve	30 a 90	Gasolina; petroquímica; solventes
Nafta pesada	90 a 170	Gasolina; petroquímica; obtenção de aromáticos
Querosene	170 a 270	QI; QAV; óleo diesel; detergentes
Gasóleo leve atmosférico	270 a 320	Óleo diesel; óleo de aquecimento
Gasóleo pesado atmosférico	320 a 390	Óleo diesel; óleo de aquecimento
Gasóleo leve de vácuo	390 a 420	Carga de FCC; óleos básicos lubrificantes; óleo diesel
Gasóleo pesado de vácuo	420 a 550	Carga de FCC; óleos básicos lubrificantes
Resíduo de vácuo	Acima de 550	Óleos combustíveis; óleos básicos lubrificantes; asfaltos

2.3 CRAQUEAMENTO CATALÍTICO FLUIDO (FCC)

O processo de Craqueamento Catalítico Fluido (FCC) (Figuras 2.5 e 2.6) ocupa papel de destaque no refino por sua atratividade devido à elevada produção de frações leves a partir de frações pesadas, o que lhe confere grande rentabilidade. A carga do processo, dependendo do tipo de petróleo, pode ser gasóleo de vácuo ou resíduo atmosférico (Tabela 2.2), os quais são transformados em frações mais leves do que a carga como o GLP, a nafta e o óleo leve de reciclo (Parkash, 2003). O FCC faz parte do grupo de processos chamados de "fundo de barril".

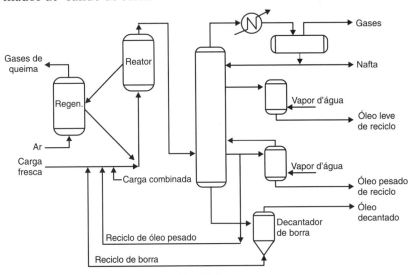

Figura 2.5 Unidade de Craqueamento Catalítico Fluido. (Fonte: Abadie, 2002.)

Figura 2.6 Conversor da unidade de Craqueamento Catalítico Fluido. (Fonte: Mika/Banco de Imagens Petrobras.)

Tabela 2.2 Exemplos de características de cargas de craqueamento catalítico

Propriedade	Gasóleo	Resíduo atmosférico
Faixa PEV (°C)	375-550	375+
Densidade (20/4 °C)	0,86 a 0,92	0,90 a 0,96
Nitrogênio básico (mg/kg)	1000 a 1800	4800
Viscosidade (mm^2/s a 100 °C)	6 a 20	26 a 55
Asfaltenos, % massa	0,5 a 1,6	1,5 a 2,5
Resíduo de carbono, % massa	0,2 a 0,6	5,5 a 7,0
Ni (mg/kg)	< 1	12
V (mg/kg)	< 3	18

Derivados do Petróleo e Sua Produção | **73** |

A carga recebe a adição de catalisador a elevada temperatura no *riser*, tubulação onde ocorrem as reações e que transporta o óleo para o reator-separador, no qual o catalisador é separado da carga craqueada nos ciclones. A pressão de operação é baixa e a temperatura de reação se situa na faixa de 500 °C a 540 °C. O catalisador gasto segue para o regenerador, onde será recuperado pela remoção do coque nele depositado, o qual é oxidado a CO_2. A carga craqueada, que está na fase vapor, segue para a fracionadora, onde será separada em diversas frações. A unidade de craqueamento catalítico é composta pelas seções de reação ou conversão, de fracionamento, de recuperação de gases, onde são separados gás combustível, GLP e nafta, e, ainda, pela seção de tratamentos, onde são tratadas as correntes de gás combustível, GLP e nafta para remover os contaminantes presentes. A Tabela 2.3 apresenta exemplos de rendimentos e propriedades dos produtos do craqueamento catalítico para dois tipos de carga (Parkash, 2003; Jones e Pujadó, 2006).

Tabela 2.3   Exemplos de rendimentos e de características de frações de craqueamento catalítico

Produtos	Propriedades e rendimentos	Carga gasóleo	Carga resíduo atmosférico
GLP	Rendimento, % volume	20 a 25	16 a 20
	Mercaptanos (mg/kg)	275	300
	Enxofre total (mg/kg)	400	500
Nafta	Rendimento, % volume	50 a 60	45 a 55
	Mercaptanos (mg/kg)	400	600
	Enxofre total (mg/kg)	1300	2000
	Número de octano motor	82 a 85	80 a 82
	Número de octano pesquisa	93 a 95	93 a 95
LCO	Rendimento, % volume	7 a 15	10 a 20
	Enxofre total, % massa	3,0	3,5
OD	Rendimento, % volume	5 a 10	8 a 15
	Enxofre total, % massa	5,0 a 6,0	6,0 a 8,0

As frações do processo de craqueamento catalítico são constituídas por hidrocarbonetos parafínicos (normais e ramificados), naftênicos, olefínicos (normais, ramificados, mono e di) e aromáticos, com predomínio dos dois últimos tipos. Por conter hidrocarbonetos aromáticos e parafínicos ramificados, a nafta de craqueamento apresenta ótima qualidade antidetonante. No entanto, sua estabilidade pode ser comprometida pela presença de diolefínicos, necessitando ser hidrotratada para sua estabilização e remoção dos compostos sulfurados. O óleo leve de reciclo contém grande parcela de aromáticos e de contaminantes, o que obriga a sua estabilização em unidades de hidrotratamento, para ser adicionado ao óleo diesel. O óleo decantado apresenta elevado conteúdo de hidrocarbonetos aromáticos, podendo ser adicionado ao óleo combustível industrial ou servir como matéria-prima para a produção de negro de carbono. A Tabela 2.4 apresenta as frações obtidas por FCC e suas destinações.

Tabela 2.4   Aplicações comerciais das frações de FCC

Fração	Faixa de destilação (°C)	Principais aplicações comerciais
Gás combustível	Abaixo de -42	Gás combustível; matéria para petroquímica
Gás liquefeito do petróleo	-42 a 0	Combustível doméstico e industrial; obtenção de gasolina de aviação
Nafta de craqueamento	32 a 220	Gasolina
Óleo leve de reciclo	220 a 340	Óleo diesel; óleo combustível
Óleo decantado	340 em diante	Resíduo aromático; obtenção de negro de carbono
Coque	-	Totalmente queimado no regenerador

2.4 COQUEAMENTO RETARDADO

O processo de coqueamento retardado é importante para a redução da produção de produtos pesados, sendo um processo de "fundo do barril", no qual se converte resíduo de vácuo em frações leves e coque, por craqueamento térmico (Figura 2.7). Nesse processo não há a mesma limitação que no processo de FCC quanto ao tipo de carga: presença de compostos poliaromáticos, resinas e asfaltenos, bem como contaminantes, por não ser utilizado um catalisador.

A carga, resíduo de vácuo, é enviada ao fundo da fracionadora (Figuras 2.7 e 2.8), para reduzir o teor de sólidos em suspensão nesse local, que teriam sido arrastados pela carga coqueada, oriunda do tambor de coqueamento. A seguir, a carga é aquecida em um forno, sob injeção de vapor d'água, para aumentar a velocidade de passagem nos tubos do forno e evitar a formação de depósitos nas paredes desses tubos. Nesse forno, a carga é aquecida até cerca de 500 ºC, ocorrendo seu craqueamento térmico, e os produtos formados seguem para os tambores, onde o coque se deposita, enquanto frações mais leves seguem para os tambores, onde o coque se deposita, enquanto os produtos mais leves do craqueamento térmico seguem, juntamente com o vapor d'água, para a torre fracionadora. Quando o tambor de coqueamento se encontra com nível de coque elevado, interrompe-se a passagem por esse tambor, passando-se a operar com outro tambor. Os vapores são fracionados na coluna de destilação separando-se gás combustível, GLP, nafta, gasóleo leve e gasóleo pesado.

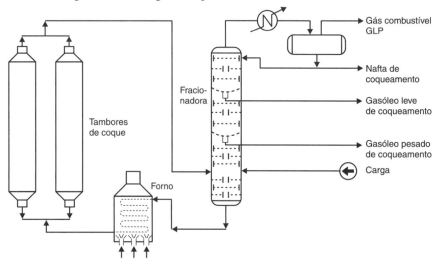

Figura 2.7 Unidade de coqueamento retardado. (Fonte: Abadie, 2006.)

Figura 2.8 Forno e tambores da unidade de coqueamento retardado. (Fonte: Nelson Chinalia/Banco de Imagens Petrobras.)

Derivados do Petróleo e Sua Produção | 75

Como a carga deste processo é mais pesada do que a de FCC, e não sendo um processo catalítico, as frações leves obtidas neste processo apresentam menores rendimentos e maiores teores de enxofre e de outros contaminantes do que as frações obtidas por craqueamento catalítico. A nafta e o gasóleo de coqueamento são considerados instáveis pelo teor elevado de contaminantes, em conjunto com o elevado teor de diolefinas, necessitando ser estabilizados para fazer parte da gasolina e do óleo diesel, respectivamente. A qualidade antidetonante da nafta é bem inferior àquela da nafta de FCC, bem como o número de cetano (qualidade de ignição do óleo diesel) do gasóleo é muito baixo. Existem três tipos de coque obtidos em função das características do resíduo coqueado. Os tipos são esponja, *shot coke* e agulha, este o de maior valor comercial, por ter menor teor de enxofre, baixo teor de matéria volátil e alto teor de carbono (Brasil, Araújo e Molina, 2011; Parkash, 2003). A Tabela 2.5 apresenta as aplicações comerciais das frações de coqueamento retardado, e a Tabela 2.6 apresenta rendimentos e algumas características das frações desse processo.

Tabela 2.5 Aplicações comerciais das frações de coqueamento retardado (Parkash, 2003)

Fração	Faixa de destilação (°C)	Principais aplicações comerciais
Gás combustível	Abaixo de -42	Gás combustível
Gás liquefeito do petróleo	-42 a 0	Gás combustível doméstico e industrial
Nafta de coqueamento	32 a 220	Gasolina – solventes, nafta petroquímico, após hidrotratamento;
Gasóleo leve de coqueamento	220 a 340	Óleo diesel, após hidrotratamento; óleo combustível
Gasóleo pesado de coqueamento	340 em diante	Óleo combustível
Coque	-	Produção de anodos para a produção de alumínio ou de eletrodos para a produção de aço; geração de energia

Tabela 2.6 Exemplo de rendimentos e de características de frações de coqueamento retardado

Produtos	Propriedades e rendimentos	Valores
GLP	Rendimento	4 a 7
	Enxofre total, % massa	0,1 a 0,3
Nafta	Rendimento	10 a 16
	Enxofre total, % massa	0,5 a 1,0
Gasóleo leve	Rendimento	12 a 16
	Enxofre total, % massa	1,0 a 2,0
Gasóleo pesado	Rendimento	12 a 16
	Enxofre total, % massa	2,0 a 4,0
Coque	Rendimento	25 a 35
	Enxofre total, % massa	3,5 a 5,0

2.5 REFORMA CATALÍTICA

A reforma catalítica é um processo de conversão que readquiriu importância no refino devido ao atual quadro de qualidade da gasolina e de demanda de produtos petroquímicos.

A carga do processo é a nafta de destilação ou a nafta de coqueamento após hidrotratamento, de faixa intermediária de ebulição, rica em hidrocarbonetos saturados, os quais são convertidos, cataliticamente, em aromáticos. Obtém-se nafta de elevado teor de hidrocarbonetos aromáticos, entre 40 % e 65 %, dependendo do tipo de catalisador e do número de reatores usados no processo. A partir da transformação química dos constituintes da nafta (Figura 2.9), produzem-se as frações listadas na Tabela 2.7.

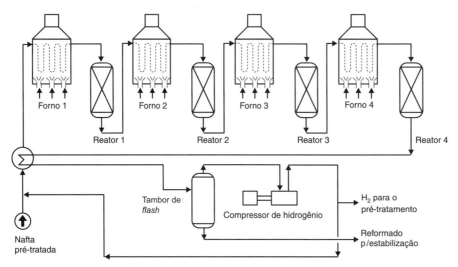

Figura 2.9 Unidade de reforma catalítica. (Fonte: Abadie, 2002.)

Tabela 2.7 Aplicações comerciais das frações de Reforma Catalítica

Fração	Faixa de destilação (°C)	Principais aplicações comerciais
Hidrogênio		Hidrotratamento
Gás combustível	Abaixo de -42	Gás combustível; matéria para petroquímica
Gás liquefeito do petróleo	-42 a 0	Combustível doméstico e industrial
Nafta reformada	32 a 220	Gasolina; obtenção de aromáticos

A carga do processo, nafta, é aquecida e pré-tratada para remover contaminantes que reduzem a atividade do catalisador de reforma propriamente dita. Os contaminantes metálicos são retidos sobre o catalisador de pré-tratamento, enquanto os compostos sulfurados, nitrogenados e oxigenados são transformados em H_2S, NH_3 e H_2O. A seguir a carga é enviada à seção de reforma, composta por um conjunto de três ou quatro fornos e reatores, onde se desenvolvem as reações que irão transformar os hidrocarbonetos saturados em aromáticos, trabalhando-se a alta pressão de hidrogênio para evitar a formação de coque, o que desativaria o catalisador. As reações de desidrociclização são lentas e as de desidrogenação são rápidas, e ambas são endotérmicas, razão da presença dos fornos antes de cada reator. Nesses reatores ocorre a formação de nafta de alto teor de hidrocarbonetos aromáticos, médio teor de hidrocarbonetos parafínicos, praticamente sem naftênicos, pois estes são rapidamente transformados em aromáticos. Obtém-se GLP a partir de reações de hidrocraqueamento, com pequeno rendimento e baixo teor de enxofre (Giles, 2010). A nafta obtida apresenta baixo teor de enxofre e de outros contaminantes, é estável e de elevada qualidade antidetonante.

2.6 HIDROTRATAMENTO

O processo de hidrotratamento (HDT) atualmente ocupa posição de destaque, devido às especificações cada vez mais rigorosas de qualidade dos derivados, com reduções sucessivas do teor de enxofre e aumento dos requisitos de estabilidade química e térmica da gasolina, do QAV e do óleo diesel. É um processo que traz enorme flexibilidade na escolha do tipo de petróleo a ser processado, por possibilitar o tratamento das frações leves, médias e pesadas obtidas pelos processos de destilação, craqueamento catalítico e coqueamento retardado.

O processo de hidrotratamento (Figuras 2.10 e 2.11) é baseado na reação em leitos catalíticos do hidrogênio com os contaminantes presentes nas frações de petróleo, a pressões e temperaturas elevadas. De acordo com as condições operacionais e o tipo de catalisador utilizado, ocorrem reações de remoção de compostos sulfurados, nitrogenados e oxigenados e a saturação de olefinas, podendo ocorrer, em simultâneo, com maior dificuldade, a saturação de aromáticos. Respectivamente, nesses casos, o processo toma o nome de hidrodessulfurização, hidrodesnitrogenação, hidrodesoxigenação, saturação de olefinas ou hidrodesaromatização, ou simplesmente de HDT, quando ocorrem múltiplos tipos de reação, o que é o caso mais frequente. As reações de hidrodessulfurização ocorrem em condições operacionais mais brandas e em catalisadores à base de cobalto-molibdênio. Para a remoção de compostos nitrogenados é necessário se operar a pressões e temperaturas elevadas com catalisador de níquel-molibdênio (Brasil, Araújo e Molina, 2011).

Como mostrado na Figura 2.10, carga e hidrogênio são aquecidos e enviados ao reator, cujo efluente é enviado à seção de separação do excesso de hidrogênio e dos gases formados. A seguir, o produto líquido segue para a seção de retificação. Dependendo das condições operacionais do hidrotratamento, adicionalmente à redução do teor de enxofre e nitrogênio, podem ocorrer a saturação dos hidrocarbonetos olefínicos e diolefínicos, a abertura e a saturação de anéis, levando à produção de frações mais leves do que a carga, porém em pequena quantidade (Tabela 2.8). O gasóleo de coqueamento é a carga mais suscetível a melhorar sua qualidade de ignição, devido ao elevado conteúdo de contaminantes e de hidrocarbonetos olefínicos e diolefínicos (Wauquier, 2000). Este é hidrotratado, em combinação com o gasóleo atmosférico e com o óleo leve de reciclo do FCC, nas unidades denominadas "HDT de instáveis", Figura 2.10.

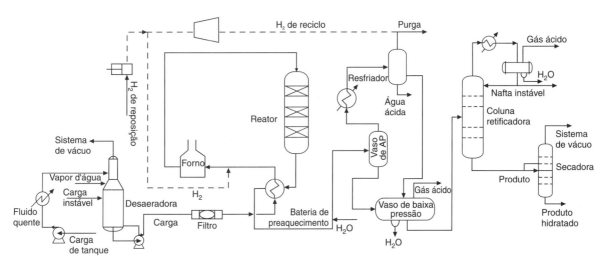

Figura 2.10 Unidade genérica de hidrotratamento.

Figura 2.11 Unidade de hidrotratamento de instáveis. (Fonte: J. Valpereiro/Banco de Imagens Petrobras.)

Tabela 2.8 Exemplo de propriedades e rendimentos das frações da unidade de HDT de instáveis

Carga	Características da carga			Produtos, propriedades e rendimentos	
Mistura de gasóleo atmosférico; LCO e gasóleo de coqueamento	Enxofre total, % massa	0,7	H_2S e NH_3	Rendimento, % volume	1,5
	Nitrogênio, mg/kg	2 000	C_1 a C_4	Rendimento, % volume	0,5
	Número de cetano	30	Nafta	Rendimento, % volume	3,5
	Teor de aromáticos, % volume	40	Gasóleo	Rendimento, % volume	94,5
				Teor de enxofre, % massa	0,03
				Nitrogênio, mg/kg	450
				Número de cetano	45
				Aromáticos, % massa	26

2.7 DESASFALTAÇÃO A PROPANO

O processo de desasfaltação a propano objetiva separar fisicamente as frações oleosas da parte asfáltica contida no resíduo de vácuo. No passado esse processo estava limitado apenas à geração de carga para a produção de óleos lubrificantes, porém posteriormente passou a ser utilizado como um dos processos "fundo de barril". Assim, a desasfaltação a propano, além de ser uma das unidades que compõem o conjunto de lubrificantes, pode ser utilizada para a produção de cimento asfáltico de petróleo, comumente chamado de asfalto e para a produção de carga para o processo de craqueamento catalítico, valorizando as frações pesadas do petróleo.

A desasfaltação é um processo físico de separação por extração, utilizando-se hidrocarbonetos parafínicos na faixa do propano ao pentano como solventes, nos quais os asfaltenos são insolúveis e as resinas são pouco solúveis. A carga é selecionada entre resíduos de vácuo de petróleos com conteúdo razoável de asfaltenos, de forma a se produzir quantidades equilibradas da fração oleosa e da fração asfáltica (Figura 2.12). Quando se deseja produzir lubrificantes, a carga deve ser selecionada a partir de petróleos viáveis para sua produção.

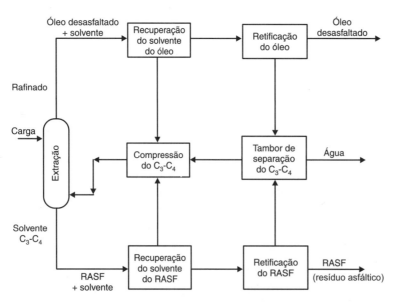

Figura 2.12 Unidade de desasfaltação.

Carga e solvente são enviados às torres extratoras, duas em geral, em contracorrente, mantendo-se o topo aquecido por um conjunto de serpentinas aí localizadas. Dessa forma, ocorre um aumento de temperatura do fundo para o topo, fazendo com que nesse trajeto as frações mais pesadas, que possam ter sido extraídas pelo solvente, sejam separadas pela redução de solubilidade. Assim, estabelece-se um refluxo interno na coluna, o que resulta em uma melhor separação. As características e rendimentos dos produtos da unidade dependem do tipo de carga processada, da relação solvente/carga, do tipo de solvente e da temperatura de extração (Giles, 2010).

De acordo com o objetivo operacional, produção de carga para craqueamento catalítico, asfaltos ou lubrificante básico, escolhem-se condições de temperatura, o solvente e a relação solvente/carga adequados a cada um desses objetivos.

2.8 PROCESSOS CONVENCIONAIS DE TRATAMENTO

Os processos convencionais de tratamento são utilizados para corrigir propriedades relacionadas principalmente à presença de compostos sulfurados e de compostos oxigenados. O objetivo desses processos é o de conferir as características de qualidade necessárias aos produtos, tais como corrosividade, teor de enxofre, acidez, estabilidade química e térmica. Em si, esses processos não efetuam transformação nos hidrocarbonetos, atuando sobre os contaminantes. Entre esses processos citam-se:

- **tratamento com aminas**: utilizado para remover gás sulfídrico e gás carbônico de gás combustível e de GLP;

- **tratamento cáustico**: utilizado para remover compostos sulfurados de gás combustível, de GLP e de naftas;

- **tratamento cáustico regenerativo**: utilizado para remover mercaptanos de GLP e compostos oxigenados, além dos mercaptanos, de naftas e de QAV;

- **tratamento bender**: utilizado para remover mercaptanos e compostos oxigenados de QAV.

O processo de tratamento cáustico regenerativo consiste em uma via de tratamento de QAV, de menor custo que o de hidrotratamento, porém com alcance reduzido, pois não é capaz de remover compostos sulfurados, mas apenas de os transformar em compostos não corrosivos, bem como não remove compostos nitrogenados.

2.9 PROCESSOS DE PRODUÇÃO DE ÓLEOS BÁSICOS LUBRIFICANTES

Na classe de produtos não energéticos destacam-se, entre outros, os óleos básicos lubrificantes, que podem ser obtidos por duas rotas diferentes: solvente ou hidrorrefino. Na rota solvente, a sequência de processos é mostrada na Figura 2.13, obtendo-se os óleos básicos e diversos subprodutos, entre os quais a parafina. A diferença básica entre as rotas solvente e hidrorrefino é que a primeira apresenta menor custo operacional do que a segunda, porém obtêm-se menores rendimentos de óleos básicos e com limitações na qualidade obtida, devendo-se ainda partir de petróleos com razoável conteúdo de hidrocarbonetos parafínicos pesados. Os produtos, subprodutos e carga de cada processo da cadeia de produção pela rota solvente são mostrados na Tabela 2.9.

Na rota solvente, o resíduo atmosférico é enviado à unidade de destilação a vácuo (Figura 2.14), onde é separado em diversos cortes básicos de acordo com a faixa de viscosidade desejada. As frações destiladas darão origem aos óleos básicos *spindle*, neutro leve, neutro médio e neutro pesado. O resíduo de vácuo é enviado à unidade de desasfaltação, onde se separa a fração oleosa chamada óleo desasfaltado, que poderá dar origem aos óleos básicos *bright stock* ou *cilinder stock*, segundo as condições operacionais empregadas.

Dependendo do tipo de petróleo, mais ou menos parafínico, a sequência das unidades de desaromatização e desparafinação pode ser alterada, buscando-se a de menor custo operacional.

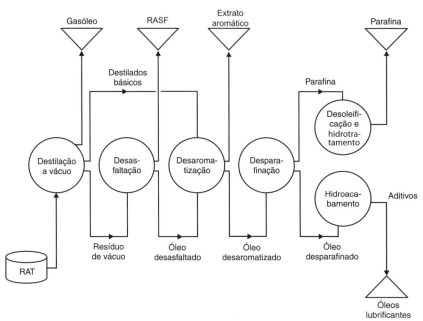

Figura 2.13   Produção de óleos lubrificantes e parafinas (rota solvente).

Tabela 2.9   Produção de óleos lubrificantes e parafinas (rota solvente)

Processo	Destilação a vácuo	Desasfaltação	Desaromatização	Desparafinação	Hidrocarboneto
Carga	Resíduo atmosférico	Resíduo de vácuo	Destilados ou desparafinados	Desaromatizados ou destilados ou desasfaltados	Desparafinados ou desaromatizados
Produtos principais	Destilados *spindle*, neutro leve, médio e pesado	Óleos desasfaltados	Desaromatizados	Desparafinados	Hidroacabados (óleos básicos)
Produto secundário	Resíduo de vácuo	Resíduo asfáltico	Extrato aromático	Parafina oleosa	-
Principais propriedades alteradas	Viscosidade e volatilidade	Resíduo de carbono e viscosidade	Índice de viscosidade	Ponto de fluidez	Cor e estabilidade

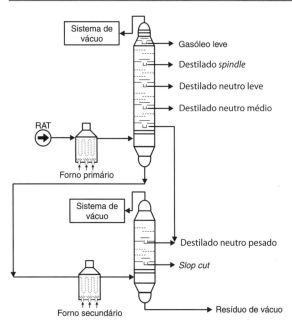

Figura 2.14   Destilação a vácuo para a produção de lubrificantes básicos. (Fonte: Abadie, 2006.)

Os destilados e os óleos obtidos pela desasfaltação são estocados, constituindo-se separadamente em cargas do processo de desaromatização (Figura 2.15), onde serão removidos os aromáticos, responsáveis pelo baixo índice de viscosidade. A desaromatização é feita por extração dos aromáticos com solventes como o furfural, que é bastante sensível à oxidação, e por isso, desaera-se a carga antes de ela ser injetada na torre extratora quando se usa este solvente. Os hidrocarbonetos aromáticos saem junto com o furfural no extrato aromático, e o rafinado é rico em hidrocarbonetos saturados. Em seguida, rafinado e extrato seguem para os sistemas de recuperação de solvente e de retificação.

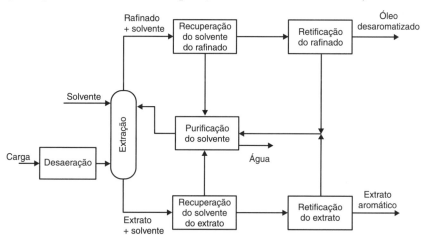

Figura 2.15 Desaromatização para a produção de lubrificantes básicos.

Para acertar as características de escoamento do óleo lubrificante a baixa temperatura efetua-se a desparafinação (Figura 2.16), na qual se removem os compostos parafínicos lineares de grande facilidade de cristalização, responsáveis pelo alto ponto de fluidez. A carga, após sua completa solubilização, é enviada a um sistema de resfriamento, onde são cristalizadas as parafinas, hidrocarbonetos parafínicos lineares ou pouco ramificados, com mais de 18 átomos de carbono (Brasil, Araújo e Molina, 2011) se separando no sistema de filtração. O óleo desparafinado e a parafina oleosa são enviados para sistemas de recuperação de solvente e de retificação.

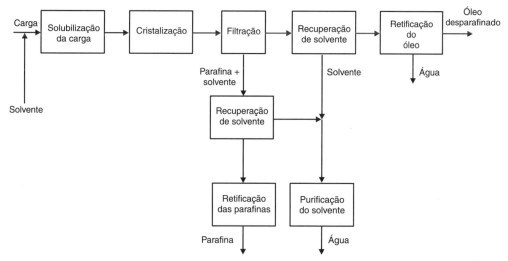

Figura 2.16 Desparafinação para a produção de lubrificantes básicos.

Finalmente, os óleos com o índice de viscosidade e o ponto de fluidez já adequados são enviados à unidade de hidroacabamento, onde são removidos os compostos sulfurados e outros compostos responsáveis pela instabilidade e coloração, que favorece a degradação do produto.

Na rota hidrorrefino, ocorre a conversão química dos hidrocarbonetos aromáticos em saturados pela hidrogenação em meio catalítico, e a conversão de n-parafinas em isoparafinas pela hidroisodesparafinação (hidroisomerização de parafinas), também em meio catalítico.

2.10 PROCESSOS COMPLEMENTARES

Uma refinaria é composta, ainda, por processos complementares à produção e ao tratamento de insumos e utilidades necessárias ao seu funcionamento, tais como:

- Geração de hidrogênio necessário aos processos de hidrotratamento.
- Unidade de recuperação do enxofre que foi removido dos derivados.
- Geração de vapor d'água necessário como fonte de aquecimento em unidades de processo e à produção de energia elétrica via turbogeração.
- Tratamento da água de processo necessária como fonte de resfriamento em unidades de processo ou como alimentação da unidade de geração de vapor d'água, ou para simples descarte final, de acordo com a qualidade requerida pelo corpo receptor.

2.11 ESQUEMAS DE REFINO

Um esquema de refino é constituído pelos processos de refino existentes na refinaria, em conjunto com variáveis de processo, que permitam alterar a quantidade e o tipo de frações e de derivados produzidos. Cada refinaria tem seu próprio esquema, o qual pode ser alterado de acordo com a demanda e a qualidade dos derivados (Brasil, Araújo, Molina, 2011; Gary e Handwerk, 2001). São apresentados a seguir dois esquemas típicos de refino para a produção de combustíveis com complexidades diferentes.

2.11.1 Produção de Combustíveis - Tipo I

O esquema de refino mais simples é aquele que conta com as unidades de destilação, de craqueamento catalítico, eventualmente, de desasfaltação e de unidades de tratamento, incluindo-se a produção de enxofre.

A Figura 2.17 apresenta esse esquema, integrando as diversas frações ou correntes desses processos. Esse é um esquema utilizado para a produção de combustíveis, porém, que necessita processar petróleos leves e de baixo teor de enxofre para apresentar rendimento adequado de derivados leves e médios, Figura 2.18.

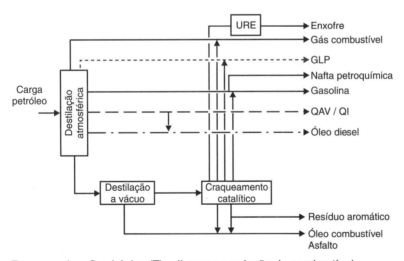

Figura 2.17   Esquema de refino básico (Tipo I) para a produção de combustíveis.

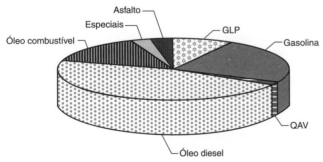

Figura 2.18   Derivados obtidos pelo esquema de refino básico (Tipo I) para a produção de combustíveis.

2.11.2 Produção de Combustíveis - Tipo II

O esquema de refino apresentado na Figura 2.19 diversifica a produção de gasolinas, produz derivados especiais como propeno e petroquímicos e aumenta a produção de derivados leves e médios, Figura 2.20. As unidades de Craqueamento Catalítico, Coqueamento Retardado e Hidrotratamento de Instáveis, além de contribuírem para o aumento da produção dos derivados leves e médios, conferem a flexibilidade de se refinar petróleos pesados. A diversificação da produção dos tipos de gasolinas e de aromáticos é obtida por meio das unidades de Reforma Catalítica, de Alquilação Catalítica e de Hidrotratamento de Naftas.

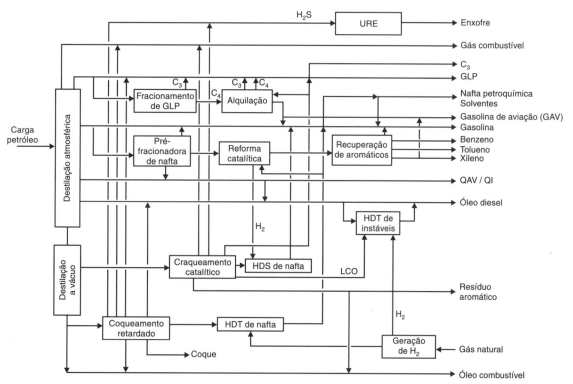

Figura 2.19 Esquema de refino (Tipo II) para a produção de combustíveis.

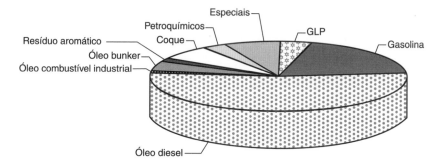

Figura 2.20 Derivados obtidos pelo esquema de refino (Tipo II) para a produção de combustíveis.

EXERCÍCIOS

1. Esquematize a produção de GLP, indicando os processos empregados, informando o tipo de hidrocarboneto existente e as quantidades relativas de cada corrente.
2. Esquematize a produção de gasolina comum, indicando os processos empregados, informando o tipo de hidrocarboneto existente e as quantidades relativas de cada corrente.
3. Esquematize a produção de querosene de aviação, indicando os processos empregados.

84 | Capítulo 2

4. Esquematize a produção de óleo diesel, indicando os processos empregados, informando o tipo de hidrocarboneto existente em cada corrente e as quantidades relativas de cada corrente.

5. Esquematize a produção de óleo combustível industrial, indicando os processos empregados.

6. Esquematize as rotas de produção de óleos básicos lubrificantes e de parafinas.

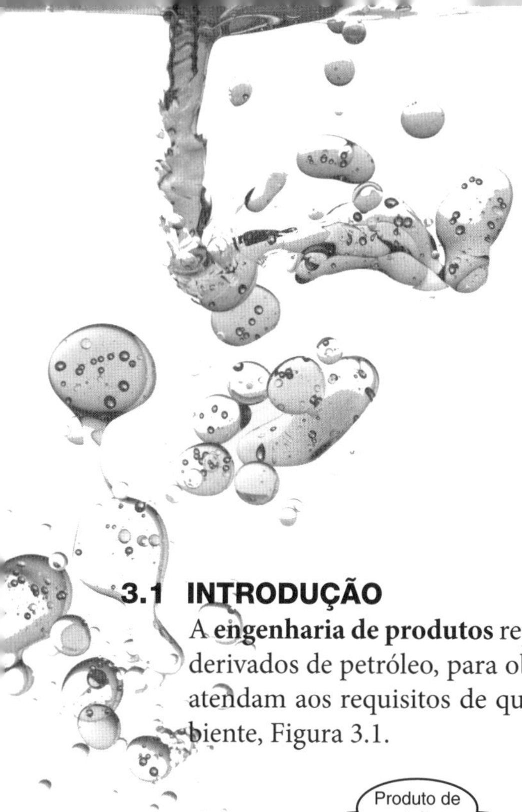

CAPÍTULO 3

Qualificação dos Derivados do Petróleo

3.1 INTRODUÇÃO

A **engenharia de produtos** representa a integração dos diferentes componentes da cadeia de qualidade dos derivados de petróleo, para obtenção e utilização de produtos de forma rentável e com características que atendam aos requisitos de qualidade dos equipamentos e dos usuários, de modo integrado ao meio ambiente, Figura 3.1.

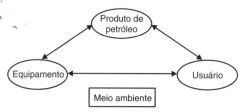

Figura 3.1 Cadeia de qualidade de produtos de petróleo.

Uma vez qualificado o derivado quanto aos requisitos de qualidade necessários ao seu desempenho adequado, torna-se necessário traduzir esses requisitos em termos de especificações de propriedades, com os respectivos valores limites, máximos e/ou mínimos. As especificações de derivados de petróleo são baseadas em conjuntos de ensaios regidos por normas técnicas de agências reguladoras, associações ou institutos, garantindo legalmente a comercialização de derivados. O atendimento à especificação não significa, forçosamente, o atendimento da qualidade requerida no produto. Para tal, é necessário que as especificações traduzam corretamente os requisitos de qualidade desejados. Equipamento e produto apresentarão perfeito desempenho, sem agredir o meio ambiente, quando existirem compromissos estabelecidos e cumpridos entre os diversos segmentos envolvidos na cadeia de qualidade: refinador, fabricante do equipamento e usuário, Figura 3.2.

USUÁRIO

- CONHECER AS CARACTERÍSTICAS NECESSÁRIAS NOS PRODUTOS.
- UTILIZAR PRODUTO E EQUIPAMENTO DE FORMA ADEQUADA.

FABRICANTES DE EQUIPAMENTOS

- AVALIAR IMPLICAÇÕES DE INOVAÇÕES TECNOLÓGICAS.
- INDICAR UTILIZAÇÃO ADEQUADA DOS PRODUTOS.

REFINADORES

- AVALIAR IMPLICAÇÕES DE NOVAS TECNOLOGIAS DE PRODUÇÃO.
- AVALIAR IMPLICAÇÕES DE ALTERAÇÕES DE MATÉRIAS-PRIMAS.

Figura 3.2 Atribuições dos segmentos que compõem a cadeia de qualidade de derivados do petróleo.

| 86 | Capítulo 3

3.2 ESPECIFICAÇÃO DOS DERIVADOS

3.2.1 Ensaios Normativos

As especificações dos derivados de petróleo são definidas por meio de ensaios normativos que devem apresentar as seguintes características que os viabilizem para utilização em controle de qualidade, Figura 3.3:

- representatividade do desempenho do equipamento;
- execução fácil, de baixo custo, rápida, com a obtenção de resultados na frequência necessária;
- precisão, definida pela reprodutibilidade e repetibilidade.

CARACTERÍSTICAS BÁSICAS DE ENSAIOS DE CONTROLE DE QUALIDADE	
EXECUÇÃO FÁCIL, RÁPIDA E BARATA	→ RESULTADOS RÁPIDOS E FREQUENTES
REPRESENTATIVIDADE	→ DESEMPENHO NO EQUIPAMENTO
REPETIBILIDADE	→ VARIAÇÃO NO RESULTADO COM O MESMO OPERADOR
REPRODUTIBILIDADE	→ VARIAÇÃO NO RESULTADO EM LABORATÓRIOS DIFERENTES

Figura 3.3   Características básicas dos ensaios de controle de qualidade.

Os conceitos de reprodutibilidade e repetibilidade representam a precisão do ensaio e têm o seguinte significado:

- **repetibilidade**: faixa na qual os resultados obtidos por um mesmo operador e mesma aparelhagem têm validade;
- **reprodutibilidade**: faixa na qual os resultados têm validade quando se usa o mesmo tipo de aparelhagem, podendo variar as condições ambientais e o técnico.

As especificações dos derivados podem ser agrupadas segundo características comuns às suas aplicações discutidas a seguir e apresentadas na Tabela 3.1, onde são mostrados, ainda, os objetivos desses ensaios.

- **Volatilidade**

Vaporização adequada do combustível. Pode ser traduzida pela faixa de temperatura de ebulição, pressão de vapor (produtos leves) ou ponto de fulgor (produtos médios e pesados).

- **Combustão**

Queima adequada de acordo com o processo de utilização, sem produzir resíduos e com emissões controladas. Pode ser traduzida pelo número de octano (gasolina), número de cetano (óleo diesel), ponto de fuligem (QAV e QI) ou poder calorífico (QAV).

- **Cristalização e escoamento**

Facilidade de escoamento e armazenagem a baixas temperaturas. Engloba o ponto de congelamento (QAV), ponto de névoa (diesel), ponto de entupimento (óleo diesel), ponto de fluidez (petróleo, lubrificantes e óleo combustível), viscosidade (QAV, óleo diesel, óleo combustível, lubrificante).

- **Estabilidade química e térmica**

Resistência à oxidação, à reação com outras substâncias ou à formação de duas fases, mantendo o estado original, sem degradação ou formação de resíduos por instabilidade termo-oxidativa ou física, que ocasione a precipitação de fases. A estabilidade pode ser representada para os derivados leves e médios pelo teor de gomas (gasolina e QAV), período de indução (gasolina), ensaios de estabilidade química e térmica (gasolina, QAV, óleo diesel e lubrificantes). Para o petróleo, óleos combustíveis e óleo *bunker*, a estabilidade é representada pelos ensaios da mancha, e de sedimentos por extração.

- **Aspectos ambientais**

Reduzir a tendência a produzir emissões evaporativas, de gases poluentes e de materiais particulados. Engloba pressão de vapor (combustíveis em geral), teor de enxofre (quase todos os derivados), teor de benzeno, teor de olefinas e de aromáticos (gasolina).

Qualificação dos Derivados do Petróleo **| 87 |**

■ **Durabilidade dos equipamentos**

Contribuir para a integridade dos equipamentos que utilizam os derivados sem os corroer ou lhes provocar danos materiais. Traduzida pelo teor de enxofre e corrosividade (quase todos os derivados), acidez e metais (QAV, óleo diesel, óleos combustíveis).

Tabela 3.1   Qualificação de derivados de petróleo, ensaios empregados e objetivos de controle

	GLP	Gasolina automotiva	QAV	Diesel	Lubrificantes básicos	Óleos combustíveis	Asfalto
Volatilidade	PVR Segurança INTEMPERISMO Vaporização	PVR Segurança, perdas FAIXA DE DESTILAÇÃO Vaporização, depósitos	P. FULGOR Segurança FAIXA DE DESTILAÇÃO Vaporização, depósitos	P. FULGOR Segurança FAIXA DE DESTILAÇÃO Vaporização, resíduos	P. FULGOR Segurança	P. FULGOR Segurança	P. FULGOR Segurança
Combustão		N. OCTANO Qualidade antidetonante	P. FULIGEM E P. CALORÍFICO Qualidade da chama e autonomia de voo	N. CETANO Qualidade de autoignição		CCAI Qualidade de autoignição	
Escoamento e armazenamento a frio			P. CONGELAMENTO e VISCOSIDADE Cristalização, escoamento	VISCOSIDADE, P. NÉVOA e P. ENTUPIMENTO Cristalização, escoamento	VISCOSIDADE e P. FLUIDEZ Cristalização, escoamento	VISCOSIDADE e P. FLUIDEZ Manuseio, armazenamento	
Estabilidade		GOMA ATUAL, PERÍODO DE INDUÇÃO Estabilidade à oxidação	JFTOT Estabilidade à oxidação, estabilidade térmica	LPR Estabilidade à oxidação, estabilidade térmica	LPR Estabilidade	SFQ, TESTE DA MANCHA Estabilidade	P. AMOLECIMENTO e PENETRAÇÃO Consistência, dureza
Aspectos ambientais e durabilidade dos equipamentos	CORROSIVIDADE e ENXOFRE Durabilidade, emissões	CORROSIVIDADE e ENXOFRE Durabilidade, emissões	CORROSIVIDADE, ENXOFRE e ACIDEZ Durabilidade, emissões	CORROSIVIDADE, ENXOFRE, CINZAS e ACIDEZ Durabilidade, emissões	ACIDEZ e CORROSIVIDADE Durabilidade, emissões	ENXOFRE, NÍQUEL, VANÁDIO e CINZAS Durabilidade, emissões	

3.3 CARACTERÍSTICAS DE VOLATILIDADE

3.3.1 Intemperismo

3.3.1.1 Definição

Temperatura na qual 95 % do produto se vaporiza à pressão atmosférica.

3.3.1.2 Aplicação e significado

O ensaio de intemperismo é aplicado para o GLP e para o propano e o butano comerciais, representando as suas condições de vaporização à pressão atmosférica. Serve como indicativo da facilidade de vaporização desses gases nas condições de temperatura e pressão de utilização do produto.

O hidrocarboneto mais pesado componente do GLP e do butano comercial é o n-butano, com ponto de ebulição de 0,5 °C. Assim, no caso do GLP, os hidrocarbonetos com ponto de ebulição maior do que o valor da especificação de 2 °C, são, especificamente, o neopentano, o isopentano e o normal pentano, com pontos de ebulição de 9 °C, 27 °C e 36 °C. A presença desses compostos no GLP, em determinadas condições, pode tornar incompleta a vaporização do GLP e inadequada a sua queima pela formação de fuligem, Figura 3.4. No caso do propano comercial, cuja especificação de intemperismo é de –38,3 °C máximo, os hidrocarbonetos que poderiam apresentar dificuldades de vaporização são o n-butano e o isobutano.

Figura 3.4 Influência do intemperismo na vaporização do GLP.

3.3.1.3 Resumo do ensaio

Coletam-se 100 mL de produto no estado líquido no tubo de evaporação, refrigerando-o por meio de uma serpentina. Deixa-se o líquido evaporar à pressão atmosférica e observa-se a temperatura em que ocorre a vaporização de 95 % em volume da amostra, Figura 3.5. Deve-se fazer correção para a variação da pressão atmosférica (ASTM, 2011).

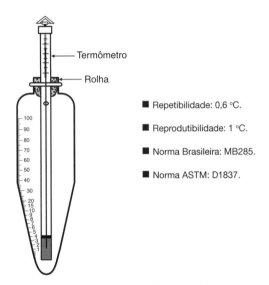

- Repetibilidade: 0,6 °C.
- Reprodutibilidade: 1 °C.
- Norma Brasileira: MB285.
- Norma ASTM: D1837.

Figura 3.5 Equipamento para teste de intemperismo.

3.3.2 Destilação

3.3.2.1 Definição

Produtos de petróleo são misturas de grande número de hidrocarbonetos, cada um com seu próprio ponto de ebulição. Assim, a vaporização dos derivados ocorre em uma faixa de temperaturas, que compõem as curvas de destilação dos produtos. Em laboratórios, o procedimento adotado para a vaporização é o de destilação diferencial, onde se coloca uma quantidade da mistura em um balão e se aquece a mistura gradativamente, até o final da ebulição. A quantidade vaporizada a uma dada temperatura é condensada e recolhida em uma proveta graduada. A curva de destilação do derivado de petróleo é representada, normalmente, em base volumétrica, em que se lança a temperatura em que uma dada porcentagem volumétrica acumulada foi vaporizada. A curva de destilação é usada como uma importante característica de volatilidade dos derivados de petróleo.

São definidas as seguintes temperaturas nos ensaios de destilação normalizados:

- **Ponto inicial de ebulição (PIE):** temperatura correspondente ao aparecimento da primeira gota de condensado na extremidade inferior do tubo de saída do condensador.
- **Ponto final de ebulição (PFE):** maior temperatura observada durante a destilação, o que normalmente deve ocorrer após a vaporização de todo o líquido no balão, a menos que ocorra decomposição térmica. A decomposição térmica pode ocorrer a cerca de 220 °C, temperatura em que existe a possibilidade de craqueamento térmico do conteúdo do restante do balão. Isso conduziria à variação brusca na temperatura, com tendência à queda.

- **Ponto seco:** temperatura correspondente ao aparecimento da última gota de condensado na extremidade inferior do condensador. É igual ao ponto final de ebulição, quando não ocorre decomposição térmica.
- **Ponto de decomposição:** temperatura correspondente aos primeiros sinais de craqueamento térmico do líquido, notado pela formação acentuada de fuligem e queda de temperatura.

As seguintes grandezas são calculadas a partir do balanço de massa da destilação.

- **Recuperado por cento:** volume de condensado recolhido na proveta para 100 mL de amostra.
- **Resíduo por cento:** ao final do teste pode permanecer no balão um resíduo impossível de ser vaporizado. O volume desse resíduo é medido para 100 mL de amostra.
- **Recuperado total por cento:** a soma do recuperado com o resíduo por cento.
- **Perdas:** na amostragem e análise podem ocorrer perdas, que são determinadas pela diferença entre 100 mL (quantidade de amostra original no balão) e o recuperado total por cento.
- **Evaporado por cento:** soma do recuperado por cento mais as perdas, pois se considera que as perdas são decorrentes da vaporização da amostra para a atmosfera.

3.3.2.2 Aplicação e significado

Os ensaios de destilação ASTM D86 e D1160 são realizados, respectivamente, à pressão atmosférica e a 10 mm de Hg para as especificações de gasolina, de QAV, de óleo diesel e de outros produtos do petróleo. Para cada um desses derivados há o interesse em conhecer determinados pontos das curvas de destilação, Figura 3.6, de acordo com o funcionamento da máquina para a qual se destinam. Uma vez que as condições de partida de uma máquina e o seu funcionamento a plena carga são bastante diferentes, o combustível usado deve ser composto por diferentes frações – leves, médias e pesadas –, objetivando atender às variadas condições de operação desses produtos.

	APLICAÇÕES	CARACTERÍSTICAS AVALIADAS
GASOLINA	T 10 %	PARTIDA DO MOTOR
	T 50 %	AQUECIMENTO
	T 90 % e PFE	ECONOMIA DIFICULDADE DE VAPORIZAÇÃO E FORMAÇÃO DE RESÍDUOS
QAV	T 10 %	FACILIDADE DE PARTIDA E DE REACENDIMENTO
	PFE	DIFICULDADE DE VAPORIZAÇÃO E FORMAÇÃO DE RESÍDUOS
ÓLEO DIESEL	T 50 %	AQUECIMENTO
	T 85 %	DIFICULDADE DE VAPORIZAÇÃO, FORMAÇÃO DE RESÍDUOS E EMISSÃO DE PARTICULADOS

Figura 3.6   Aplicação e significado das temperaturas controladas pelo ensaio de destilação.

3.3.2.3 Resumo do ensaio

A amostra é destilada sob condições determinadas de acordo com a sua natureza, Figura 3.7.

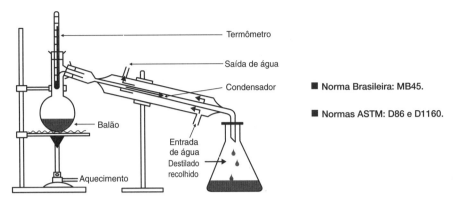

Figura 3.7 Esquema figurado do ensaio de destilação.

- Norma Brasileira: MB45.
- Normas ASTM: D86 e D1160.

São feitas leituras sistemáticas de temperatura e de volume de condensado, e os resultados do ensaio são calculados e apresentados a partir desses dados. O ensaio D86 é conduzido à pressão atmosférica (760 mmHg) e o D1160 é conduzido à pressão de 10 mm de Hg, sendo aceitas também outras pressões de até 50 mm de Hg. Os resultados do ensaio D1160 são apresentados como temperaturas equivalentes à pressão atmosférica, as quais são obtidas por cálculos (ASTM, 2011).

3.3.3 Pressão de Vapor Reid - PVR

3.3.3.1 Definição

Uma substância líquida contida em um recipiente apenas aparenta estar imóvel, pois, na realidade, as moléculas nela presentes apresentam movimento incessante, não ocupando jamais uma posição fixa no espaço. No interior da massa líquida as moléculas se chocam entre si e com as paredes do recipiente que as contém. Se essa substância líquida estiver em um sistema fechado, as moléculas presentes na superfície irão exercer pressão sobre as paredes do recipiente, o que pode ser medido com o uso de um manômetro nele instalado. Na superfície do líquido existe um movimento também incessante de moléculas que a deixam, tornando-se vapor, e que a essa superfície retornam na forma de moléculas de líquido, estabelecendo-se um equilíbrio entre as duas fases. A pressão em que ocorre esse equilíbrio é chamada de pressão de saturação ou pressão de vapor. Pressão de vapor é a pressão exercida na superfície do líquido por essas moléculas da fase vapor que estão em equilíbrio com as moléculas da fase líquida, a uma dada temperatura. Ao se aquecer esse líquido, a concentração de moléculas no estado vapor na superfície do líquido se eleva, aumentando sua pressão de vapor até se igualar à pressão do sistema em que está estocado o produto, iniciando-se aí a sua vaporização, Figura 3.8. O ponto de ebulição representa a temperatura na qual a pressão de vapor se torna igual à pressão a que está submetido o líquido. A pressão de vapor representa a tendência à vaporização de uma substância, e é tanto maior quanto mais volátil é a substância.

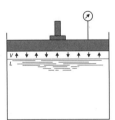

Figura 3.8 Pressão de vapor de uma substância.

A vaporização de uma substância pura se passa a temperatura e pressão constantes, até que todo o produto esteja vaporizado. Tratando-se de misturas, sua composição influi no equilíbrio. Na fase vapor obtida inicialmente, predominam as substâncias mais voláteis da mistura; no entanto, podem estar presentes nessa fase todos os componentes da mistura. Cada componente contribuirá com sua pressão de vapor, de forma aditiva, de acordo com a participação de cada componente na mistura em base molar. A temperatura constante, a pressão de vapor de uma mistura corresponde à pressão em que ocorre a formação da primeira bolha de vapor, Figura 3.9.

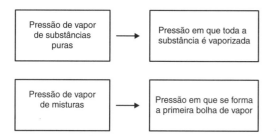

Figura 3.9   Conceito de pressão de vapor de misturas.

Acompanhando-se o processo de vaporização, a temperatura constante, pelo diagrama de equilíbrio de fases para uma mistura binária, Figura 3.10, o ponto **O** representa o início da vaporização da mistura cuja fração molar do componente mais volátil é **m**. Nesse ponto a pressão no interior do cilindro é P_o, **pressão de vapor da mistura ou pressão de bolha** à temperatura T do sistema. Devido à dificuldade de observação do início da vaporização de uma mistura, as imprecisões de medida nesse ponto são relativamente grandes, tal e qual ocorre para o ponto inicial de ebulição, o que leva à escolha de situações intermediárias de vaporização para uso na qualificação de volatilidade dos derivados.

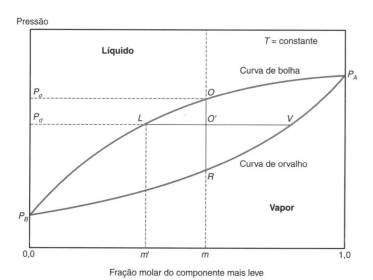

Figura 3.10   Diagrama de equilíbrio de uma mistura binária.

Em um ponto intermediário qualquer, **O'**, a pressão no interior do vaso, $P_{o'}$, é menor do que de P_o, porque a composição da fase vapor (V) nesse ponto é mais rica em componentes pesados do que aquela que ocorre no ponto **O**. Assim, a pressão de equilíbrio no ponto **O'** é menor do que a pressão de vapor ou de bolha. As determinações obtidas nessa condição intermediária são mais precisas, pois há maior estabilidade no sistema.

Esse conceito é adotado na qualificação da volatilidade de petróleo e frações, pois se trata de misturas multicomponentes. Define-se como pressão de vapor Reid a pressão de equilíbrio obtida por um ensaio que determina a pressão no interior de um cilindro apropriado, à temperatura de 37,8 °C (100 °F), em uma condição intermediária de vaporização do derivado, que representa simbolicamente uma relação líquido-vapor igual a 4 para o GLP e 1/4 para a gasolina e para o petróleo. A medida da pressão de vapor, pelo método Reid, permite obter resultados precisos da pressão de vapor, podendo ser correlacionada com a verdadeira pressão de vapor da mistura.

3.3.3.2 Aplicação e significado

O ensaio é aplicado para GLP, gasolina e petróleo. O ensaio de pressão de vapor Reid (PVR) indica a presença relativa de produtos leves, e é utilizado para monitorar as emissões evaporativas, o funcionamento de bombas e motores e a segurança no manuseio e na estocagem do produto.

3.3.3.3 Resumo do ensaio

Para a determinação da PVR de GLP, purga-se o aparelho, enchendo-o em seguida com a amostra, e, a seguir, drena-se o conteúdo da parte cilíndrica menor, que corresponde a 20 % do volume total para prover espaço adequado para a expansão do produto. Faz-se a leitura da pressão após ser atingido o equilíbrio térmico entre a amostra e um banho à temperatura constante de 37,8 °C. A pressão lida no manômetro, depois de devidamente corrigida, é definida como a PVR do GLP, em valor manométrico.

Para a determinação da PVR de gasolina e de petróleo, a câmara de amostra, que corresponde a 20 % do volume total, é cheia com a substância resfriada e conectada à câmara de ar. O aparelho é imerso em um banho termostático a 37,8 °C e agitado periodicamente até atingir o equilíbrio, Figura 3.12.

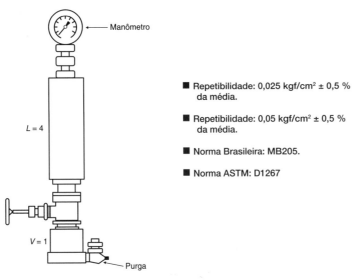

Figura 3.11 Aparelho de PVR para GLP.

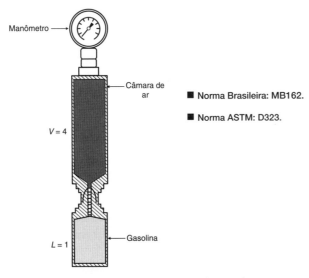

Figura 3.12 Aparelho de PVR para gasolina e petróleo.

3.3.4 Ponto de Fulgor

3.3.4.1 Definição

O ponto de fulgor representa a menor temperatura na qual o produto se vaporiza em quantidade suficiente para formar com o ar uma mistura capaz de se inflamar momentaneamente quando sobre ela incide uma centelha.

No ponto de fulgor, a quantidade de vapor formada não é suficiente para sustentar a combustão da amostra. Isso só ocorre quando se atinge o **ponto de combustão**, o qual representa a menor temperatura em que a amostra se vaporiza em quantidade tal que proporciona sua combustão contínua, por um período de 5 segundos, no mínimo. O ponto de fulgor está relacionado ao **limite inferior de explosividade**, que representa a quantidade mínima de combustível em mistura com o ar capaz de formar uma mistura que se inflama quando sobre ela incide uma centelha.

3.3.4.2 Aplicação e significado

O ensaio de ponto de fulgor é aplicado aos derivados médios e pesados, QAV, óleo diesel, óleos combustíveis, asfaltos e lubrificantes básicos. É usado no lugar da pressão de vapor Reid para esses derivados por ser uma medida mais precisa nesse caso. O ponto de fulgor é inversamente proporcional à presença de frações leves, e é tanto menor quanto maior é o teor dessas frações. Representa uma referência para a segurança no transporte e manuseio do produto, bem como é indicativo da possibilidade de perdas por evaporação, Figuras 3.13 e 3.14.

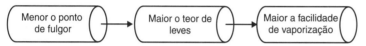

Figura 3.13 Interpretação física do ponto de fulgor.

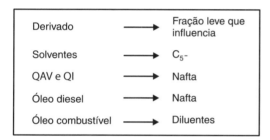

Figura 3.14 Aplicação e influências de frações no ponto de fulgor.

3.3.4.3 Resumo do ensaio

Sobre a amostra, colocada em um recipiente próprio denominado cuba e sujeita a aquecimento constante, incide uma chama a intervalos regulares de temperatura, entre 1 °C e 2 °C, dependendo do método e do equipamento empregados. O ponto de fulgor corresponde à temperatura em que ocorre o primeiro *flash* da amostra, observado pela súbita combustão não sustentada. Existem diversos aparelhos para se determinar o ponto de fulgor, que são utilizados de acordo com a faixa prevista de resultado. Para o QAV o aparelho utilizado é o TAG fechado, sem agitação, enquanto para o óleo diesel se aplica o Pensky-Martens, também fechado, e o método Cleveland para os óleos lubrificantes, Figura 3.15 e Tabela 3.2.

Tabela 3.2 Faixa de aplicação dos métodos para a determinação do ponto de fulgor

Faixa do ponto de fulgor		Método			
(°C)	(°F)				
371	(700)	↑			↑
93	(325)		Pensky-Martens		Cleveland
79	(200)	↑	↓	↑	↓
71	(175)	TAG	TAG		
−7	(20)	(aberto)	(fechado)	ABEL	
−18	(0)	↓	↓	↓	

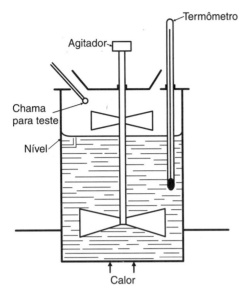

	TAG FECHADO	PENSKY-MARTENS
Repetibilidade	1 °C	0,029 X, em que X é a média dos resultados em graus Celsius.
Reprodutibilidade	2 °C	0,071 X, em que X é a média dos resultados em graus Celsius.
Norma Brasileira	NBR7974	MB48
Norma ASTM	D56	D93

Figura 3.15 Aparelho para determinação do ponto de fulgor pelo método Pensky-Martens.

3.4 CARACTERÍSTICAS DE COMBUSTÃO

3.4.1 Número de Octano

3.4.1.1 Definição

O número de octano (NO) de um combustível para máquinas do ciclo Otto representa a sua qualidade de combustão medida pela sua resistência à detonação durante a queima no motor, obtida pela comparação da combustão da amostra com a de padrões de boa qualidade (parafínicos ramificados) e de má qualidade (normais parafínicos).

A definição do número de octano decorre da forma que ela é determinada em laboratórios, correspondendo à porcentagem volumétrica de 2,2,4-trimetilpentano (iso-octano), em uma mistura com n-heptano, que queima por detonação com a mesma intensidade sonora produzida pela amostra, quando ambos são submetidos a um método de ensaio padronizado. A ocorrência de detonação depende do combustível, da temperatura, da pressão e da composição da mistura ar-combustível, o que obriga a que seja realizado em um motor padrão, sob determinadas condições operacionais.

Combustão normal é definida como o processo que se inicia somente pela centelha da vela e no qual a frente de chama se move através da câmara de forma homogênea e a velocidade uniforme, propagando-se até que todo o combustível seja consumido, conforme Figura 3.16. Em (a), quando o pistão se aproxima do ponto morto superior, a centelha provocada pela vela inicia o processo de combustão da gasolina (Guthrie, 1960). Em (b) e (c) a chama se move progressivamente e a velocidade uniforme. Em (d) a chama percorreu todo o intervalo de combustível, completando-se a combustão. Nesse momento o pistão inicia o movimento de descida.

Detonação é uma forma de combustão anormal e que é indesejável por não estar de acordo com os princípios de funcionamento do motor ciclo Otto. Na Figura 3.17, em (e), após iniciar-se a combustão, a chama se propaga ao longo da câmara, e os gases formados elevam a pressão e a temperatura das frações de gasolina que ainda não queimaram. Nessas condições de temperatura e pressão elevadas, facilita-se a quebra de moléculas e o início das reações com o oxigênio do ar, produzindo radicais peróxido (f). Quando a concentração desses compostos na fase não queimada aumenta, pode ocorrer a autoignição dessas frações, com consequente formação adicional de gases a alta pressão e temperatura, o que ocorre em (g), Figura 3.17 (Guthrie, 1960). Assim, a **combustão anormal ou "espontânea"** ocorre pela presença de compostos na gasolina que não resistem ao aumento de pressão e temperatura do cilindro após o início da combustão pela centelha da vela, decompondo-se e iniciando de forma extemporânea a sua combustão.

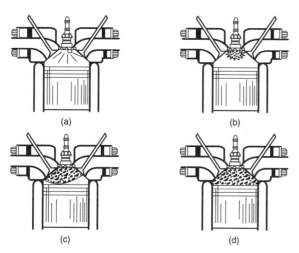

Figura 3.16 Combustão normal. (Fonte: Guthrie, 1960, adaptado.)

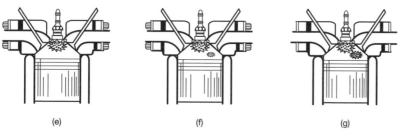

Figura 3.17 Combustão espontânea. (Fonte: Guthrie, 1960, adaptado.)

A autoignição implica um aumento de pressão da câmara devido à combinação das duas frentes de queima, que alcança valores acima da pressão operacional máxima, não sendo absorvida pelo motor como energia útil. Isso acarreta perda de potência e, por fim, superaquecimento do motor e um esforço anormal sobre a cabeça do pistão. O aumento de pressão originado por essa frente de queima devido à detonação se soma ao aumento de pressão gerado pela frente de queima principal, acarretando oscilações de pressão tipo "dente de serra", gerando o ruído de detonação, conhecido como "batida de pino". Esse fenômeno deve ser obrigatoriamente evitado porque conduz a uma diminuição no rendimento do motor e a esforços anormais sobre ele, causando-lhe danos.

3.4.1.2 Aplicação e significado

O número de octano é aplicado à gasolina automotiva e à gasolina de aviação. A detonação ou "batida de pino" é indesejável porque implica significativa perda de potência, podendo ainda causar sérios danos mecânicos à máquina, dependendo de sua intensidade e de sua frequência de ocorrência. A diferença nas características antidetonantes existentes entre os diversos tipos de combustíveis é função unicamente de sua composição química, Figura 3.18.

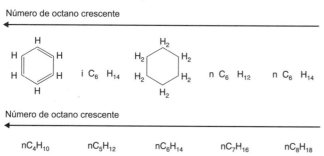

Figura 3.18 Influência dos tipos de hidrocarbonetos no número de octano.

A determinação do número de octano pode ser realizada por dois métodos, Pesquisa e Motor, que diferem entre si pelas condições operacionais empregadas, como descrito em 3.4.1.3, sendo conhecidos pela

96 Capítulo 3

abreviatura, **RON** e **MON**, *Research Octane Number* e *Motor Octane Number*, respectivamente. As Tabelas 3.3 a 3.6 mostram valores do número de octano, NO, Pesquisa e Motor, para vários hidrocarbonetos. Como regra geral, os parafínicos normais apresentam valores baixos de NO, que decrescem à medida que o ponto de ebulição aumenta. No tocante à sensitividade, diferença entre os valores do NO Pesquisa e Motor, os parafínicos apresentam valores em torno de zero, ou seja, desempenho uniforme em várias condições. Os isoparafínicos apresentam valores maiores de NO do que os normais-parafínicos, e quanto mais ramificadas forem as cadeias de carbono, maior será o NO e maior será a sensitividade.

Tabela 3.3   Número de octano de hidrocarbonetos parafínicos (Fonte: Guibet, 1987.)

Hidrocarbonetos parafínicos	P. ebulição, °C	RON	MON
n-Butano	0,5	95,0	92,0
2-Metilpropano	11,7	92,0	97,6
n-Pentano	36,0	61,7	61,9
2-Metilbutano	27,9	92,3	90,3
2,2-Dimetilpropano (Neopentano)	9,5	85,5	80,2
n-Hexano	68,7	24,8	26,0
2-Metilpentano	60,3	73,4	73,5
2,3-Dimetilbutano	49,7	91,8	93,4
n-Heptano	98,4	0	0
2-Metil-hexano	90,1	43,4	46,4
2,2-Dimetilpentano	79,3	92,8	95,6
2,2,3-Trimetilbutano (Triptano)	80,9	112,1	101,3
2-Metil-Heptano	118,1	21,7	23,8
2,2-Dimetil-Hexano	106,5	72,5	77,4
2,2,3-Trimetilpentano	109,8	108,7	99,9
2,2,4-Trimetilpentano (Iso-octano)	99,2	100,0	100,0

Tabela 3.4   Número de octano de hidrocarbonetos olefínicos (Fonte: Guibet, 1987.)

Hidrocarbonetos olefínicos	PE °C	RON	MON
Penteno-1	36,4	90,9	77,1
2-Metil-2-Buteno (Trimetiletileno)	38,5	97,3	84,7
Hexeno-1	63,7	76,4	63,4
Hexeno-2 (Trans)	68,0	92,7	80,8
3-Metilpenteno-2 (Trans)	69,5	97,2	81,0
4-Metilpenteno-2 (Trans)	58,8	99,3	84,3
Hepteno-1	63,5	54,5	50,7
Hepteno-2 (Trans)	67,8	73,4	68,8
Hepteno-3 (Trans)	67,0	89,8	79,3
2,4,4-Trimetilpenteno-1	101,5	106,0	86,5
2,4-Trimetilpenteno-2	104,5	100,0	86,0
Octeno-1	121,6	28,7	34,7

Tabela 3.5   Número de octano de hidrocarbonetos aromáticos (Fonte: Guibet, 1987.)

Hidrocarbonetos aromáticos	PE °C	RON	MON
Benzeno	80,1	-	114,8
Tolueno	110,6	120,0	103,5
o-Xileno	144,5	-	100,0
m-Xileno	139,2	117,5	115,0
p-Xileno	138,5	116,4	109,6
Etilbenzeno	136,5	107,4	97,9
1,3,5-Trimetilbenzeno (Mesitileno)	164,6	>120	120,0
Propilbenzeno	159,2	111,0	98,7
Isopropilbenzeno (Cumeno)	153,3	113,1	99,3

Qualificação dos Derivados do Petróleo **97**

Tabela 3.6   Número de octano de hidrocarbonetos naftênicos (Fonte: Guibet, 1987.)

Hidrocarbonetos naftênicos	PE °C	RON	MON
Ciclopentano	49,2		84,9
Metilciclopentano	71,8	91,3	80,0
Etilciclopentano	103,0	67,2	61,2
Propilciclopentano	130,8	31,2	28,1
Isopropilciclopentano	126,4	81,1	76,2
Ciclo-hexano	80,9	83,0	77,2
Metilciclo-hexano	100,9	74,8	71,1
Etilciclo-hexano	130,4	45,6	78,6
1-Cis-3-Dimetilciclo-hexano	120,0	71,7	71,0
1,3-4-Dimetilciclo-hexano	124,3	66,9	64,2
Propilciclo-hexano	155,0	17,8	14,0

Os olefínicos apresentam maior NO que os parafínicos correspondentes. A dupla ligação apresenta um efeito no NO semelhante aos das ramificações de cadeia. Quanto à sensitividade, elas apresentam valores altos indicando variação da qualidade antidetonante em função das condições de operação do motor. Os naftênicos apresentam NO intermediário entre os parafínicos normais e os olefínicos e sensitividade baixa. Já os aromáticos são os que apresentam os maiores valores de NO e de sensitividade.

3.4.1.3 Resumo do ensaio

Os métodos Motor e Pesquisa de determinação do número de octano são realizados segundo condições operacionais diferentes, mostradas na Tabela 3.7.

Tabela 3.7   Condições de operação dos ensaios de número de octano

Condições de operação	Método pesquisa (F1)	Método motor (F2)
Velocidade de rotação (rpm)	600 ± 6	900 ± 9
Temperatura do óleo lubrificante, °C	58 ± 8	58 ± 8
Temperatura do líquido de resfriamento, °C	100 ± 2	100 ± 2
Temperatura do combustível, °C	Não especificado	149 ± 2
Composição da mistura ar/combustível	Regulada para detonação máxima	
Taxa de compressão	Regulada para detonação padrão	
Avanço do distribuidor	13°	Automático, função da taxa de compressão

■ Norma Brasileira: PMB457.

■ Norma ASTM: D2700.

■ Repetibilidade: 0,2.

■ Reprodutibilidade: 0,9.

O **número de octano, NO**, de um combustível é determinado comparando-se sua tendência à detonação à de misturas de combustíveis-padrão, cujos valores de NO são arbitrados em 100 (cem) para o iso-octano e em 0 (zero) para o n-heptano. O ensaio é realizado variando-se a taxa de compressão do motor quando se queima a amostra, até que se obtenha a intensidade de detonação definida como padrão, que é medida eletronicamente. A seguir, queimam-se misturas dos combustíveis-padrão até que se obtenha nas mesmas condições a mesma intensidade de detonação registrada para a amostra. O NO da mistura de combustíveis-padrão será igual à porcentagem volumétrica de iso-octano existente na mistura de padrões que apresenta características antidetonantes iguais às da amostra.

O método Pesquisa, realizado em condições mais brandas, representa melhor as condições de operação suaves, associadas a menores rotações do motor. O método Motor, ao contrário, é mais representativo de condições mais severas, relativas a maiores rotações do motor. Um veículo está sujeito a funcionar em diferentes condições: ora mais suaves, ora mais severas, e, dessa forma, os dois métodos em conjunto podem fornecer informações mais completas sobre a qualidade antidetonante do produto.

Assim, atualmente, a tendência mundial é a de se especificar a qualidade antidetonante da gasolina pelos dois ensaios ou pela média aritmética dos dois, definida como **índice antidetonante (IAD)**.

A sensitividade é função da natureza química do combustível e representa, fisicamente, a variação do número de octano em função das condições de operação do motor (rotação, temperatura e outras variáveis), Figura 3.19. Para valores de NO inferiores a 60, os métodos fornecem, praticamente, os mesmos resultados.

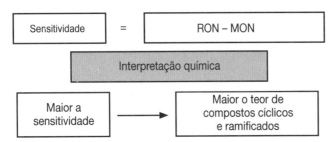

Figura 3.19   Número de octano: sensitividade.

3.4.2 Número de Luminômetro

3.4.2.1 Definição

O **número de luminômetro (NL)** de um combustível para turbinas de aviação representa sua qualidade de combustão, medida pela emissão de radiação luminosa durante a queima contínua da amostra em uma câmara de combustão, quando comparada com a de um padrão de boa qualidade (parafínico) e um de má qualidade (aromático).

O tipo de químico do combustível influi na qualidade da combustão quanto à emissão de radiação luminosa, em função das diferenças existentes na relação carbono/hidrogênio e da temperatura de chama. Os hidrocarbonetos parafínicos têm baixa relação carbono/hidrogênio, queimando sem formar fuligem, com baixa energia radiante e elevada temperatura de chama para a mesma intensidade luminosa. Hidrocarbonetos aromáticos, de alta relação carbono/hidrogênio, queimam formando fuligem, com alta energia radiante e baixa temperatura de chama, Figura 3.23. O ensaio de número de luminômetro compara a temperatura de chama durante a combustão da amostra com a temperatura de chama de hidrocarbonetos padrão, de alto e baixo níveis de radiação luminosa, relacionando-os pela Equação (3.2) para obter o NL. Utilizam-se como padrões:

— de boa qualidade, o iso-octano, de baixa relação C/H e de baixo nível de radiação luminosa;

— de má qualidade, a tetralina, de alta relação C/H e de alto nível de radiação luminosa.

$$NL = \frac{T \text{ amostra} - T \text{ tetralina}}{T \text{ iso-octano} - T \text{ tetralina}} \qquad (3.1)$$

3.4.2.2 Aplicação e significado

O ensaio é aplicado a combustíveis utilizados em turbinas aeronáuticas. Quanto menor a relação (C/H), ou seja, mais parafínico for o produto, maior será o seu número de luminômetro (NL), proporcionando melhores condições de combustão. Hidrocarbonetos aromáticos produzem resíduos carbonosos e fuligem, emitindo alta energia radiante através de sua chama, o que pode acarretar danos ao combustor. Limita-se o

NL em um valor mínimo para se dispor de combustível que, em sua queima, não produza depósitos e danos às paredes metálicas do combustor (Goodger, 1975). O NL indica indiretamente a parafinicidade do produto, Figuras 3.20, 3.21 e 3.22.

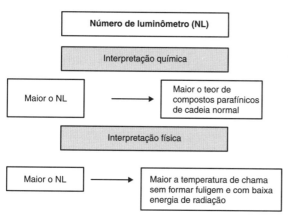

Figura 3.20 Interpretação química e física do número de luminômetro.

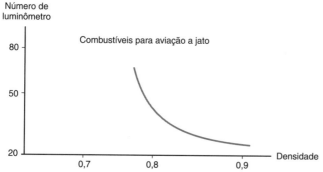

Figura 3.21 Variação do número de luminômetro com densidade.

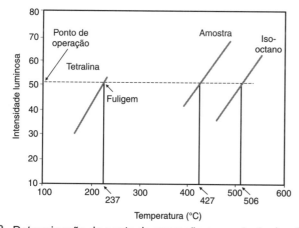

Figura 3.22 Determinação do ponto de operação para o teste de número de luminômetro.

3.4.2.3 Resumo do ensaio

O teste é conduzido em um aparelho denominado luminômetro. Em linhas gerais, consiste em se determinar as temperaturas das chamas durante a combustão da amostra e dos combustíveis padrões. A combustão deve ocorrer em uma condição padronizada pela intensidade luminosa, que corresponde ao valor obtido durante a combustão da tetralina, no ponto em que se iniciou a formação de fuligem, anotando-se a temperatura da chama correspondente, Figuras 3.22 e 3.23. A seguir, para o mesmo valor de intensidade luminosa anterior, determinam-se as temperaturas das chamas para a combustão de iso-octano e de amostra, calculando-se, então, o NL pela Equação (3.1) (ASTM, 2011).

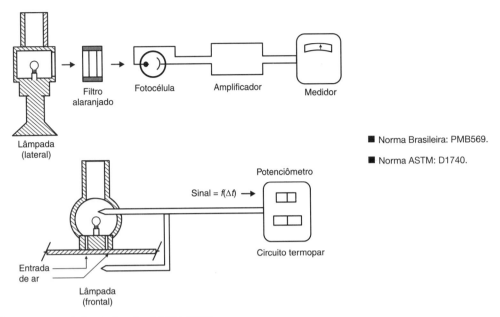

Figura 3.23 Diagrama do luminômetro ASTM-CRC.

3.4.3 Ponto de Fuligem

3.4.3.1 Definição

O ponto de fuligem é definido como a altura máxima da chama medida em milímetros durante a combustão da amostra, sem que haja produção de fuligem. Esse ensaio anteriormente era realizado apenas para o querosene de iluminação. Posteriormente, passou a ser usado também para o QAV em substituição ao ensaio de número de luminômetro para representar a qualidade de combustão, associado ou não ao teor de naftalenos.

3.4.3.2 Aplicação e significado

Esse ensaio é aplicável a combustíveis de turbinas aeronáuticas e ao querosene iluminante. Indica a qualidade de combustão do produto medida pelo ponto de fuligem. Dentre as famílias de hidrocarbonetos, os parafínicos são os que apresentam maior ponto de fuligem, seguindo-se os naftênicos e aromáticos, Figura 3.24.

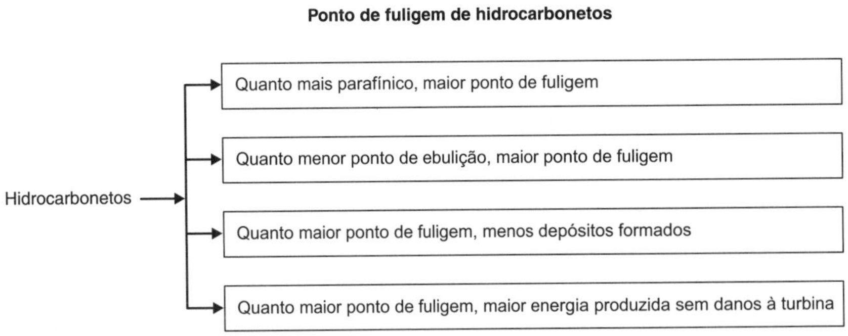

Ponto de fuligem de hidrocarbonetos

Hidrocarbonetos:
- Quanto mais parafínico, maior ponto de fuligem
- Quanto menor ponto de ebulição, maior ponto de fuligem
- Quanto maior ponto de fuligem, menos depósitos formados
- Quanto maior ponto de fuligem, maior energia produzida sem danos à turbina

Figura 3.24 Influência dos hidrocarbonetos no ponto de fuligem.

Para um mesmo número de átomos de carbono, os hidrocarbonetos parafínicos apresentam menor ponto de ebulição e menor energia de ligação carbono-carbono. Por isso essas substâncias queimam de forma mais completa do que os hidrocarbonetos aromáticos, com menor formação de fuligem e menor energia radiante, ou seja, apresentam maior ponto de fuligem, o que é benéfico para a turbina. Como consequência, petróleos de base parafínica produzem os melhores combustíveis aeronáuticos quanto a essa característica (Goodger, 1975).

3.4.3.3 Resumo do ensaio

A amostra é queimada em uma lâmpada a pavio fechada, provida de uma escala graduada em milímetros. A altura máxima da chama que se consegue obter, movendo-se o pavio para cima, sem produzir fuligem, é medida e registrada como o ponto de fuligem, Figura 3.25 (ASTM, 2011).

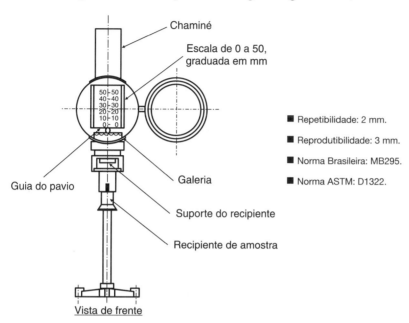

Figura 3.25 Aparelho para determinação do ponto de fuligem.

3.4.4 Número de Cetano

3.4.4.1 Definição

O número de cetano de um combustível representa a qualidade de combustão medida pela sua facilidade de autoignição em máquinas que operam segundo o ciclo diesel.

O número de cetano do óleo diesel é determinado por comparação da qualidade de ignição da amostra com a de padrões de boa qualidade (parafínicos) e de má qualidade (aromáticos). O número de cetano foi definido, de acordo com o seu método de determinação em laboratório, como a porcentagem volumétrica do padrão de boa qualidade, n-hexadecano (cetano), em mistura com o padrão de má qualidade, α-metilnaftaleno, que produz um combustível de mesma qualidade de autoignição que a amostra. Mais tarde, o α-metilnaftaleno, por suas características tóxicas, foi substituído pelo heptametilnonano, cujo número de cetano foi definido com o valor 15.

3.4.4.2 Aplicação e significado

O número de cetano é usado para avaliar a qualidade de combustão de produtos de petróleo com faixa de ebulição entre 150 °C e 400 °C, não sendo aconselhado o seu uso para produtos mais leves ou mais pesados. Para essa faixa de ebulição, o NC cresce à medida que aumenta o ponto de ebulição da fração de petróleo, ou seja, cresce com o número de átomos de carbono, Figura 3.26.

Fisicamente, o número de cetano é uma medida indireta do retardo de ignição do combustível na câmara de combustão. O retardo de ignição (θ_R) está relacionado com a temperatura de autoignição e com as seguintes propriedades pelas Equações (3.2) e (3.3) (Guthrie, 1960):

$$\theta_R = \frac{r^2 \rho_F C_P}{3k} \log \frac{T_c - T}{T_c - T_i} \qquad (3.2)$$

$$r = \frac{B \gamma \rho_F}{4C^2 \rho_A (P_i - P_c)} \qquad (3.3)$$

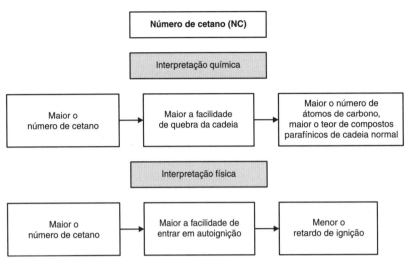

Figura 3.26 Número de cetano: interpretação física e química.

em que:

- r: raio da gota de combustível;
- ρ_F, ρ_A: massa específica do combustível e do ar, respectivamente;
- γ: tensão superficial do combustível;
- C_p: capacidade calorífica específica do combustível;
- k: condutividade térmica do combustível;
- B: constante;
- f: fator de atrito;
- C: coeficiente de descarga e de compressão;
- T_c, T_i, T: temperatura do ar comprimido, de autoignição do combustível e do combustível, respectivamente;
- P_i, P_c: pressão de injeção e de compressão, respectivamente.

O processo de combustão em uma máquina diesel depende de duas etapas: a etapa física, representada pela nebulização e vaporização do combustível, e a etapa química, representada por sua combustão, Figura 3.27.

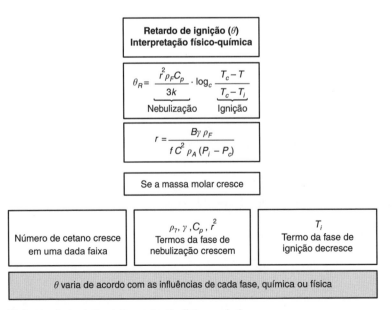

Figura 3.27 Retardo de ignição: interpretação físico-química.

Pelas Equações (3.2) e (3.3), verifica-se que o retardo de ignição varia diretamente com o raio da gota, com a massa específica e com a temperatura de autoignição do combustível.

Assim, pelo aspecto químico, quanto maior a massa molar, menor a temperatura de autoignição (Goodger, 1975), o que reduz o retardo de ignição. Por outro lado, pelo aspecto físico, quanto maior a massa molar, maior a massa específica, maior a capacidade calorífica específica do combustível e maior o raio da gota, o que aumenta o retardo de ignição. Essas variações, agindo em sentido inverso, fazem com que a variação do retardo de ignição com a massa molar ou com a temperatura de ebulição dependa de qual é a etapa controladora da combustão: a física ou a química, de acordo com as Equações (3.2) e (3.3) e a Tabela 3.8.

Considerando-se a família dos compostos n-parafínicos e olefínicos, observa-se que o número de cetano cresce com o ponto de ebulição entre 150 °C e 350 °C, intervalo no qual prevalece a etapa química. Nota-se (Figura 3.28) que a temperatura de autoignição é maior para os hidrocarbonetos olefínicos do que para os parafínicos, sendo aproximadamente constante para compostos de 10 a 20 átomos de carbono. A mesma tendência pode ser observada para as demais famílias de hidrocarbonetos. Para combustíveis mais pesados do que o diesel, a etapa física prevalece, e o número de cetano cai pela dificuldade de vaporização e combustão do produto.

Tabela 3.8 Número de cetano de hidrocarbonetos puros (Goodger, 1975.)

Hidrocarboneto	NC	PE (°C)	Temperatura de autoignição (°C)
n-Heptano	56,3	98,3	206
n-Octano	63,8	125,5	206
n-Decano	76,9	174,0	202
n-Tetradecano	87,6	253,5	202
n-Hexadecano	100,0	286,7	202
n-Octadecano	102,6	316,7	200
Eicosano	110,0	343,0	–
Octeno-1	40,5	143,3	237
Deceno-1	60,2	170,5	235
Dodeceno-1	71,3	213,3	235
Tetradeceno-1	82,7	251,1	235
Hexadeceno-1	84,2	284,8	240
Octadeceno-1	90,0	310,3	250
Metilciclo-hexano	20,0	100,9	250
Decalina	42,1	485,5	-
n-Amilbenzeno	8,0	205,4	-
n-Hexilbenzeno	26,0	226,1	-
n-Nonilbenzeno	50,0	282,0	-

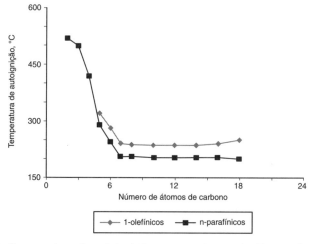

Figura 3.28 Temperatura de autoignição *versus* número de átomos de carbono.

104 Capítulo 3

Um maior número de cetano do combustível leva a:

— menores temperaturas de partida da máquina;

— menores esforços nos componentes metálicos do cilindro do que ocorreriam devido ao aumento de pressão provocado pela queima de produto de baixo número de cetano acumulado na câmara;

— aquecimento mais rápido após a partida em baixas temperaturas;

— menor formação de depósitos de carbono na câmara de combustão, pela combustão mais completa.

3.4.4.3 Resumo do ensaio

A determinação em laboratório do número de cetano é feita em um motor monocilíndrico, similar ao utilizado para o ensaio de número de octano, comparando-se a amostra, sob condições padronizadas de operação, a padrões de boa e de má qualidade, cetano e heptametilnonano.

— Repetibilidade: 0,8 a 1,0.

— Reprodutibilidade: 2,8 a 4,8.

— Norma ASTM: D613.

A determinação do número de cetano em laboratório, pela combustão da amostra em motor apropriado, pode ser substituída por equações propostas pela ASTM, que calculam o índice de cetano a partir do °API e de temperaturas do procedimento de destilação ASTM D86.

A Equação (3.4) é recomendada pelo método ASTM D4737 para cálculo do índice de cetano de óleo diesel:

$$IC = 45,2 + 0,0892 \, (T_{10} - 215) + (0,131 + 0,901B) \, (T_{50\%} - 260) + (0,0523 - 0,420B) \, (T_{90\%} - 310) +$$
$$+ \, 0,00049 \, [(T_{10\%} - 215)^2 - (T_{90\%} - 310)^2] + 107B + 60,0 \, B^2 \tag{3.4}$$

em que:

IC:	índice de cetano do óleo diesel;
$T_{10\%}, T_{50\%}, T_{90\%}$:	representam as temperaturas relativas às porcentagens 10 %, 50 % e 90 % recuperadas;
B:	$\exp \, (-3,5 \, (\rho - 0,85)) - 1$;
ρ:	massa específica a 15 °C em g/cm³;
$°API$:	densidade em graus API da amostra;

Faixa de aplicação da fórmula:

Índice de cetano:	32 a 56,5;
Massa específica:	0,805 g/cm³ a 0,895 g/cm³;
$T_{10\%}$:	171 °C a 259 °C;
$T_{50\%}$:	212 °C a 308 °C;
$T_{90\%}$:	251 °C a 363 °C.

Anteriormente, no Brasil, utilizava-se a norma ASTM D976 como alternativa ao número de cetano:

$$IC = -420,34 + 0,016 \, °API^2 + 0,0192 \, °API \log T \, 50\% + 65,01 \, (\log T_{50\%})^2 - 0,0001809 T_{50\%}^2 \tag{3.5}$$

em que:

$T_{50\%}$:	temperatura 50 % recuperados;
$°API$:	densidade em graus API da amostra.

Alternativamente, para óleo diesel com especificação de teor de enxofre de 500 mg/kg máximo, a ASTM recomenda a seguinte expressão:

$$IC = 399,9 \, \rho_{15} + 0,1113 \, T_{10\%} + 0,1212 \, T_{50\%} + 0,0627 \, T_{90\%} + 309,33 \tag{3.6}$$

em que:

IC: índice de cetano do óleo diesel;

$T_{10\%}$, $T_{50\%}$, $T_{90\%}$: representam as temperaturas 10 %, 50 % e 90 % recuperadas em °C;

ρ_{15}: massa específica a 15 °C em g/cm³;

De forma simplificada, pode-se utilizar a Figura 3.29, construída a partir da norma ASTM D976, Equação (3.5), para calcular o índice de cetano.

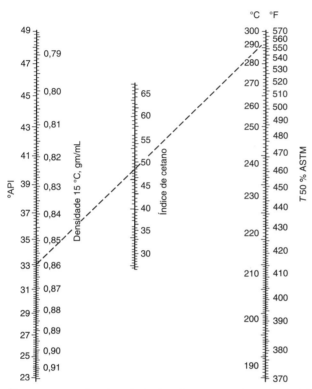

Figura 3.29 Ábaco para estimativa do índice do cetano pelo método ASTM D976.

A precisão dos resultados do índice de cetano depende da repetibilidade e da reprodutibilidade dos ensaios D86 e D1298.

3.4.5 Poder Calorífico

3.4.5.1 Definição

O poder calorífico de uma substância corresponde ao valor absoluto da entalpia da reação de combustão de uma unidade de massa dessa substância. A entalpia de reação é definida como a diferença entre a soma das entalpias de formação dos produtos e a soma das entalpias de formação dos reagentes, em condições de pressão e temperatura de referência.

$$\Delta H_R^o = \sum_P w_P \Delta H_{f,\,P}^o - \sum_r w_r \Delta H_{f,\,r}^o \tag{3.7}$$

em que:

ΔH_R^o: representa a entalpia de reação nas condições de referência utilizadas, com base em 1 kg de reagentes, em kJ/kg;

$\Delta H_{f,\,P}^o$, $\Delta H_{f,\,r}^o$: representam a entalpia de formação dos produtos e dos reagentes nas condições de referência a partir de seus elementos a 25 °C, em kJ/kg;

w_P, w_r: fração mássica dos produtos e dos reagentes.

No caso da combustão de derivados de petróleo, devem-se considerar a entalpia de formação do produto queimado $C_nH_mS_y$ e as entalpias de formação dos produtos da combustão CO_2, H_2O e SO_2, pois a entalpia de formação padrão de substâncias formadas por um só elemento é zero. Valores negativos da entalpia de reação significam reações exotérmicas, caso da combustão, enquanto valores positivos significam reações endotérmicas.

A energia liberada na combustão de um produto de petróleo contendo carbono, hidrogênio e enxofre com ar (O_2 e N_2) pode ser expressa por duas grandezas, considerando-se os reagentes à temperatura inicial de 25 °C e os produtos (CO_2, H_2O, SO_2) à temperatura final de 25 °C, Figura 3.30:

a) Poder calorífico superior (PCS)

Quantidade de calor liberada quando uma unidade de massa do combustível é queimada com oxigênio, a volume constante, gerando como produtos CO_2 (gás), H_2O (líquido), SO_2 (gás), estando os reagentes a uma temperatura inicial de 25 °C e os produtos a uma temperatura final de 25 °C;

b) Poder calorífico inferior (PCI)

Quantidade de calor liberada quando uma unidade de massa de combustível é queimada a pressão constante de 0,1 MPa (1 atm), gerando como produtos CO_2 (gás), H_2O (gás), SO_2 (gás), estando os reagentes à temperatura inicial de 25 °C e os produtos à temperatura final de 25 °C, calculada considerando-se todos os produtos no estado gasoso.

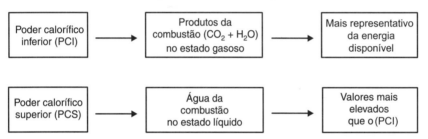

Figura 3.30 Poder calorífico superior e inferior.

Ambas as grandezas são expressas no SI em joule por quilograma (J/kg), existindo a seguinte relação entre PCI e PCS:

$$PCI = PCS - 0{,}2122h \tag{3.8}$$

em que:

h: % em massa de hidrogênio no produto;

PCI e PCS: poder calorífico inferior e poder calorífico superior em MJ/kg.

Na quase totalidade dos equipamentos industriais, a temperatura de saída dos gases de combustão é superior a 100 °C e a água está na fase gasosa, condições que conferem ao poder calorífico inferior maior representatividade da energia liberada no processo de combustão.

3.4.5.2 Aplicação e significado

O poder calorífico representa a quantidade de energia disponível pela combustão da substância, informação importante para se conhecer a energia total que pode ser obtida pela queima do produto, o que, no caso do QAV, está relacionado com a autonomia de voo da aeronave, e, no caso de óleos combustíveis, com a quantidade de energia potencialmente disponível pela queima desse óleo para a geração de energia.

O tipo de hidrocarboneto irá influir na quantidade de água formada e, como consequência, no poder calorífico. Assim, compostos cíclicos, apresentando menor teor de hidrogênio, geram menos água e apresentam menor poder calorífico por unidade de massa para o mesmo número de átomos de carbono. Ver Figuras 3.31, 3.32 e 3.33 (Goodger, 1975).

Para hidrocarbonetos, observa-se que:

— o poder calorífico por unidade de volume cresce com o aumento da densidade;

— o poder calorífico por unidade de massa decresce com o aumento da densidade.

Qualificação dos Derivados do Petróleo | 107 |

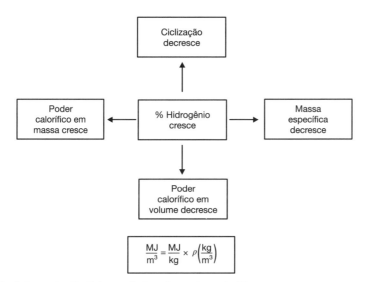

Figura 3.31 Interpretação físico-química do poder calorífico.

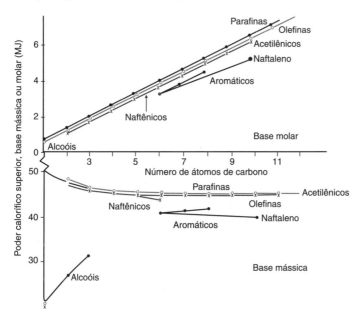

Figura 3.32 Poder calorífico de hidrocarbonetos. (Fonte: Goodger,1975, adaptado.)

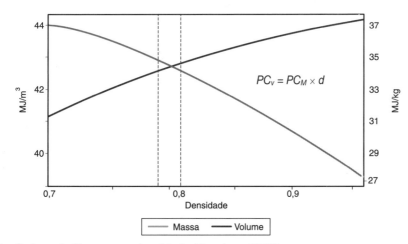

Figura 3.33 Poder calorífico *versus* densidade (Goodger, 1975).

Na Figura 3.33 mostra-se ainda a variação do poder calorífico em base mássica e em base volumétrica com a densidade. Dependendo dos valores da densidade, haverá uma região de menor densidade em que o poder calorífico por unidade de massa é maior do que o poder calorífico por unidade de volume, o que se inverte no caso de uma região de maior densidade. Esse fato indica que, ao se especificar uma faixa relativamente estreita de densidade para um derivado do petróleo como o QAV, tem-se como consequência uma pequena variação da quantidade de energia de combustível gerada em sua combustão, caso se considere base volumétrica ou mássica.

3.4.5.3 Resumo do ensaio

O poder calorífico pode ser determinado pelo teste da bomba calorimétrica, método ASTM D2382, em que se queima a amostra em uma bomba calorimétrica sob condições controladas. O calor de combustão é calculado pela medida da temperatura antes e após a combustão.

— Repetibilidade: 0,051 MJ/kg para QAV e 0,072 MJ/kg para gasolina de aviação.
— Reprodutibilidade: 0,13 MJ/kg para QAV e 0,279 MJ/kg para gasolina de aviação.
— Norma ASTM: D2382.

O poder calorífico pode ser estimado a partir de propriedades que caracterizem quimicamente o derivado. Entre essas propriedades citam-se a densidade (°API) e o ponto de anilina (PA), conforme norma ASTM D1405.

O ponto de anilina é definido como a menor temperatura em que 10 mL de amostra são miscíveis em igual volume de anilina, Figura 3.34. Uma vez que a anilina é altamente miscível em compostos aromáticos, quanto maior for o teor destes na amostra, menor será a temperatura em que ocorrerá a miscibilidade. Desse modo, o ponto de anilina é um indicativo da aromaticidade do produto, o mesmo se passando com o °API. Essas duas grandezas são utilizadas para a estimativa do poder calorífico por meio das Equações (3.9) a (3.12), propostas pela ASTM.

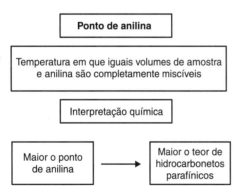

Figura 3.34 Ponto de anilina.

São as seguintes as fórmulas recomendadas pela ASTM para o cálculo do poder calorífico:

Para gasolina de aviação:

$$PCI = 41,9557 + 2,0543 \times 10^{-4}\, PA\, °API \tag{3.9}$$

Para querosene de aviação (QAV-1):

$$PCI = 41,6796 + 2,5407 \times 10^{-4}\, PA\, °API \tag{3.10}$$

Para querosene de aviação militar (QAV-4):

$$PCI = 41,8145 + 2,4563 \times 10^{-4}\, PA\, °API \tag{3.11}$$

Em todos os casos, deve-se corrigir o efeito da presença de enxofre pela seguinte expressão:

$$PCI_I = PCI\,(1 - 0,01\ \%S) + 0,1016\ \%S \tag{3.12}$$

em que:

PC, PC_I: poder calorífico inferior em MJ/kg para produtos livres de enxofre e corrigido para o enxofre, respectivamente;
PA: ponto de anilina em °F;
°API: densidade em grau API;
S: teor de enxofre em porcentagem mássica.

3.4.6 Índice Diesel

O índice diesel foi utilizado no passado para o controle da qualidade de ignição de combustíveis para máquinas diesel. O índice diesel é definido por meio do produto do ponto de anilina pelo °API.

$$ID = \frac{\text{ponto de anilina (°F)} \times °API}{100} \tag{3.13}$$

O índice diesel é indicativo da parafinicidade do produto, podendo ser usado como parâmetro para se avaliar o poder calorífico de óleo diesel. A Figura 3.35 correlaciona o índice diesel com o índice de cetano, sendo válida para óleos diesel obtidos por destilação atmosférica (Guibet, 1987).

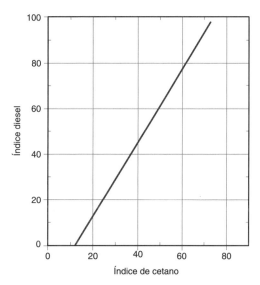

Figura 3.35 Correlação entre o índice diesel e o índice de cetano. (Fonte: Guibet, 1987.)

3.5 CARACTERÍSTICAS DE CRISTALIZAÇÃO E DE ESCOAMENTO

3.5.1 Introdução

Diversas são as características que podem ser utilizadas para indicar a temperatura em que ocorre a cristalização em um derivado de petróleo e que são utilizadas de acordo com o tipo de produto. A Figura 3.36 situa essas características em função de níveis de temperaturas, de forma a compará-las para um mesmo tipo de derivado (Goodger, 1975). Reduzindo-se a temperatura dessa fração, antes que haja a formação de cristais de hidrocarbonetos, pode ocorrer a separação da água dispersa no produto, e, em casos de temperaturas inferiores a 0 °C, uma vez que a solubilidade da água na fração de petróleo diminui com a temperatura, ocorre a cristalização dessa água.

Em seguida, em um nível de temperatura menor, está o **ponto de congelamento**, que corresponde à temperatura em que desaparece o último dos cristais formados pelo resfriamento prévio da fração de petróleo, quando se **reaquece** essa fração sob constante agitação. Para uma temperatura ligeiramente menor

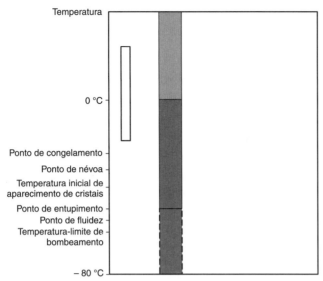

Figura 3.36 Comportamento de combustíveis a baixas temperaturas.

do que o **ponto de congelamento** irá ocorrer a **turvação** da amostra, devido ao início da formação de cristais de hidrocarbonetos parafínicos. Esse ponto corresponde ao que se denomina **ponto de névoa,** temperatura em que aparece o primeiro cristal, visível a olho nu, formado pelo **resfriamento** do produto. Até próximo do **ponto de névoa**, as frações de petróleo apresentam comportamento newtoniano. Os valores do **ponto de congelamento** são sempre superiores aos do **ponto de névoa**, e a diferença entre ambos se deve apenas ao procedimento aplicado e ao fato de que as frações de petróleo são misturas multicomponentes, fazendo com que a cristalização se dê em uma faixa de temperaturas.

A **temperatura inicial de formação de cristais (TIAC)**, que corresponde à temperatura em que se verifica o início da formação de **cristais**, utilizando-se um calorímetro diferencial, é uma característica de cristalização aplicada na produção de petróleo para evitar obstrução do poço de produção, por precipitação de parafinas.

Prosseguindo com o resfriamento da fração até uma temperatura inferior ao **ponto de névoa**, a quantidade de cristais formados aumenta, atingindo uma quantidade tal que pode **restringir** o escoamento da fração medido pela queda de pressão que é produzida em um filtro padronizado. Dá-se o nome **ponto de entupimento** à temperatura em que os cristais formados fazem cessar o escoamento através do filtro ou impedem o enchimento de uma pipeta em um tempo máximo de 60 segundos. Este é considerado mais representativo para caracterizar o escoamento a frio do óleo diesel do que o **ponto de névoa**, pois representa melhor o fluxo de óleo diesel em um motor.

Resfriando-se ainda mais a fração, a quantidade de cristais formados aumenta até um instante em que ela se apresenta em um estado pastoso, semissólido, deixando de apresentar **fluidez** no tubo que o contém quando este é colocado na posição horizontal em relação ao seu eixo. A essa temperatura dá-se o nome **ponto de fluidez**, que é aplicada a óleos lubrificantes e aos produtos escuros como o petróleo e óleo combustível, em que não se pode utilizar o **ponto de congelamento** ou o **ponto de névoa,** para avaliar o escoamento.

Abaixo do **ponto de fluidez**, no entanto, a amostra ainda pode ser bombeada, o que deixa de ocorrer na **temperatura limite de bombeamento**, Figura 3.37.

O **ponto de névoa** é menor cerca de 1 °C a 3 °C do que o **ponto de congelamento** e cerca de 6 °C maior do que o **ponto de fluidez** (Nelson, 1960), não se dispondo de uma boa correlação entre o **ponto de névoa** e o **ponto de entupimento** nem entre o **ponto de fluidez** e a **temperatura inicial de formação de cristais – TIAC**. Os diversos pontos citados apresentam diferenças variáveis em relação à temperatura limite de bombeamento: o **ponto de congelamento** é maior de 4 °C a 16 °C e o **ponto de fluidez** é maior de 1 °C a 7 °C que a **temperatura limite de bombeamento** (Googer, 1975).

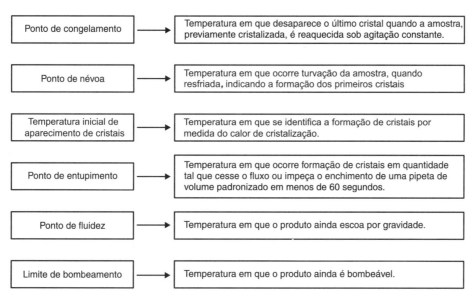

Figura 3.37 Características de cristalização de uma fração de petróleo.

O **ponto de congelamento** é o mais preciso de todos e mais conservativo que o ponto de névoa, representando melhor as condições de utilização em turbinas aeronáuticas. Essas são as razões para que o **ponto de congelamento** seja utilizado para avaliar o comportamento a frio de combustíveis de aviação.

3.5.2 Ponto de Congelamento

3.5.2.1 Definição
Por ponto de congelamento define-se a temperatura na qual os cristais de hidrocarbonetos formados pelo resfriamento da amostra desaparecem quando esta é sujeita a reaquecimento, sob agitação constante. Em termos práticos, o ponto de congelamento representa a menor temperatura em que o QAV permanece livre de cristais que podem restringir o seu fluxo através de filtros em uma turbina aeronáutica (ASTM, 2011).

3.5.2.2 Aplicação e significado
Por suas características de precisão e de representatividade do processo, esse ensaio é aplicado a combustíveis utilizados em turbinas aeronáuticas, em que é necessário maior segurança, em relação ao seu perfeito bombeamento a baixas temperaturas, com escoamento contínuo. O sistema de combustível de uma turbina possui permutadores de calor e injeção de solventes (álcool) para assegurar o estado líquido do combustível e o perfeito escoamento do QAV. Contudo, é prática segura e eficaz contra esses riscos limitar o ponto de congelamento a valores abaixo da temperatura de operação do sistema, que é de cerca de –40 °C. O ponto de congelamento é influenciado pelo tipo de hidrocarboneto e pelo ponto final de ebulição da fração, Figura 3.38.

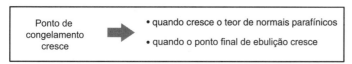

Figura 3.38 Ponto de congelamento: interpretação físico-química.

3.5.2.3 Resumo do ensaio
A amostra inicialmente é resfriada sob agitação constante, Figura 3.39, até que se formem cristais de parafina. Atingido esse ponto, ela é retirada do meio refrigerante, deixando-se a temperatura subir naturalmen-

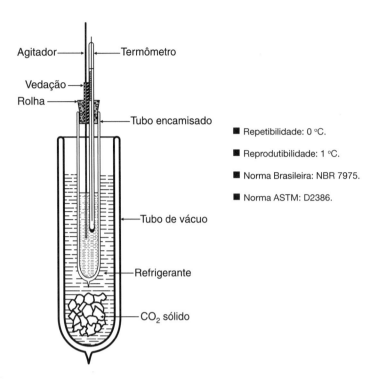

Figura 3.39 Aparelho para determinação do ponto de congelamento de combustíveis de aviação.

te, promovendo-se agitação constante. A temperatura em que desaparecem completamente os cristais de parafina é o ponto de congelamento (ASTM, 2011).

3.5.3 Ponto de Névoa

3.5.3.1 Definição

Ponto de névoa é definido como a menor temperatura em que se observa o aparecimento de uma névoa ou turvação na amostra, indicando o início de sua cristalização, quando ela é submetida a resfriamento contínuo.

3.5.3.2 Aplicação e significado

O ensaio de ponto de névoa, no passado, era aplicado ao óleo diesel como indicativo da característica de escoamento a frio do combustível. Essa característica é importante particularmente nas condições de partida da máquina, quando pode ocorrer a formação de cristais que venham a obstruir o escoamento nas tubulações e nos filtros existentes no sistema de combustível. Os hidrocarbonetos mais suscetíveis à cristalização são os normais parafínicos, apresentando valores de temperatura de cristalização mais elevados que os demais, inclusive os parafínicos ramificados, Figura 3.40.

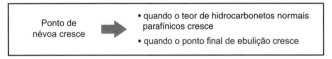

Figura 3.40 Ponto de névoa: interpretação físico-química.

3.5.3.3 Resumo do ensaio

A amostra é resfriada sob condições definidas, observando-se a sua aparência a cada 1 °C de queda de temperatura, até que seja notado o aparecimento de turvação, constatado pela formação de um anel no fundo do tubo, Figura 3.41.

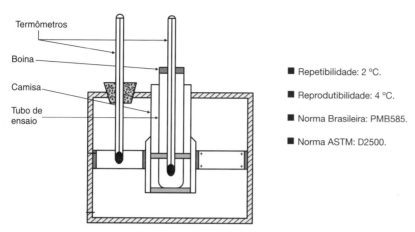

- Repetibilidade: 2 °C.
- Reprodutibilidade: 4 °C.
- Norma Brasileira: PMB585.
- Norma ASTM: D2500.

Figura 3.41   Aparelho para determinação do ponto de névoa.

3.5.4 Ponto de Entupimento

3.5.4.1 Definição

Ponto de entupimento corresponde à temperatura de uma fração de petróleo em que ocorre a formação de cristais, em quantidade tal que ocorra uma queda de pressão em um filtro padronizado, fazendo cessar o escoamento do produto ou impedindo o enchimento de uma pipeta de 20 mL em um tempo máximo de 60 segundos.

3.5.4.2 Aplicação e significado

O ensaio é aplicado ao óleo diesel, substituindo o ponto de névoa, como indicativo da facilidade de escoamento a frio do combustível, particularmente nas condições de partida da máquina, quando pode ocorrer a formação de cristais de hidrocarbonetos normais parafínicos que venham a obstruir as tubulações e os filtros existentes no sistema de combustível. Como nos ensaios anteriormente descritos, tanto o teor de hidrocarbonetos normais parafínicos como o ponto de ebulição influem diretamente no ponto de entupimento, cujos aumentos levam a uma maior facilidade de cristalização.

3.5.4.3 Resumo do ensaio

A amostra é resfriada sob condições definidas e aspirada por uma pipeta através de um filtro padronizado, observando-se o escoamento a cada queda de temperatura de 1 °C. O ensaio prossegue até que o escoamento através desse filtro cesse ou impeça o enchimento da pipeta padronizada em menos de 60 segundos, Figura 3.42. A temperatura em que ocorreu essa última filtração é chamada ponto de entupimento.

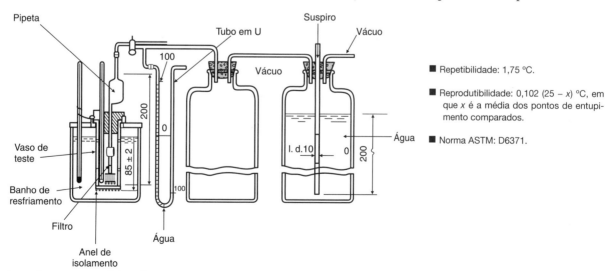

- Repetibilidade: 1,75 °C.
- Reprodutibilidade: 0,102 (25 − x) °C, em que x é a média dos pontos de entupimento comparados.
- Norma ASTM: D6371.

Figura 3.42   Aparelhagem para determinação manual do ponto de entupimento.

3.5.5 Ponto de Fluidez

3.5.5.1 Definição
Ponto de fluidez de um produto é a menor temperatura, expressa em números múltiplos de 3 °C, na qual a amostra ainda flui por gravidade quando sujeita a resfriamento sob condições determinadas.

3.5.5.2 Aplicação e significado
O ensaio é aplicado a produtos cuja cor não permite utilizar o ensaio de ponto de névoa, como no caso de óleos combustíveis e petróleos, ou na avaliação de óleos básicos lubrificantes, porque o ponto de fluidez é mais representativo do desempenho destes produtos do que o ponto de névoa. Para petróleos, pode-se usar ainda o ensaio ASTM D5950, que determina o ponto de fluidez de forma automatizada, ou, ainda, o ensaio ASTM D5853, quando o ponto de fluidez for superior a 36 °C. É um indicativo das condições de fluidez do óleo na temperatura de seu transporte e de sua utilização.

Petróleo e produtos de alto ponto de fluidez, em sua maioria de base parafínica, necessitam ser preaquecidos e transportados em tubulações envolvidas por serpentinas de vapor, para que estejam sempre a uma temperatura superior à do seu ponto de fluidez, Figura 3.43.

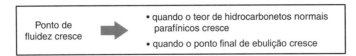

Figura 3.43 Ponto de fluidez: interpretação físico-química.

3.5.5.3 Resumo do ensaio
Após aquecimento preliminar, a amostra é resfriada a um ritmo predeterminado e observada a cada queda de temperatura de 3 °C, até que virtualmente não se mova quando se coloca o recipiente em posição horizontal, durante 5 segundos, Figura 3.44:

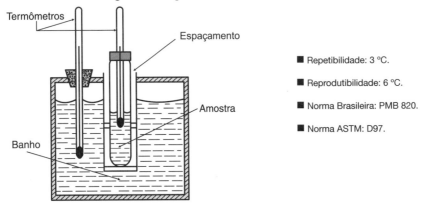

Figura 3.44 Aparelhagem para determinação do ponto de fluidez.

3.5.6 Temperatura Inicial de Aparecimento de Cristais

3.5.6.1 Definição
A temperatura inicial de aparecimento de cristais (TIAC) de um produto é a temperatura correspondente ao pico de absorção de energia que ocorre na transição do estado físico de parafinas, quando a amostra é submetida a uma taxa de aquecimento constante.

3.5.6.2 Aplicação e significado
O ensaio é aplicado a petróleos e a combustíveis claros e escuros, e é um indicativo das condições de cristalização do óleo na temperatura de sua utilização e de seu transporte. A temperatura inicial de aparecimento de cristais apresenta boa precisão e demanda baixo volume de amostra, substituindo com vantagem o ensaio de ponto de fluidez para petróleos, porém ainda não é um ensaio aplicado para os derivados.

3.5.6.3 Resumo do ensaio

A amostra a ser analisada e a amostra de um material de referência (alumina em pó, por exemplo) são aquecidas a uma taxa controlada em uma atmosfera inerte. Continuamente um sensor mede a diferença do fluxo de calor através das duas amostras, a qual é registrada em função da temperatura observada, obtendo-se a chamada curva DSC (*differential scanning calorimeter*). Quando ocorre transição no estado físico, há uma absorção de energia, que resulta em um pico na curva DSC da amostra em relação à curva de referência, associando-se à temperatura em que ocorreu essa transição a temperatura inicial de formação de cristais (ASTM, 2011).

- Repetibilidade: 0,8 °C.
- Reprodutibilidade: 2,2 °C.
- Norma ASTM: D3117.

3.5.7 Viscosidade Absoluta e Cinemática

3.5.7.1 Definição

A viscosidade absoluta representa a resistência do fluido ao escoamento, e é definida como a relação entre a tensão de cisalhamento aplicada ao fluido e a taxa de cisalhamento decorrente da aplicação dessa tensão, tendo a seguinte expressão para fluidos newtonianos:

$$\mu = \frac{\sigma}{dv/dx} \tag{3.14}$$

em que:

μ: viscosidade absoluta do fluido, cuja unidade no sistema SI é o Pa·s;

σ: tensão de cisalhamento aplicada ao fluido;

dv/dx: taxa de cisalhamento.

A viscosidade cinemática (υ) é definida como o quociente da viscosidade absoluta (μ) pela massa específica (ρ), ambas à mesma temperatura:

$$\upsilon = \frac{\mu}{\rho} \tag{3.15}$$

em que:

υ: viscosidade cinemática do fluido, cuja unidade no sistema SI é m²/s;

μ: viscosidade absoluta do fluido, cuja unidade no sistema SI é Pa·s;

ρ: massa específica do fluido, cuja unidade no SI é kg/m³.

A unidade da viscosidade cinemática no sistema SI é o m²/s, mas é usual o emprego da viscosidade em mm²/s (cSt). A partir da equação de Poiseuille, de acordo com as dimensões da viscosidade cinemática, ela pode ser definida como o tempo decorrido (t) para que um dado volume (V) da substância percorra um dado comprimento (L), Figura 3.45, em um capilar de raio R à pressão P.

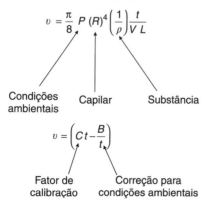

Figura 3.45 Determinação da viscosidade cinemática.

3.5.7.2 Aplicação e significado

O ensaio de viscosidade é utilizado rotineiramente para o petróleo e para quase todos os derivados do petróleo, combustíveis e lubrificantes, com exceção do GLP e da gasolina.

A viscosidade, além de ser indicativa da resistência ao escoamento dos produtos, também é utilizada como referência para facilidade de nebulização dos derivados. A propriedade adequada para a nebulização, formação de pequenas gotas, seria a tensão superficial, definida como a força que deve ser aplicada ao fluido para formar uma superfície de área unitária. No entanto, devido à relativa dificuldade para se usar esse ensaio em controle de qualidade, emprega-se a viscosidade para esse fim. Isso porque essas duas propriedades guardam boa correlação quando empregadas para produtos de mesma natureza química.

Para a nebulização adequada, devem ser evitadas viscosidades baixas, pois podem causar penetração insuficiente de produtos na câmara de combustão, e viscosidades elevadas devem ser evitadas por causar dispersão insuficiente.

3.5.7.3 Variação da viscosidade com a temperatura

A viscosidade de líquidos newtonianos é função decrescente da temperatura. Diversas equações, entre elas a de Eyring, têm sido utilizadas para expressar a variação da viscosidade com a temperatura. Na indústria do petróleo utiliza-se a equação originalmente proposta por Walther (1931) e modificada pela ASTM (2009), que apresenta ótima precisão:

$$\log \log (z) = A - B \log T \quad (3.16)$$

em que:

$$z = v + 0,7 + C - D + E - F + G - H \quad (3.17)$$

v: viscosidade cinemática (mm²/s);

T: temperatura absoluta (K);

A e B: parâmetros característicos do produto;

C, D, E, F, G, H: valores que dependem da viscosidade.

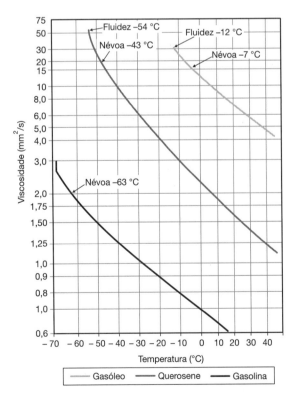

Figura 3.46 Variação de viscosidade *versus* temperatura de algumas frações de petróleo.

A Figura 3.46 mostra a viscosidade de algumas frações de petróleo, indicando a linearidade da função nos trechos em que seu comportamento é newtoniano (acima do ponto de névoa). A Equação (3.16) é válida para valores superiores a 2,0 mm²/s e pode ser representada pela chamada carta ASTM de viscosidade, Figura 3.47.

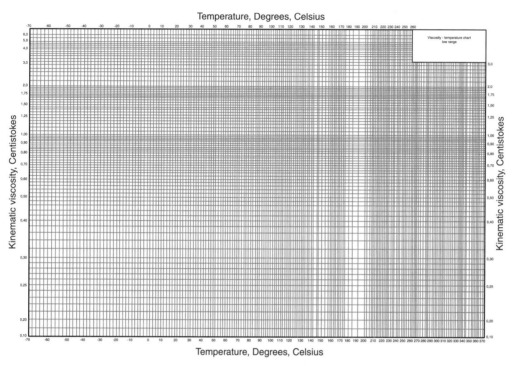

Figura 3.47   Carta ASTM de viscosidade-temperatura. (Fonte: ANSI, 2011.)

3.5.7.4 Resumo do ensaio

Cronometra-se o tempo necessário ao escoamento de um volume determinado de líquido por gravidade por um capilar, sob controle preciso de temperatura e de nível da amostra no viscosímetro. A viscosidade é então calculada como o produto do tempo de escoamento através do bulbo pelo fator de calibração do tubo, Figura 3.48.

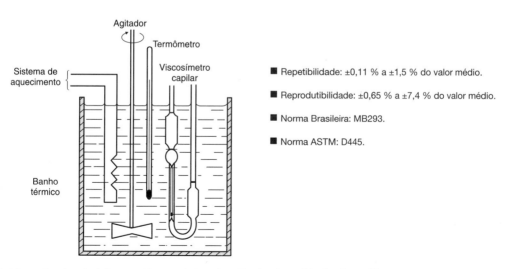

- Repetibilidade: ±0,11 % a ±1,5 % do valor médio.
- Reprodutibilidade: ±0,65 % a ±7,4 % do valor médio.
- Norma Brasileira: MB293.
- Norma ASTM: D445.

Figura 3.48   Viscosímetro de tubo em U para determinação da viscosidade cinemática.

A Figura 3.49 mostra diversos tipos de viscosímetros que podem ser usados na determinação da viscosidade cinemática, os quais devem ser selecionados em função da faixa de viscosidade, tendo como critério adicional a faixa de tempo de escoamento mínimo de 200 segundos e máximo de 1000 segundos.

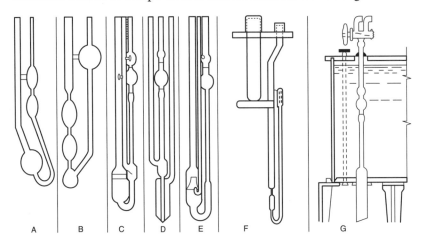

Figura 3.49 Tipos de viscosímetros utilizados.

3.6 CARACTERÍSTICAS DE ESTABILIDADE TERMO-OXIDATIVA

Diversos são os ensaios de estabilidade aplicados à maioria dos derivados e que avaliam diferentes aspectos relacionados à estabilidade, sejam eles de natureza química, bioquímica ou física. Assim, existe um grupo de ensaios de estabilidade termo-oxidativa que avaliam os efeitos da ação de agentes oxidantes combinada ou não à ação da temperatura, da luz ou de micro-organismos e um outro grupo de ensaios que avalia a estabilidade física devido às diferentes características de solubilidade das substâncias componentes do produto.

A seguir são tratados os principais ensaios relacionados à **estabilidade termo-oxidativa**.

3.6.1 Goma Atual

3.6.1.1 Definição

Goma atual é o resíduo da evaporação de QAV e de gasolinas de aviação, enquanto para gasolinas automotivas é o resíduo de sua evaporação, após ser lavado com heptano normal.

3.6.1.2 Aplicação e significado

O ensaio é aplicado a combustíveis para motores do tipo ciclo Otto e para turbinas aeronáuticas. Na verdade, a goma atual não avalia a estabilidade do produto em um cenário futuro, pois indica a quantidade de resíduos, substâncias poliméricas pastosas chamadas gomas, já existentes nas gasolinas automotivas no momento do ensaio, que podem ter sido formadas devido a características de instabilidade termo-oxidativa de compostos olefínicos e, principalmente, diolefínicos presentes no derivado. Com respeito aos combustíveis de aviação, valores elevados de goma atual indicam a presença de resíduos devidos à contaminação do produto com derivados de alto ponto de ebulição ou de material particulado, que podem ser causados por ocorrências anormais de qualidade na distribuição do produto (ASTM, 2009).

3.6.1.3 Resumo do ensaio

A amostra é vaporizada em condições definidas de temperatura, entre 160 °C e 165 °C, Figura 3.50, sob jato de ar. O resíduo obtido é pesado e extraído com heptano normal, secado, pesado e o resultado é expresso em mg/100 mL. Quando o ensaio é realizado para a gasolina automotiva e de aviação, a amostra é evaporada sob controle de fluxo de ar e de temperatura, enquanto, para QAV, a amostra é evaporada sob condições controladas de fluxo de vapor d´água e de temperatura. A lavagem com n-heptano é realizada apenas na gasolina automotiva.

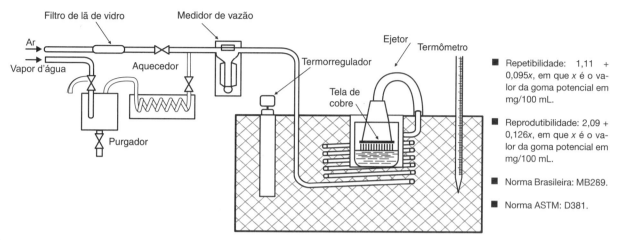

Figura 3.50 Aparelho para determinação da goma atual na gasolina.

3.6.2 Período de Indução

3.6.2.1 Definição

Período de indução é o tempo decorrido entre o início do teste de oxidação da amostra com oxigênio, sob pressão, em um banho a 100 °C, e a ocorrência do ponto de quebra. Define-se como ponto de quebra o ponto na curva pressão *versus* tempo, precedido pela queda de pressão de exatamente 0,14 kgf/cm² (2 psi) em 15 minutos e seguido de queda não menor, durante os 15 minutos seguintes.

3.6.2.2 Aplicação e significado

O ensaio é aplicado a combustíveis para motores ciclo Otto. Indica a quantidade de goma que pode ser formada por oxidação ao longo de seu armazenamento e que fica dispersa no combustível, e é um dos ensaios para se avaliar a estabilidade de gasolinas automotivas sob condições aceleradas. A formação de goma se deve, principalmente, à presença de olefinas e de diolefinas no produto, que são polimerizadas por oxidação com o oxigênio do ar. Sua formação é acelerada pela presença de cobre e pela temperatura. Não há uma boa correlação entre os resultados do período de indução e o tempo de estocagem do produto, o que depende dos tipos de gasolina e das condições da armazenamento (Dyroff, 1993).

3.6.2.3 Resumo do ensaio

A amostra é oxidada em uma bomba de ensaio, Figura 3.51, inicialmente cheia de oxigênio, a uma pressão entre 690 kPa e 705 kPa e temperatura entre 15 °C e 25 °C, e posteriormente aquecida a 100 °C. A pressão é lida continuamente, aumentando no início em decorrência do aumento da temperatura; em seguida mantém-se constante até que começa a cair pela reação de oxigênio com a amostra até atingir o ponto de quebra, que determinará o período de indução.

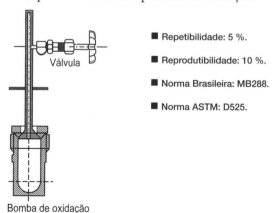

Figura 3.51 Aparelhagem para o teste de período de indução.

120 Capítulo 3

3.6.3 Goma Potencial

3.6.3.1 Definição
A goma potencial é definida a partir das seguintes medidas expressas em mg/100 mL, obtidas depois do envelhecimento acelerado durante um tempo determinado a 100 °C.

- Goma solúvel: produto da degradação da amostra, solúvel no combustível envelhecido, bem como em tolueno-acetona, solvente de lavagem utilizado no ensaio. Ela é obtida como resíduo não volátil pela evaporação do combustível envelhecido e do solvente de lavagem.

- Goma insolúvel: resíduo aderente ao recipiente de vidro, após a remoção da amostra envelhecida, do precipitado e da goma solúvel, medida pelo aumento de massa do recipiente.

- Goma potencial: a soma da goma solúvel e da goma insolúvel.

- Precipitado: sedimento e material suspenso no combustível envelhecido, obtido pela filtração desse combustível e lavagem do recipiente.

- Resíduo potencial total: a soma da goma potencial e do precipitado.

3.6.3.2 Aplicação e significado
O ensaio é aplicado a combustíveis para turbinas aeronáuticas e para gasolinas automotivas. Indica a quantidade de substâncias formadas pela oxidação do produto. Esse ensaio é o que mostra a melhor correlação com a estabilidade do QAV, da gasolina de aviação e da gasolina automotiva, medida pela goma formada após um longo período de estocagem.

3.6.3.3 Resumo do ensaio
Oxidam-se 100 mL de gasolina durante um período de tempo definido a 100 °C em um vaso pressurizado a 700 kPa de oxigênio, condições similares às do período de indução. As quantidades de goma solúvel, insolúvel e precipitado formadas são pesadas, empregando-se metodologia similar à do ensaio de goma atual. O resultado final é expresso em miligramas por 100 mL (ASTM, 2011).

- Repetibilidade: 2 mg/100 mL a 4 mg/100 mL para valores de goma potencial de 5 e 20 mg/100 mL.

- Reprodutibilidade: 3 mg/100 mL a 6 mg/100 mL para valores de goma potencial de 5 e 20 mg/100 mL.

- Norma ASTM: D873.

3.6.4 Estabilidade à Oxidação pelo Método Acelerado

3.6.4.1 Definição
Medida da estabilidade inerente do combustível pela formação de compostos insolúveis totais, sob condições oxidantes, porém em ausência de água ou de superfícies metálicas reativas.

3.6.4.2 Aplicação e significado
O ensaio é aplicado a óleo diesel como indicativo da estabilidade do produto à oxidação. O ensaio não é aplicável a biodiesel e suas misturas com óleo diesel, em que o mais indicado segundo a ASTM 2010 é o teste ASTM D7462 (Alves, 2011).

3.6.4.3 Resumo do ensaio
Uma amostra de 30 mL é filtrada e colocada em um recipiente de vidro a 95 °C, borbulhando-se oxigênio sobre ela durante 16 horas. Após o envelhecimento e resfriamento da amostra, esta é filtrada para se obter os insolúveis, material resultante do envelhecimento do combustível e capaz de ser removido do mesmo por filtração. Remove-se, então, o material insolúvel aderente ao recipiente de vidro, também resultante do

envelhecimento do combustível. A soma das quantidades desses compostos insolúveis, aderente e filtrado, denominada insolúveis totais, é expressa em mg/100 mL (ASTM, 2011).

- Norma ASTM: D2274.

- Repetibilidade: 0,54
  (insolúveis totais, mg/100 mL)$^{1/4}$.

- Reprodutibilidade: 1,06
  (insolúveis totais, mg/100 mL)$^{1/4}$.

3.6.5 Estabilidade à Oxidação (LPR – *Low Pressure Reactor*)

3.6.5.1 Definição
Medida da estabilidade à estocagem de óleo diesel pela formação de materiais insolúveis sob condições aceleradas de oxidação, a 90 °C e 800 kPa, sob pressão parcial de oxigênio maior do que a do ar à pressão atmosférica, durante 16 horas.

3.6.5.2 Aplicação e significado
O ensaio é aplicado para classificar combustíveis, com ou sem aditivos, quanto à sua estabilidade, não podendo, no entanto, ser usado para estimar a estabilidade de um combustível em condições definidas de manuseio e de estocagem. O ensaio é considerado por diversos centros de pesquisas, entre eles o Naval Research Laboratory, dos Estados Unidos, como o mais adequado para se correlacionar o envelhecimento natural de óleo diesel (Alves, 2011).

3.6.5.3 Resumo do ensaio
Uma amostra de 100 mL é filtrada e colocada em um recipiente de vidro de borossilicato a 90 °C e pressurizada com oxigênio a 800 kPa durante 16 horas. Depois do envelhecimento acelerado da amostra e de seu resfriamento, determina-se gravimetricamente a quantidade total de material insolúvel retido num filtro, em mg/100 mL (ASTM, 2011).

- Norma ASTM: 5304.

- Repetibilidade: 0,2 (x + 1,3), em que x é a média de
  dois resultados de insolúveis, mg/100 mL.

- Reprodutibilidade: 0,9 (x + 1,3), em que x é a média de
  dois resultados de insolúveis, mg/100 mL.

3.6.6 Estabilidade à Oxidação durante a Estocagem – 13 Semanas

3.6.6.1 Definição
Medida da estabilidade à oxidação de óleo diesel durante a estocagem entre 4 e 24 semanas a 43 °C, condições definidas como brandamente aceleradas quando comparadas às condições utilizadas no seu armazenamento.

3.6.6.2 Aplicação e significado
Devido ao longo tempo de duração do teste, em geral 13 semanas, ele não é aplicável ao controle de qualidade do produto, porém é considerado pela ASTM (2009) como a melhor forma de prever a estabilidade à estocagem de óleo diesel. A estabilidade à estocagem de óleo diesel depende de complexas interações oxidativas e não oxidativas entre olefinas, diolefinas, compostos nitrogenados, compostos sulfurados e compostos oxigenados presentes no combustível. Além desses compostos, considerados precursores das reações de degradação que levam à formação de depósitos e à mudança de cor, outros contaminantes como metais podem atuar como promotores dessas reações. Assim, a estabilidade à estocagem de óleo diesel varia grandemente devido ao tipo de petróleo e aos processos utilizados na sua produção, pois as reações de degradação dependem do tipo de material instável presente no produto. Da mesma forma, a influência da

temperatura de estocagem do produto sobre sua estabilidade varia de acordo com a presença desses precursores e promotores, pois depende da energia de ativação necessária na etapa controladora das reações de degradação desses precursores. A escolha da temperatura 43 °C para se realizar o envelhecimento acelerado do produto visa considerar esse efeito, pois a essa temperatura, para um mesmo produto, a degradação do óleo diesel corresponde a aproximadamente quatro vezes a degradação que ocorreria a 21 °C. Ou seja, uma semana corresponderia a um mês, e 13 semanas corresponderiam a um ano (Alves, 2011).

3.6.6.3 Resumo do ensaio

Uma amostra de 400 mL de óleo diesel filtrado é envelhecida em recipiente de vidro a 43 °C por um período de 4 a 24 semanas, em geral 13 semanas. Após o envelhecimento, a amostra é resfriada e analisa-se a quantidade de filtrado insolúvel e material aderente insolúvel produzidos (ASTM, 2011).

- Norma ASTM: D4625.

- Repetibilidade: 0,62 $(x)^{0,5}$, em que x é a média de dois resultados de insolúveis, mg/100 mL.

- Reprodutibilidade: 2,2 $(x)^{0,5}$, em que x é a média de dois resultados de insolúveis, mg/100 mL.

3.6.7 Estabilidade Termo-oxidativa de QAV – *Jet Fuel Thermal Oxidation Test* (JFTOT)

3.6.7.1 Definição

Estabilidade termo-oxidativa do produto avaliada por sua tendência a formar depósitos, quando sujeito a oxidação a elevadas temperaturas (260 °C), e determinada pela qualificação dos depósitos formados e pela queda de pressão em um filtro padronizado, em um dado intervalo de tempo.

3.6.7.2 Aplicação e significado

O teste é aplicável a combustíveis de turbinas aeronáuticas, pois podem ocorrer temperaturas da ordem de 260 °C nos sistemas de combustíveis das aeronaves em que se utiliza o próprio combustível como agente de resfriamento do óleo lubrificante, além de o QAV atuar como fluido hidráulico da unidade principal de controle da operação do turbojato. Devido à exposição do QAV a essas temperaturas, pode ocorrer sua degradação com formação de depósitos nas paredes dos tubos desses permutadores, afetando a transferência de calor. Da mesma forma, filtros e bocais injetores utilizados no sistema de combustível da turbina podem ser obstruídos, afetando o seu escoamento e a sua combustão. A presença de compostos nitrogenados e de metais no produto favorece a sua degradação térmica.

3.6.7.3 Resumo do ensaio

A avaliação da estabilidade térmica de QAV pela medida da formação de depósitos a temperaturas elevadas é realizada pelo ensaio denominado JFTOT (*jet fuel thermal oxidation test*), mostrado na Figura 3.52.

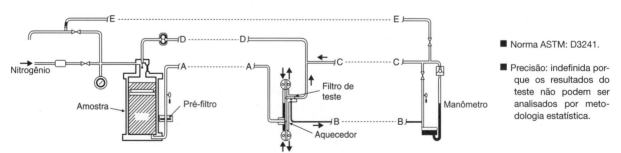

- Norma ASTM: D3241.
- Precisão: indefinida porque os resultados do teste não podem ser analisados por metodologia estatística.

Figura 3.52 Diagrama esquemático do ensaio de JFTOT.

Nesse ensaio, o combustível pressurizado com nitrogênio é submetido a temperaturas e condições semelhantes àquelas que ocorrem em algumas turbinas de aviação. O combustível é bombeado a uma vazão predeterminada, passando por uma seção de preaquecimento, passando depois por uma seção aquecida, que representa a área de vaporização ou pequenas passagens que o combustível percorre na parte aquecida do motor. Os produtos de degradação depositados sobre o tubo de aquecimento são avaliados quanto ao seu aspecto, e a queda de pressão em um filtro de aço inoxidável é medida.

3.7 CARACTERÍSTICAS DE ESTABILIDADE E COMPATIBILIDADE FÍSICA

No petróleo e nos óleos residuais pode ocorrer a presença de hidrocarbonetos parafínicos, naftênicos e aromáticos, bem como estão presentes resinas e asfaltenos, substâncias que apresentam diferentes características de polaridade que influem na estabilidade da mistura. Um petróleo ou um óleo combustível é estável quando os asfaltenos permanecem dispersos pelas resinas, ação que é reforçada pelos hidrocarbonetos aromáticos presentes, que contribuem, com seu caráter polar, para o equilíbrio dessa dispersão no seio da massa líquida de hidrocarbonetos em geral, não havendo separação de fases. Diz-se que misturas de óleos combustíveis ou de petróleos são compatíveis quando são estáveis. As principais metodologias usadas para avaliar a estabilidade física são descritas a seguir.

3.7.1 Ensaio da Mancha

3.7.1.1 Definição

Esse ensaio tem o objetivo de avaliar a presença de sedimentos em óleos combustíveis ou em petróleos provocados pela instabilidade desses produtos.

3.7.1.2 Aplicação e significado

O ensaio é aplicado a óleos combustíveis, podendo ser adaptado para petróleos para avaliar a sua estabilidade ou a compatibilidade pela avaliação dos depósitos formados que possam a vir causar problemas em tanques ou tubulações. Além da precipitação de asfaltenos, o ensaio indica a presença de níveis significativos de sedimentos de qualquer tipo, como sedimentos inorgânicos, finos de catalisador, coque, sujeira, ferrugem, representando assim mais uma medida dos sedimentos totais existentes do que apenas dos depósitos de asfaltenos formados pela instabilidade.

3.7.1.3 Resumo do ensaio

Uma gota de amostra pré-aquecida é colocada em um papel de teste previamente aquecido em um forno a 100 °C. Depois de 1 hora, examina-se se há evidências de sólidos presentes, classificando-se o resultado segundo padrões preestabelecidos, que variam de 1 a 5, Figura 3.53 (ASTM, 2011).

■ Norma ASTM: D4740.

Figura 3.53 Teste da mancha. (Fonte: Stor, 2007.)

3.7.2 Sedimentos por Extração a Quente

3.7.2.1 Definição

Sedimentos totais obtidos pela filtração a quente da amostra e que representam a soma de compostos orgânicos e inorgânicos insolúveis em um solvente predominantemente parafínico.

|124| Capítulo 3

3.7.2.2 Aplicação e significado

O ensaio é aplicado a óleos combustíveis, podendo ser utilizado para petróleos, e indica a presença de níveis significativos de sedimentos, materiais orgânicos e inorgânicos, finos de catalisador, coque, sujeira ou ferrugem.

3.7.2.3 Resumo do ensaio

Filtram-se 10 g de amostra a 100 °C ± 2 °C sob vácuo de 61,3 kPa em um equipamento aquecido por circulação de vapor d'água nas paredes do sistema de filtração, limitando-se o tempo máximo para essa filtração. Lava-se e seca-se completamente o material retido no filtro com uma mistura de solventes (85 % de n-hexano e 15 % de tolueno). A película de filtração é pesada antes e após o ensaio, e determina-se a diferença de massa em relação à quantidade de amostra retida no sistema de filtração. Pode-se classificar a amostra, segundo a quantidade de sedimentos formados, quanto à sua instabilidade:

— menor do que 0,01 % em massa: estável;

— entre 0,01 % e 0,4 % em massa: instabilidade incipiente;

— maior do que 0,4 % em massa: instável.

■ Norma ASTM: D4870.

■ Repetibilidade: 0,089 $(x)^{0,5}$.

■ Reprodutibilidade: 0,294 $(x)^{0,5}$.

3.7.3 BMCI – TE e IFS

3.7.3.1 Definição

A estabilidade de um petróleo pode ser entendida como resultado do balanço entre sua reserva de aromaticidade e a sua demanda de polaridade. A reserva de aromaticidade é a sua capacidade de manter os asfaltenos em solução, que pode ser avaliada pelos indicadores *BMCI, Bureau of Mines Correlation Index*, ou pelo *IFS*, Índice Farah-Stor (Stor, 2007). A demanda de polaridade é a capacidade da amostra previamente dissolvida em tolueno de suportar a adição de um solvente parafínico sem que haja a separação dos asfaltenos, o que pode ser avaliado pelo ensaio denominado tolueno equivalente (*TE*).

3.7.3.2 Aplicação e significado

Essa metodologia é aplicada a petróleos e a óleos combustíveis para estimar a estabilidade desses materiais ou a compatibilidade de suas misturas. Os valores definidos como critérios de classificação estão sujeitos a possíveis adaptações para definir limites de estabilidade/compatibilidade dos produtos. O ensaio de tolueno equivalente foi proposto por Griffith e Siegmund (1983) para óleos combustíveis, utilizando o BMCI como indicador da reserva de aromaticidade. Posteriormente, o procedimento foi modificado por Stor (2007) que propôs o procedimento denominado tolueno equivalente modificado, em que se adicionam previamente asfaltenos à amostra, conforme item 3.7.3.3. Stor (2007) também propôs utilizar o índice Farah-Stor, que utiliza a razão densidade/viscosidade proposta por Farah (2006).

3.7.3.3 Resumo do ensaio

Os métodos consistem em calcular a reserva de aromaticidade e a demanda de polaridade com o uso dos indicadores e do teste de tolueno equivalente descritos a seguir. A estabilidade ou compatibilidade do produto é estimada por meio dos critérios apresentados nas Tabelas 3.9 e 3.10. O valor dos indicadores é calculado a partir da determinação da viscosidade a duas temperaturas e da densidade do produto, de acordo com as seguintes equações:

■ No caso do *IFS*:

$$IFS = 141,33 - 4,19 \times \frac{°API}{A/_B} \tag{3.18}$$

$$\log(\log(z)) = A - B\log(T) \tag{3.19}$$

$$z = v + 0,7 + C - D + E - F + G - H \tag{3.20}$$

em que:

υ: viscosidade cinemática (mm²/s);

T: temperatura absoluta (K);

$°API$: grau API do produto;

A e B: parâmetros da equação de variação da viscosidade com a temperatura;

C, D, E, F, G, H: valores que dependem da viscosidade.

■ No caso do $BMCI$:

$$BMCI = \left(\frac{87552}{\left(K \times d_{15,6/15,6} \right)^3} \right) + \left(473,7 \times d_{15,6/15,6} \right) - 456,8 \tag{3.21}$$

$$K = \left(\frac{\left(\log(\nu + 0,878) \times \left(°API \times 121,12 \right) + 5,8946 \right)}{\left(3,0952 + \left(\log(\nu + 0,878) \times 10,725 \right) \right)} \right) \tag{3.22}$$

em que:

$°API$: grau API do produto;

$d_{15,6/15,6}$: densidade 15,6 °C/15,6 °C;

υ: viscosidade cinemática a 98,9 °C (mm²/s);

T: temperatura absoluta (K);

K: fator de caracterização de Watson.

O tolueno equivalente (TE) é calculado pelo seguinte procedimento: pesam-se 2 g da amostra homogeneizada e aquecida a 65 °C e adicionam-se 5 mL de tolueno, agitando, sob aquecimento, até dissolução total. Em seguida, titula-se essa mistura com n-heptano em incrementos de 1 mL, transferindo-se em cada etapa uma gota da mistura para um papel-filtro, até que seja observada a formação de uma mancha em formato de anel de asfaltenos. O volume de n-heptano utilizado até se obter essa condição é utilizado na fórmula para determinação do tolueno equivalente:

$$TE = \frac{500}{5 + TNH} \tag{3.23}$$

em que:

TE: tolueno equivalente do produto;

TNH: volume total de n-heptano gasto (mL).

Para petróleos, devido à possibilidade de haver baixos teores de asfaltenos na amostra, o que pode gerar imprecisão nos resultados, Stor (2007) propôs realizar um ensaio em branco, no qual se misturam 2 g de n-heptano com 5 mL de solução de asfaltenos, adicionando-se tolueno até a dissolução total. Titula-se com n-heptano em incrementos de 1 mL e transfere-se uma gota da mistura para o papel-filtro, até que seja observada a formação do anel de asfaltenos, anotando-se o volume de n-heptano gasto no ensaio em branco. A seguir, pesam-se 2 g da amostra homogeneizada e aquecida a 65 °C e adicionam-se 5 mL de solução de asfaltenos dissolvidos em tolueno sob agitação com aquecimento, até a dissolução total. Em seguida, titula-se a amostra com n-heptano em incrementos de 1 mL e transfere-se uma gota da mistura para o papel-filtro, até que seja observada a formação do anel de asfaltenos. Anota-se o volume de n-heptano gasto nessa etapa e calcula-se o valor do tolueno equivalente modificado pela seguinte fórmula:

$$TEm = \frac{500}{A + TNH} \tag{3.24}$$

em que:

TEm: tolueno equivalente modificado do produto;

A: = 5 – volume total de n-heptano gasto no ensaio em branco (mL);

TNH: volume total de n-heptano gasto no ensaio com o produto (mL).

126 Capítulo 3

Tabela 3.9   Critérios de estabilidade para petróleos pelo método IFS-TEm (Stor, 2007)

IFS – TEm	Avaliação da mistura
IFS – TEm > 38	Estável
31 < IFS – TEm ≤ 38	Estabilidade incipiente
24 < IFS – TEm ≤ 31	Alto risco de instabilidade
IFS – TEm ≤ 24	Instável

Tabela 3.10   Critérios de estabilidade para petróleos pelo método BMCI-TEm (Stor, 2007)

BMCI – TEm	Avaliação da mistura
BMCI – TEm > 10	Baixo risco de instabilidade
BMCI – TEm ≤ 10	Alto risco de instabilidade

3.7.4 Parâmetro de Solubilidade

3.7.4.1 Definição

O parâmetro de solubilidade de Hildebrand é uma medida relativa da solvência de substâncias, baseado na energia de vaporização molar. Considera-se que a instabilização dos asfaltenos se dá em um valor do parâmetro de solubilidade em que ocorre floculação dos asfaltenos, que é 16,35 mPa$^{1/2}$, e que independe do solvente utilizado. O parâmetro de solubilidade é considerado aditivo em base volumétrica, como proposto por Wiehe e Kennedy (2000).

3.7.4.2 Aplicação e significado

O método é aplicado a petróleos, estimando sua estabilidade a partir do valor que se obtém para o seu parâmetro de solubilidade pela Equação (3.26). De maneira geral, petróleos são considerados estáveis se apresentarem um valor de parâmetro de solubilidade superior ao parâmetro de floculação dos asfaltenos, 16,35 MPa$^{1/2}$; caso contrário, o petróleo é dito instável, com tendência à precipitação dos asfaltenos.

3.7.4.3 Resumo do ensaio

Determina-se a quantidade de n-heptano gasto para promover a instabilização do petróleo. Considera-se que a instabilização ocorra no valor do parâmetro de solubilidade de 16,35 MPa$^{1/2}$ e que o parâmetro de solubilidade seja aditivo em base volumétrica. Conhecendo-se o parâmetro de solubilidade do n-heptano, calcula-se o parâmetro de solubilidade do petróleo a partir da seguinte fórmula (Zílio, Aguiar e Ramos, 2005):

$$\delta_P = \frac{\delta_f - \delta_{n-C7} v_{n-C7}}{v_P}$$

(3.25)

em que:

$\delta_P; \delta_{n-C7}; \delta_f$:   parâmetro de solubilidade do petróleo, do n-heptano e de floculação dos asfaltenos, considerando-se os dois últimos iguais a 15,2 MPa$^{1/2}$ e 16,35 MPa$^{1/2}$;

$v_P; v_{n-C7}$:   fração em volume de petróleo e de n-heptano.

3.7.5 Parâmetro de Heithaus

3.7.5.1 Definição

Estimativa da estabilidade de óleos combustíveis a partir das seguintes definições e parâmetros (ASTM, 2011):

- Maltenos: material oleoso e escuro, rico em compostos pesados, resultante da precipitação provocada pela ação de hidrocarbonetos parafínicos leves, de 5 a 8 átomos de carbono, sobre um resíduo atmosférico ou de vácuo, sendo o meio solvente do asfalto equivalente à fase oleosa desses resíduos.

- Capacidade de peptização dos asfaltenos, P_a: tendência de os asfaltenos permanecerem como uma dispersão estável em solvente do tipo malteno, medida pelo parâmetro de Heithaus, P_a. Baixos valores de P_a indicam que as amostras contêm material de difícil dissolução.

- Dispersão coloidal: mistura íntima de duas ou mais substâncias, uma das quais, chamada fase dispersa ou coloide, é distribuída uniformemente nas demais substâncias que compõem a chamada fase contínua ou meio dispersante.

- Poder peptizante do meio, P_o: capacidade de o solvente malteno dispersar os asfaltenos, medida pelo parâmetro P_o. Um valor elevado de P_o indica um alto poder de solvência.

- Estado de peptização dos asfaltenos, P: medida da capacidade de combinação do solvente malteno com os asfaltenos para formar uma dispersão estável. Equivalente à compatibilidade do sistema. Calculado pela razão entre a capacidade de peptização dos asfaltenos e o poder peptizante do meio. Valores de P maiores do que 2 indicam elevada estabilidade coloidal.

- Razão de floculação, FR: razão entre o volume do solvente polar (V_S) e o volume do solvente apolar no ponto de floculação (V_T).

- Parâmetro de diluição, C: razão entre a massa de óleo (W_S) e o volume de solvente utilizado.

- Parâmetro de solubilidade a diluição infinita, $FR_{máx}$: aromaticidade necessária para manter os asfaltenos em dispersão.

3.7.5.2 Aplicação e significado

O ensaio é aplicado para avaliar a estabilidade de asfaltos e óleos combustíveis residuais, não sendo recomendável seu uso para petróleos devido ao baixo teor de asfaltenos. A instabilidade provocada pela incompatibilidade das correntes componentes de asfaltos e óleos residuais influencia diversas características, entre as quais as reológicas, como a viscosidade. O estado de peptização dos asfaltenos, P, varia entre 2,5 e 10 para asfaltos puros. Diz-se que substâncias com baixo valor de P são incompatíveis e não devem ser usadas na formulação desses produtos.

3.7.5.3 Resumo do ensaio

Adiciona-se tolueno sobre três diferentes quantidades de amostras, titulando-se a seguir com iso-octano ou outro titulante para promover a floculação dos asfaltenos, a uma temperatura controlada. O início da floculação é determinado em um espectrofotômetro, que avalia a variação de transmitância de uma radiação sobre uma célula de quartzo com o tempo. A floculação dos asfaltenos provoca turbidez na amostra, o que é detectado pelo espectrofotômetro. A Figura 3.54 mostra os resultados para diversas séries de medidas da porcentagem de transmitância *versus* tempo, que apresenta valores crescentes, inicialmente, devido à diluição provocada pelo agente titulante. A floculação provoca imediata formação de partículas, que diminuem a porcentagem de transmitância do meio. Determina-se o tempo de floculação, t_f, para cada série de ensaio. O volume de titulante utilizado é obtido pela multiplicação de sua vazão pelo valor do tempo de floculação (ASTM, 2011).

Calculam-se, pelas Equações (3.26) e (3.27), os valores da razão de floculação (FR) e do parâmetro de diluição C de cada série. Determinam-se, por um gráfico, Figura 3.55, os valores do parâmetro de solubilidade a diluição infinita, $FR_{máx}$, e da quantidade mínima de amostra a ser adicionada ao n-heptano para permanecer completamente solúvel, $C_{mín}$.

$$FR = \left(\frac{V_{tolueno}}{V_{tolueno} + V_{nC7}} \right) \tag{3.26}$$

$$C = \left(\frac{W_A}{V_{tolueno} + V_{nC7}} \right) \tag{3.27}$$

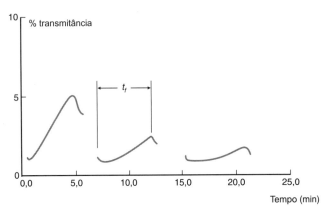

Figura 3.54 Picos de floculação em titulações crescentes. (Fonte: ASTM D6703, adaptado.)

Usando-se as Equações (3.28), (3.29) e (3.30), calculam-se os parâmetros P_a, P_o e P:

$$P_a = 1 - FR_{máx} \tag{3.28}$$

$$P_o = FR_{máx}\left(\frac{1}{C_{mín}} + 1\right) \tag{3.29}$$

$$P = \frac{P_o}{1 - P_a} = \frac{1}{C_{mín}} + 1 \tag{3.30}$$

Quanto maior o valor de P, mais estável a amostra ($P > 2$).

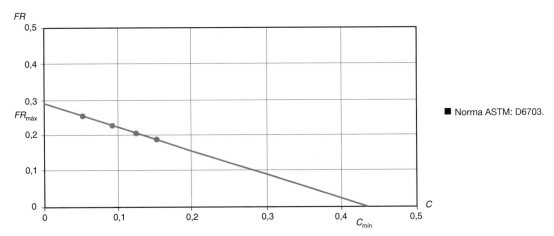

Figura 3.55 Razão de floculação *versus* concentração de diluição.

3.8 CARACTERÍSTICAS RELACIONADAS A ASPECTOS AMBIENTAIS E DE DURABILIDADE DE EQUIPAMENTOS

3.8.1 Teor de Enxofre Total

3.8.1.1 Definição
Teor de enxofre total na amostra de natureza orgânica e inorgânica que por combustão se transforma em SO_2 e SO_3.

3.8.1.2 Aplicação e significado
O ensaio é aplicável, por meio de diferentes normas, a todos os combustíveis derivados do petróleo, e visa determinar a quantidade total de enxofre na amostra, de modo a se controlar a toxicidade, a poluição e a corrosividade.

3.8.1.3 Resumo do ensaio

Pelo método ASTM D2784, aplicável ao GLP, a amostra é queimada em um queimador de oxigênio-hidrogênio. Os óxidos de enxofre são absorvidos e oxidados a ácido sulfúrico em solução de peróxido de hidrogênio. Em seguida, borbulha-se ar na solução para remover o gás carbônico. O enxofre é determinado na forma de sulfato, por acidimetria, dosando-se com solução de hidróxido de bário, ou gravimetricamente, por precipitação sob a forma de sulfato de bário, Figura 3.56. Pode-se também aplicar métodos turbidimétricos para essa determinação.

$$C_mH_nS_x + O_2 \longrightarrow CO_2 + H_2O + SO_2 + SO_3 \xrightarrow{\ H_2O_2\ } H_2SO_4 \xrightarrow{\ Ba(OH)_2\ } BaSO_4$$

Figura 3.56 Princípio do método D2784 de determinação do teor de enxofre total.

No ensaio ASTM D1266, a amostra é queimada em um ambiente contendo 70 % de CO_2 e 30 % de O_2, para limitar a temperatura da chama, evitando a formação de óxidos de nitrogênio. Os óxidos de enxofre são absorvidos e oxidados a ácido sulfúrico em solução de peróxido de hidrogênio, sob circulação de ar para retirar o CO_2.

■ Normas Brasileiras: MB327 (GLP); NBR-6563 (gasolina, QAV); NBR1453 (óleo diesel); MB902 (óleo combustível).

■ Normas ASTM: D2784 (GLP); D1266 (naftas, gasolina, GAV, QAV); D1552 (óleo diesel, óleo combustível).

■ Repetibilidade: D1266 – 0,005

■ Reprodutibilidade: D1266 – 0,010 + 0,025 % S.

3.8.2 Teor de Enxofre Mercaptídico

3.8.2.1 Definição

O teor de enxofre mercaptídico representa o teor de enxofre oriundo de mercaptanos, compostos sulfurados que apresentam o radical RSH, em que *R* pode ser um radical de hidrocarboneto de cadeia aberta ou fechada. O ácido sulfídrico, se presente, pode interferir no resultado do ensaio.

3.8.2.2 Aplicação e significado

O ensaio de enxofre mercaptídico é aplicável para combustíveis usados em turbinas aeronáuticas e gasolinas automotivas. Dentre os diversos tipos de compostos sulfurados, os mercaptanos formam uma classe importante, pois dissolvem elastômeros utilizados como elementos de vedação em bombas e linhas de transferência. Por essa razão, foi inserido o teste de enxofre mercaptídico nas especificações do QAV, como indicativo da qualidade do produto quanto a esse aspecto.

3.8.2.3 Resumo do ensaio

O teste de enxofre mercaptídico pode ser realizado de duas formas:

a) Método potenciométrico

A amostra, livre de ácido sulfídrico, é dissolvida com um solvente alcoólico e titulada com solução de nitrato de prata em excesso, que forma mercaptídeos com os compostos de enxofre mercaptídico presentes. Usa-se como indicador a diferença de potencial entre o eletrodo de referência de vidro e o de prata/nitrato de prata. O mercaptano é precipitado como mercaptídeo de prata, e o final da titulação é identificado por uma grande variação na diferença de potencial da célula (ASTM, 2011).

■ Norma Brasileira: NBR6298.

■ Norma ASTM: D3227.

b) Ensaio Doctor

Adiciona-se uma solução de plumbito de sódio à amostra e, após vigorosa agitação, adiciona-se pequena quantidade de enxofre e torna-se a agitar. Se a amostra ficar descolorida ou se a película de enxofre tor-

130 Capítulo 3

nar-se castanha, diz-se que o resultado do teste é positivo. Se não ocorrer alteração de cor ou se a película de enxofre permanecer amarela com variações mínimas, o resultado do teste é dito negativo.

O ensaio Doctor é um ensaio químico, bastante sensível, para a verificação da presença de gás sulfídrico e de mercaptanos. O ensaio é executado agitando-se a amostra com uma solução de plumbito de sódio. Passa-se então à reação:

2RSH	+	Na₂PbO₂	→	Pb(RS)₂	+	2NaOH
mercaptano		plumbito de sódio		mercaptídeo de chumbo (amarelo)		hidróxido de sódio (amarelo)

Após a reação, é adicionada uma pequena quantidade de flor de enxofre, repetindo-se a agitação. Ocorre então a reação:

Pb(RS)₂	+	S	→	Pb S	+	(RS)₂
mercaptídeo de chumbo		enxofre		sulfeto de chumbo (preto)		dissulfeto de alcoíla

Se a amostra ficar descorada ou a película de enxofre escurecer, diz-se que a amostra é "azeda"; caso não haja mudanças de cor, ela é considerada "doce".

No caso da existência de gás sulfídrico, o produto ficaria escurecido antes da adição do enxofre por precipitação direta do sulfeto de chumbo. Quando existir apenas mercaptano (com nenhum ou muito pouco gás sulfídrico presente), a adição de plumbito dará um precipitado amarelo, mercaptídeo, que passa a preto por adição de enxofre.

■ Norma ASTM: D4952.

3.8.3 Corrosividade à Lâmina de Cobre

3.8.3.1 Definição
Nível de corrosão que ocorre em uma lâmina de cobre exposta à amostra sob condições de temperatura e de duração definidas, medida por comparação com padrões previamente classificados segundo o grau de corrosividade. O ensaio de corrosividade é aplicado a: GLP, gasolina automotiva e de aviação, solventes, QAV, óleo diesel e lubrificantes, variando-se as condições do ensaio.

3.8.3.2 Aplicação e significado
Um produto pode se apresentar corrosivo, mesmo estando especificado quanto ao teor de enxofre total, devido à presença de compostos sulfurados específicos que sejam corrosivos, como H_2S ou S^o. Outros compostos como ácidos orgânicos e fenóis podem também se mostrar corrosivos a determinados materiais. Esse teste é utilizado para avaliar a possibilidade de ocorrerem desgastes de peças metálicas dos equipamentos que estão em contato com o produto quando de seu manuseio e armazenamento.

Em alguns casos o GLP, em específico, pode passar a apresentar corrosividade à lâmina de cobre após ter sido considerado especificado e estar armazenado em esferas. Tal fato pode ocorrer devido a reações que levem à formação de H_2S ou S^o, substâncias que mostram resultado positivo nesse ensaio e que apresentam efeito sinérgico positivo para a ocorrência de corrosividade. Ou seja, inicialmente o teor de uma dessas substâncias, H_2S ou S^o, seria insuficiente para que se manifestasse corrosividade à lâmina de cobre, mas a ocorrência combinada desses dois compostos, por oxidação do H_2S ou redução do S^o, pode levar a que a amostra se mostre corrosiva.

A ocorrência de corrosividade pode-se dar, por exemplo, no caso em que a amostra não seja corrosiva e contenha H_2S. Se algum O_2 estiver presente dissolvido no GLP, pode-se dar a seguinte reação:

$$H_2S + \tfrac{1}{2}\,O_2 \longrightarrow S^o + H_2O$$

$$S^o + H_2S \longrightarrow \text{teste positivo à lâmina de cobre.}$$

Em amostras contendo S°, COS e H₂O, poderia ocorrer a seguinte situação:

$$COS + H_2O \rightarrow H_2S + CO_2$$

$$H_2S + S° \rightarrow \text{teste positivo à lâmina de cobre}$$

Por outro lado, mercaptanos e dissulfetos apresentam efeito sinérgico negativo, Figura 3.57.

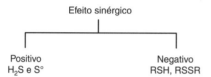

Figura 3.57 Efeito sinérgico dos compostos sulfurados.

3.8.3.3 Resumo do ensaio

Uma lâmina de cobre é imersa na amostra de teste colocada em um cilindro próprio para o ensaio de corrosividade, a uma temperatura e tempo definidos de acordo com o tipo de derivado analisado. Decorrido o tempo previsto para o ensaio, remove-se a lâmina e compara-se com lâminas padrão, Figuras 3.58 e 3.59; Tabela 3.11, para se definir a corrosividade da amostra (ASTM, 2011).

- Norma Brasileira: MB281 (GLP); MB287 (gasolina, QAV, óleo diesel).
- Norma ASTM: D1838 (GLP); D130 (gasolina, QAV, óleo diesel).

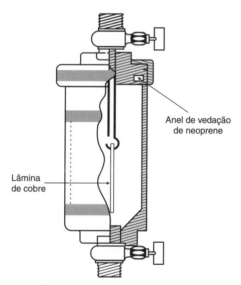

Figura 3.58 Corrosividade à lâmina de cobre.

Figura 3.59 Alguns dos padrões utilizados para corrosividade à lâmina de cobre. (Ver em cores no site da LTC Editora.)

132 Capítulo 3

Tabela 3.11 Descrição das cores das lâminas-padrão

Classificação		Padrões de corrosividade à lâmina de cobre
1	a	Alaranjado-claro
1	b	Alaranjado-escuro
2	a	Vermelho-vinho
2	b	Lilás, com tons prateados
2	c	Multicor sobre fundo amarelado
2	d	Amarelo-palha
2	e	Amarelo-ouro
3	a	Amarelo-ouro com nuances avermelhadas
3	b	Multicor com vermelho e verde
4	a	Preto transparente
4	b	Grafite ou negro fosco
4	c	Azeviche ou negro brilhante

3.8.4 Corrosividade à Lâmina de Prata

3.8.4.1 Definição

Além da corrosividade à lâmina de cobre, era utilizado o ensaio de corrosividade à lâmina de prata para o QAV. Isso se deve à possibilidade de ocorrer contato desse produto com metais nobres, que constituem peças e equipamentos das turbinas aeronáuticas. A corrosividade à lâmina de prata é definida como o nível de corrosão que ocorre em uma lâmina de prata exposta à amostra sob dadas condições de temperatura e de tempo, medida por comparação com padrões seriados.

3.8.4.2 Aplicação e significado

O ensaio é aplicado a combustíveis de turbinas aeronáuticas, uma vez que se utilizam ligas de metais nobres nesses equipamentos.

A influência dos compostos sulfurados sobre a corrosividade ao cobre e à prata mostra-se da seguinte forma:

— H_2S apresenta corrosividade aos dois metais mesmo em pequena concentração (1 mg/kg), apresentando ação corrosiva mais forte do que o enxofre elementar.

— A influência do enxofre elementar varia em função do teor de enxofre total e do tipo de compostos sulfurados presentes: os mercaptanos, tiofenos, peróxidos, mono e dissulfetos inibem a ação corrosiva do enxofre elementar, e, ao contrário, o H_2S a acentua. Acima de 20 mg/kg de enxofre elementar, qualquer combustível apresenta-se corrosivo à prata e ao cobre, não importando a presença dos outros compostos sulfurados.

— Os outros compostos sulfurados não se mostram corrosivos à lâmina de cobre e à de prata nos níveis em que normalmente se apresentam no QAV.

— A lâmina de cobre é mais suscetível à corrosividade do que a lâmina de prata para as condições em que são realizados os dois testes e para os tipos e níveis de concentração de compostos sulfurados normalmente presentes no QAV.

3.8.4.3 Resumo do ensaio

O teste de corrosividade à lâmina de prata é similar ao de lâmina de cobre, sendo realizado a 50 °C e durante 4 horas. A Tabela 3.12 apresenta a escala de corrosividade em função do aspecto da lâmina de prata após o teste.

■ Norma Brasileira: MB453.

■ Norma IP227.

Qualificação dos Derivados do Petróleo **|133|**

Tabela 3.12 Classificação da corrosividade à lâmina de prata

Classificação	Designação	Descrição da superfície
0	Sem manchas	Idêntica à lâmina, recém-polida, exceto possivelmente quando há uma leve perda de brilho
1	Levemente manchada	Castanho-claro ou alteração de branco-prata
2	Moderadamente manchada	Vários matizes em azul e lilás
3	Leve enegrecimento	Manchas pretas ou película delgada e uniforme de depósito preto
4	Enegrecimento	Enegrecimento forte e uniforme, com ou sem escamas

O ensaio de pressão de vapor Reid, já descrito, e os ensaios de teor de olefinas, teor de aromáticos e teor de benzeno, que serão descritos posteriormente, também são utilizados para se avaliar impactos ambientais.

3.9 CARACTERÍSTICAS DE COMPOSIÇÃO QUÍMICA

A determinação da composição química das frações de petróleo em laboratórios pode ser feita utilizando-se técnicas analíticas diferentes: desde a determinação dos elementos químicos constituintes da mistura, passando pelas famílias desses compostos químicos e indo até estruturas químicas. Para frações até cerca de 200 °C, pode ser feita a determinação da composição química por espécies químicas. A Figura 3.60 mostra as principais técnicas analíticas de determinação da composição química de petróleo e frações.

Caracterização de petróleo e produtos			

Família química, nome, fórmula e estrutura química			

Caracterização por dados experimentais			

Composição elementar	Composição química	Família química		Estruturas químicas
Análise elementar	Determinação das porcentagens de cada substância	Composição por famílias de hidrocarbonetos – subdivisões segundo grau de condensação Participação de heteroátomos		Carbono aromático e carbono saturado
Técnicas diversas para cada elemento	Cromatografia gasosa	Espectrometria de massas	Cromatografia líquida: FIA/SARA	Ressonância magnética nuclear
Carbono, hidrogênio, enxofre, oxigênio, nitrogênio e metais	Hidrocarbonetos e contaminantes	Seis a doze famílias de HCs	FIA PONA SARA FIA – até 315 °C	Carbono aromático e saturado
Aplicável ao petróleo e a frações	Aplicável a frações leves até 12 átomos de carbono	Faixa de 200 °C a 570 °C	SARA: 570 °C (Precedida de separação resinas e asfaltenos)	Resíduos (570 °C)

Figura 3.60 Técnicas analíticas para determinação da composição química de petróleo e frações.

3.9.1 Análise Elementar

3.9.1.1 Definição

Composição elementar do petróleo e de suas frações pelos teores de carbono, hidrogênio, enxofre, oxigênio, nitrogênio e metais, aplicável ao petróleo e a qualquer fração, porém normalmente utilizada para frações pesadas.

|134| Capítulo 3

3.9.1.2 Resumo do ensaio

As porcentagens de carbono, hidrogênio e nitrogênio são obtidas por análise elementar pela combustão da amostra, removendo-se os óxidos de enxofre, pela reação com óxido de cálcio em uma seção secundária. A corrente gasosa remanescente é carreada por gás, hélio, sobre cobre aquecido para remover oxigênio e reduzir NO_x a N_2, em seguida o CO_2 é passado por uma solução de NaOH, sendo absorvido, e, finalmente, a água formada na combustão é removida por solução de perclorato de magnésio. O nitrogênio elementar é determinado em uma célula de condutividade térmica, enquanto o CO_2 e a H_2O são determinados por infravermelho. Dois outros métodos podem ser utilizados, por separação do N_2, CO_2 e H_2O em colunas aquecidas, diferenciando-se pela forma de medida desses gases.

A norma ASTM D5291 fornece as porcentagens de carbono, de hidrogênio e de nitrogênio de forma independente. Sua faixa de aplicação está entre 75 % e 87 % em massa para carbono, entre 9 % e 16 % em massa para hidrogênio e de 0,1 % a 2,5 % em massa para nitrogênio, com reprodutibilidade variável de acordo com o teor de cada elemento (cerca de 0,8 % a 1 % para o carbono e de 0,5 % para o hidrogênio).

3.9.2 Espécies Químicas por Cromatografia Gasosa

3.9.2.1 Definição

Espécies químicas presentes em frações de petróleo, hidrocarbonetos e não hidrocarbonetos, aplicável a frações que contenham até cerca de 10 átomos de carbono.

3.9.2.2 Resumo do ensaio

A cromatografia gasosa (CG) permite a separação dos constituintes da fração do petróleo de acordo com a atração relativa dos componentes por uma fase estacionária e por uma fase móvel. Na CG, uma pequena quantidade da amostra é injetada em uma região aquecida do cromatógrafo, onde é vaporizada e transportada por um fluido gasoso de alta pureza, tal como hélio ou nitrogênio, passando por uma coluna recheada com um sólido de elevada área superficial contendo uma fase estacionária que pode ser sólida ou líquida. No caso de a fase estacionária ser sólida, ela é o próprio recheio da coluna, um adsorvente cristalino, como sílica-gel, alumina ou carvão ativo. Quando a fase estacionária é um líquido, o suporte sólido é inerte, composto normalmente por terras diatomáceas, impregnado com uma fase líquida, não volátil, caracterizada por sua polaridade. Dessa forma, ocorre a separação dos componentes da amostra entre a fase líquida e a fase gasosa, de acordo com sua polaridade. O grau de separação ou fracionamento da amostra obtido por essa técnica é muito bom, permitindo separar substâncias com pequenas diferenças entre suas propriedades físicas e químicas. Os componentes com menor afinidade pela fase móvel atravessam mais rapidamente a coluna do que aqueles mais fortemente atraídos pela fase estacionária. O tempo de retenção é definido como o tempo gasto por um dado componente para atravessar a coluna, desde sua injeção na coluna até sua saída e consequente detecção. Cada componente tem um tempo de retenção que depende da sua estrutura, do tipo de fase estacionária, do tipo, comprimento e temperatura da coluna e da vazão da fase móvel. A concentração de cada um dos componentes é determinada pela área obtida em um gráfico denominado cromatograma, correspondente ao tempo de retenção e à voltagem medida pelo detector.

Existem dois tipos básicos de colunas: recheada e capilar, utilizadas de acordo com o tipo de amostra que está sendo analisada. As colunas capilares dispõem de maior número de estágios de equilíbrio (maior relação absorvente/amostra) e oferecem maior facilidade de separação, sendo usadas preferencialmente. Os tipos mais usados de detectores são o de chama ionizada e o de condutividade térmica. O primeiro apresenta elevada sensibilidade para compostos orgânicos, porém muito baixa para compostos inorgânicos.

A cromatografia gasosa pode ser aplicada para determinar as espécies químicas de frações de petróleo de ponto de ebulição menor que 180 °C, o que pode ser estendido, porém com menor grau de informação e com maior dificuldade, para frações com ponto de ebulição entre 180 °C e 220 °C. A CG informa o teor das espécies químicas em base volumétrica ou mássica, de acordo com a calibração realizada no aparelho. Também pode ser usada para informar a composição segundo grupos de compostos, isômeros separados por número de átomos de carbono e por tipos de hidrocarbonetos. Nesses casos, as análises denominadas **PONA** e **PIONA** fornecem a composição química por número de átomos de carbono e por grupos de compostos do tipo parafínicos (**P**), isoparafínicos (**I**), olefínicos (**O**), naftênicos (**N**) e aromáticos (**A**). A aplicação da cromatografia gasosa para identificar a composição de frações de petróleo de ponto de ebulição superior a 220 °C é bastante limitada. Isso se deve à complexidade química dessas frações e também à importante redução das diferenças entre as propriedades físicas dos compostos presentes quando se aumenta o ponto de ebulição.

Existem diversas normas ASTM para CG, que cobrem diversos produtos como hidrocarbonetos parafínicos de 1 a 10 átomos de carbono, naftênicos e alquilnaftênicos até um total de 9 átomos de carbono, benzeno e alquilbenzenos até 9 átomos de carbono, compostos sulfurados, oxigenados e outros. Entre essas normas, citam-se a ASTM D5134, aplicada para composição de naftas, e a ASTM D5443, que é aplicada para a separação de hidrocarbonetos parafínicos, naftênicos e aromáticos por número de átomos de carbono, ambas com reprodutibilidade variável de acordo com o tipo de substância (de 0,1 % a 0,5 %). A CG também pode ser usada para determinar a curva de destilação simulada do petróleo e de suas frações. Nesse caso, não se tem a identificação da composição química das frações que atravessam a coluna, ocorrendo apenas a identificação dos pontos de ebulição. A destilação simulada pode ser aplicada para frações de ponto de ebulição até 538 °C, usando-se a norma ASTM D2887, e até 720 °C, usando-se a norma ASTM D5307.

3.9.3 Grupos ou Famílias Químicas por Cromatografia Líquida – FIA e PONA

3.9.3.1 Definição
Porcentagens volumétricas de hidrocarbonetos dos tipos aromático, olefínico e saturado presentes, determinadas por cromatografia líquida em coluna de sílica-gel ativada.

3.9.3.2 Aplicação e significado
Aplica-se a cromatografia líquida, Figura 3.61, para se conhecer a fração volumétrica das famílias de hidrocarbonetos saturados (**S**), olefínicos (**O**) e aromáticos (**A**) de derivados com faixa de ebulição até 315 °C segundo a ASTM, podendo ser estendido para até 550 °C.

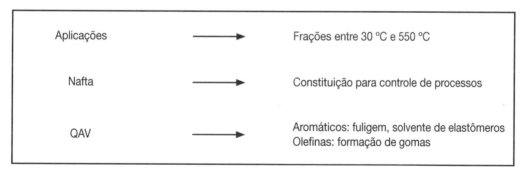

Figura 3.61 Aplicações do FIA.

3.9.3.3 Resumo do ensaio
A determinação dos teores de aromáticos, olefinas e saturados é feita pelo ensaio denominado FIA, baseado nas diferentes características de adsorção dos hidrocarbonetos aromáticos (mono e poli), olefínicos e saturados em uma coluna recheada com sílica-gel ativada, contendo indicadores fluorescentes. A determinação pelo FIA (*fluorescent indicator adsorption*) é realizada segundo a norma ASTM D1319. Após toda a amostra ter sido adsorvida seletivamente no leito de sílica, adiciona-se etanol para efetuar a dessorção seletiva dos hidrocarbonetos, forçando-os a descer para o tubo capilar situado na base da coluna.

Assim, separam-se três classes de hidrocarbonetos em função de suas diferentes afinidades com a sílica-gel: inicialmente os menos polares, os saturados (naftênicos e parafínicos), em seguida os olefínicos e, por fim, os aromáticos, separando-se junto com estes os compostos diolefínicos, sulfurados, oxigenados e nitrogenados, Figura 3.62.

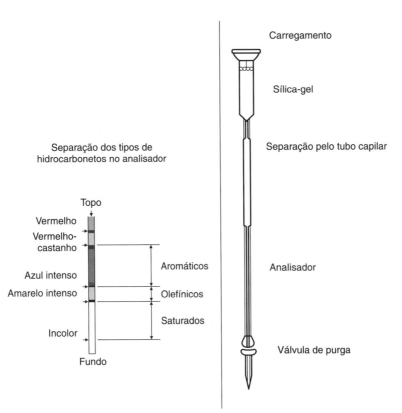

Figura 3.62 FIA: separação dos hidrocarbonetos.

Os indicadores coloridos usados no ensaio são também separados seletivamente junto com os tipos de hidrocarbonetos, nos quais são solúveis. Em prosseguimento, mede-se o comprimento que cada um ocupa no capilar existente na parte inferior da coluna, o que é diretamente proporcional ao seu volume.

- Repetibilidade: aromáticos 0,7 % a 1,7 %; Olefínicos 0,4 % a 2 %; Saturados 0,3 % a 1,7 %.
- Reprodutibilidade: aromáticos 0,7 % a 3,5 %; Olefínicos 1,7 % a 8,6 %; Saturados 1,1 % a 5,8 %.
- Norma Brasileira: MB424.
- Norma ASTM: D1319.

Uma extensão desse método foi proposta pela Universal Oil Products (UOP), sob a norma UOP 501, que tem sido usada por várias companhias de petróleo, com bons resultados, para frações pesadas entre 315 °C e 550 °C, denominada FIA a quente.

A técnica do FIA combinada com a determinação do índice de refração e da densidade dos saturados permite identificar a fração volumétrica dos parafínicos (P) e dos naftênicos (N) (PONA). Essa determinação é realizada segundo a norma ASTM D2140, Figura 3.63.

3.9.4 Grupos ou Famílias Químicas por Cromatografia Líquida – SARA

3.9.4.1 Definição
Porcentagens volumétricas de hidrocarbonetos saturados (S), de hidrocarbonetos aromáticos (A), de resinas (R) e de asfaltenos (A) obtidas por extração prévia seletiva dos asfaltenos seguida de cromatografia por fluido supercrítico.

3.9.4.2 Aplicação e significado
O método pode ser aplicado a petróleos, resíduos ou frações pesadas que contenham resinas e asfaltenos.

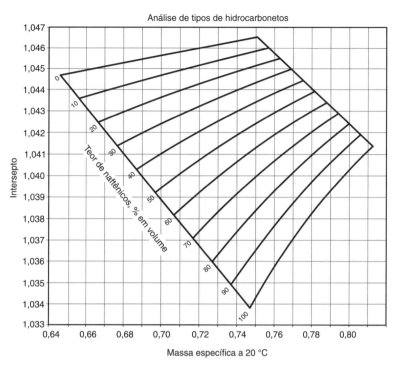

Figura 3.63 Hidrocarbonetos parafínicos e naftênicos na fração saturados, efluente do FIA.

3.9.4.3 Resumo do ensaio

A análise SARA para petróleos pode ser feita pelo método ASTM D6560 para se separar os asfaltenos, na fração acima de 260 °C previamente obtida por destilação, seguida de cromatografia por fluido supercrítico para se obter o teor de hidrocarbonetos saturados, aromáticos e resinas (aromáticos polares).

O método ASTM D6560 separa os asfaltenos pela adição de n-heptano à amostra seguida por destilação com refluxo para extrair a fração oleosa. Os asfaltenos e a matéria inorgânica precipitados são filtrados, lavados com n-heptano aquecido para recuperar as parafinas que possam estar presentes, extraindo-se os asfaltenos com tolueno. Os asfaltenos são separados do solvente por vaporização.

Para petróleos, a cromatografia por fluido supercrítico é aplicada tanto à fração oleosa separada pelo método D6560 como àquela que foi vaporizada a 260 °C.

- Repetibilidade: 0,1 x teor de asfaltenos.
- Reprodutibilidade: 0,2 x teor de asfaltenos.

3.9.5 Grupos ou Famílias Químicas por Cromatografia por Fluido Supercrítico

3.9.5.1 Definição e aplicação

Composição química da fração de petróleo por tipos de hidrocarbonetos em coluna recheada, tendo como fase móvel um fluido denso, que pode ser aplicada a frações médias e pesadas do petróleo.

3.9.5.2 Resumo do ensaio

A cromatografia por fluido supercrítico, em inglês *supercritical fluid chromatography* (SFC), é uma técnica cromatográfica do tipo *hydrocarbon type analysis* (HTA). Essa técnica usa como fase móvel uma substância a temperatura pouco acima de sua temperatura crítica. A fase móvel nessas condições possui viscosidade e difusividade semelhantes às de um gás, o que melhora as propriedades de transporte de massa em relação ao líquido. Também apresenta densidade mais elevada que o gás, cerca de um terço a um quarto da densidade do líquido, melhorando também o poder de solvência em relação ao gás. Assim, a separação é mais rápida e mais eficaz, melhorando a precisão do método, que pode ser aplicado para extração de frações pesadas.

| 138 | Capítulo 3

O uso dessa técnica é relativamente recente para determinar aromáticos e poliaromáticos em frações médias. Um dos métodos usados é o D5186, que fornece a porcentagem de aromáticos totais e de poliaromáticos, com reprodutibilidade de cerca de 1 % para os aromáticos totais e entre 0,3 % e 12,5 % para os poliaromáticos. Algumas companhias de petróleo têm utilizado com sucesso essa técnica para gasóleos com faixa de ebulição de 380 °C a 550 °C, onde se destaca o método IP143. Combinando-se essa técnica com técnicas cromatográficas e com a espectrometria de massas, obtém-se o teor de hidrocarbonetos parafínicos, naftênicos, aromáticos e poliaromáticos.

3.9.6 Grupos ou Famílias Químicas por Espectrometria de Massas Combinada a Cromatografia Gasosa

3.9.6.1 Definição e aplicação

Composição química da fração de petróleo por tipos de hidrocarbonetos (*hydrocarbon type analysis* – HTA) determinada a partir da caracterização de fragmentos desses compostos, aplicada a frações médias e pesadas do petróleo.

3.9.6.2 Resumo do ensaio

Na espectrometria de massas, as moléculas são ionizadas e fragmentadas, obtendo-se fragmentos característicos de acordo com o tipo de substância. Os íons são separados, obtendo-se um espectro de massas, que pode ser utilizado para identificar cada tipo de substância. Os principais componentes usados na espectrometria de massas são:

- o sistema de amostragem, usado para introduzir a amostra no espectrômetro, o qual pode ser de diferentes tipos, em batelada, por sonda de introdução direta e por cromatografia gasosa;

- câmara de ionização, onde ocorrem a ionização e a fragmentação da amostra, que pode ser obtida por diferentes técnicas como impacto eletrônico, ionização química ou por campo;

- analisadores de massa, onde ocorre a dispersão dos íons produzidos nas fontes de íons e que caracterizam o tipo do espectrômetro, podendo ser magnético, com dupla focalização, entre outros;

- detectores, que medem as correntes iônicas, que podem ser coletores de Faraday e eletromultiplicadores;

- sistema de vácuo, para possibilitar a utilização de altas voltagens e permitir que os íons produzidos cumpram sua trajetória sem sofrer colisões.

Os espectros formados são interpretados de acordo com suas características típicas, de forma a identificar os tipos moleculares que ocorrem na fração de petróleo. Os principais métodos ASTM de espectrometria de massas para frações médias e pesadas são o D2425 e o D2786. O método ASTM D2425 é aplicado a frações de 200 °C a 343 °C, cuja reprodutibilidade varia de acordo com o grupo de substância, cerca de 5 % para os parafínicos e naftênicos e 1 % para os aromáticos. O método ASTM D2786 é aplicado a frações de 280 °C a cerca de 550 °C, separando-se, previamente, os saturados dos aromáticos por cromatografia líquida. A reprodutibilidade é de cerca de 5 % para os parafínicos, naftênicos, mono, di e tricíclicos e de cerca de 10 % para os policíclicos.

Para analisar misturas complexas, como as frações médias e pesadas de petróleo, contendo mais de 20 tipos de componentes, pode-se usar a técnica de cromatografia gasosa combinada com a espectrometria de massas, que consiste em conectar a saída da coluna cromatográfica à fonte de íons, utilizando interfaces para compatibilizar a saída à pressão atmosférica da CG com o vácuo utilizado na MS. Dessa forma, é possível se obter a análise de frações de petróleo, em termos de hidrocarbonetos parafínicos, naftênicos, mono, di, tri e poliaromáticos. O método ASTM D5769 é uma das técnicas adotadas pela ASTM, combinando CG e MS.

3.9.7 Grupos ou Famílias Químicas por Ressonância Magnética Nuclear

3.9.7.1 Definição e aplicação

Composição química da fração de petróleo por tipos de átomos de carbono, aplicada a frações médias, pesadas e residuais do petróleo.

Qualificação dos Derivados do Petróleo **139**

3.9.7.2 Resumo do ensaio

A ressonância magnética nuclear (RMN) quantifica a porcentagem de átomos de carbono saturado e aromático (C_S, C_A), baseada na medida da energia absorvida por determinados elementos em determinada região do espectro eletromagnético. O princípio físico da técnica de ressonância magnética nuclear permite que ela seja aplicável para todas as moléculas contendo núcleos atômicos que apresentem momento angular diferente de zero, tais como ^1H, ^{13}C, ^{14}N e ^{31}P. O parâmetro medido, na maioria das vezes, é a presença de núcleos de hidrogênio (prótons) e o arranjo deles nas moléculas. O espectro de ressonância magnética nuclear de uma fração de petróleo pode ser dividido em cinco regiões principais, cada uma identificável com um tipo de hidrogênio de acordo com sua posição na estrutura de hidrocarboneto. O espectrômetro de RMN é composto por:

— um forte ímã cujo campo pode ser variado, de forma contínua e precisa, sobre uma faixa relativamente estreita;

— um transmissor de radiofrequência, um registrador, um calibrador e um integrador;

— um recipiente para conter a amostra, que permita o seu posicionamento simultâneo em relação ao campo magnético principal, à espiral do transmissor e à espiral do receptor de radiofrequência.

As principais normas técnicas que utilizam a espectroscopia por ressonância magnética de prótons para determinar os tipos de átomos de carbono são ASTM D5292 e IP392, enquanto as que determinam os tipos de átomos de hidrogênio são ASTM D3701, ASTM D4808, IP338, IP392. A norma ASTM D5292 fornece a porcentagem de átomos de hidrogênio e de carbono aromáticos com reprodutibilidade igual a 1,37 vez a raiz quadrada da porcentagem de carbono aromático.

3.10 CARACTERÍSTICAS RELACIONADAS À PRESENÇA DE ÁGUA, SAL E SEDIMENTOS

A presença de água nos petróleos e derivados pode acarretar diversos problemas, entre os quais:

— sua cristalização, que irá se refletir em possíveis obstruções do escoamento;

— a possibilidade de crescimento de micro-organismos, gerando material ácido corrosivo;

— a reação com os óxidos de enxofre formados na combustão com formação de H_2SO_4, que ocasionará corrosividade no sistema de exaustão dos gases de combustão.

A presença de sais e sedimentos no petróleo e, em alguns casos, em óleos combustíveis pode acarretar corrosão em equipamentos de processos e outros efeitos indesejáveis.

3.10.1 Índice de Separação da Água

3.10.1.1 Definição

O índice de separação de água (*micro-separometer rating* – MSEP) é um número entre 0 e 100 que indica a turbidez do produto, avaliada pela facilidade de separação da água do combustível por coalescência, medida em uma célula fotoelétrica.

3.10.1.2 Aplicação e significado

Ensaio empregado para combustíveis de aviação, que, de modo geral, são capazes de tolerar alguma quantidade de água na forma dispersa. Como a temperatura de utilização desses produtos é muito baixa, torna-se necessário determinar sua tolerância à água que deve ser baixa, para evitar que ela se separe, Figura 3.64. A existência de água dispersa nesses produtos é oriunda do seu processamento ou do transporte e estocagem. A quantidade de água que fica dispersa no produto é função da umidade relativa do ar, da temperatura, da composição do produto e do teor de agentes surfactantes nele existentes. Quando a aeronave alcança elevadas altitudes, a temperatura do tanque de combustível é da ordem de –40 °C, podendo ocorrer a liberação dessa água, que estava dissolvida e que nessas temperaturas se solidifica, depositando-se em filtros e linhas, o que pode acarretar restrição no fluxo de combustível para a câmara de combustão. A presença de água livre permite ainda o desenvolvimento de micro-organismos na interface água-óleo, os quais podem ser a fonte de vários inconvenientes, entre os quais a formação de H_2S.

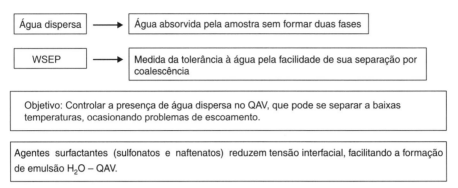

Figura 3.64 Água em combustíveis de aviação.

3.10.1.3 Resumo do ensaio

A análise é feita segundo o método ASTM D3948, preparando-se uma emulsão água-combustível em uma seringa, utilizando um misturador de alta velocidade. A emulsão formada é removida da seringa a uma velocidade controlada usando-se um coalescedor. A turbidez da amostra, devido à água dispersa, é medida pela transmissão da luz através do combustível e sentida em uma fotocélula, em uma escala graduada de 0 a 100. Quanto maior o índice, mais facilmente a amostra libera água e menor é a sua tolerância. Na Figura 3.65, para melhor compreensão do procedimento, mostra-se o aparelho do ensaio ASTM D2550, denominado *Water Separometer Index Modified*, descontinuado devido a dificuldades de reposição de peças. Esse ensaio deu origem ao WSEP, obtendo-se valores equivalentes nos dois ensaios.

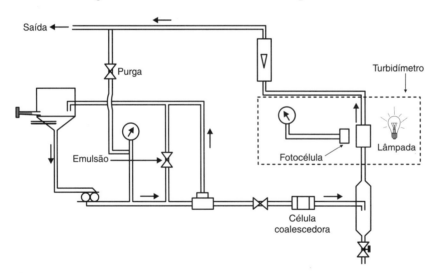

Figura 3.65 Esquema para determinação do índice de separação da água modificado.

3.10.2 Água por Titulação Karl Fischer

3.10.2.1 Definição

Água presente em derivados de petróleo em teor situado na faixa de 10 mg/kg a 25 000 mg/kg usando-se um processo baseado em reações que ocorrem na presença de água.

3.10.2.2 Aplicação e significado

O conhecimento do teor de água em derivados é importante para a produção e transferência desses produtos, pois ajuda a garantir sua qualidade e seu desempenho. Entre outros problemas, a presença de água proporciona o crescimento de micro-organismos que levam à formação de material ácido e consequente corrosão. O ensaio é aplicado a derivados médios e pesados. Compostos sulfurados como mercaptanos e dissulfetos interferem no método.

3.10.2.3 Resumo do ensaio

O método Karl Fischer usa titulação por coulometria para determinar a água presente na amostra, em baixos teores, da ordem de mg/L. A amostra é injetada no vaso de titulação, que contém os reagentes de Karl Fischer, entre os quais dióxido de enxofre e iodo, gerado no anodo por reação eletrolítica, cuja quantidade é proporcional à corrente aplicada. Ocorre, então, uma reação em que o iodo é reduzido pelo dióxido de enxofre, com a água presente na amostra, sendo que 1 mol de iodo reage com 1 mol de água. Dessa forma, a partir da magnitude da corrente, em ampères, e sua duração, calcula-se a quantidade de iodeto de hidrogênio ou ácido iodídrico produzida e, por estequiometria, a quantidade de água presente na amostra.

$$I_2 + SO_2 + 2H_2O \longrightarrow 2HI + H_2SO_4.$$

Por ser o reagente de Karl Fischer um dessecante poderoso, a amostra e o reagente devem ser protegidos contra a umidade atmosférica em todos os procedimentos.

■ Norma ASTM: D6304.

■ Repetibilidade: 0,08852 $x^{0,7}$ volume %.

■ Reprodutibilidade: 0,5248 $x^{0,7}$ volume %.

3.10.3 Água e Sedimentos por Centrifugação

3.10.3.1 Definição

Água e material inorgânico presentes nos derivados, determinados por centrifugação.

3.10.3.2 Aplicação e significado

Água e sedimentos são responsáveis por corrosão e erosão de equipamentos, além de problemas de deposição em equipamentos de processo. Além dessas questões relativas à qualidade, em transações comerciais a quantidade desses materiais deve ser abatida da quantidade total do produto.

3.10.3.3 Resumo do ensaio

Iguais volumes de amostra e de tolueno saturado com água são centrifugados, determinando-se o volume do material de maior densidade depositado no fundo, quantificado como água e sedimentos.

■ Norma ASTM: D1796.

■ Repetibilidade: 0,08852 $x^{0,7}$.

■ Reprodutibilidade: 0,5248 $x^{0,7}$.

3.10.4 Água por Destilação

3.10.4.1 Definição e aplicação

Água presente em petróleo, óleo combustível e asfalto determinado por destilação.

3.10.4.2 Significado

Como descrito no item anterior, água é responsável por problemas operacionais e comerciais.

3.10.4.3 Resumo do ensaio

A amostra é aquecida sob refluxo junto com um solvente imiscível na água. Solvente e água são continuamente separados da fração de petróleo por destilação; após condensação, a água se separa por decantação e o solvente retorna à coluna como refluxo.

■ Norma ASTM: D74.

■ Repetibilidade: 2 %.

■ Reprodutibilidade: 10 %.

142 Capítulo 3

3.10.5 Teor de Sal

3.10.5.1 Definição
Quantidade de cloreto de sódio, NaCl, presente em petróleo e derivados em uma faixa de aplicação que se situa entre 0 mg/kg e 500 mg/kg para o sal (NaCl).

3.10.5.2 Aplicação e significado
O ensaio é aplicado a petróleos, resíduos e óleos combustíveis. Os sais contidos no petróleo podem gerar ácido clorídrico e se constituir em fonte de corrosão nos equipamentos da unidade de destilação. A presença de compostos de enxofre junto ao ácido clorídrico pode levar à ocorrência de reação de oxirredução entre esses compostos, acentuando ainda mais o processo corrosivo. O ácido clorídrico ataca o ferro, formando cloreto de ferro, o qual, por sua vez, reage com o gás sulfídrico, para produzir sulfeto de ferro e ácido clorídrico.

Apesar de a água de formação de petróleo conter vários tipos de sais, costuma-se relacionar a salinidade global dessa água como cloreto de sódio, componente muito ativo no processo de corrosão. Seu efeito corrosivo está associado à sua hidrólise, quando em solução aquosa e submetido a elevadas temperaturas, formando compostos ácidos que, por condensação, promovem corrosão nas torres de destilação. A determinação do teor de sal pode ser feita pelo método ASTM D6304, por extração seguida de titulação potenciométrica, ou pelo método ASTM D3230, pela medida da condutividade do petróleo, existente devido à presença de sais de sódio, cálcio e magnésio.

3.10.5.3 Resumo do ensaio
No método ASTM D6304, a amostra, após homogeneização, é pesada, dissolvida com xileno a 65 °C e extraída com etanol, acetona e água em um aparelho de extração aquecido. A seguir é analisado o total de cloreto por titulação potenciométrica.

No método ASTM D3230 determina-se a condutividade da solução da amostra em etanol quando sujeita a um campo elétrico, que é devida à presença de cloretos inorgânicos e outros materiais condutivos que possam estar presentes. Para essa medida, colocam-se a amostra e o solvente em uma célula consistindo em um bécher e um par de eletrodos, medindo-se então a corrente resultante. O teor de sal é obtido a partir da corrente medida, utilizando-se uma curva de calibração da corrente *versus* o teor de cloreto, previamente preparada (ASTM, 2011).

- ■ Normas ASTM: D6304; D3230.
- ■ Repetibilidade: D6304 – $0,0477x^{0,612}$ (% massa); D3230 – $0,3401x^{0,75}$ (mg/kg).
- ■ Reprodutibilidade: D6304 – $0,0243x^{0,612}$ (% massa); D3230 – $2,7803x^{0,75}$ (mg/kg).

3.11 CARACTERÍSTICAS RELACIONADAS À FORMAÇÃO DE RESÍDUOS NA COMBUSTÃO

3.11.1 Teor de Cinzas

3.11.1.1 Definição, aplicação e significado
As cinzas formadas pela combustão dos derivados de petróleo podem conter vários elementos como Si, Fe, Ca, Na, V e outros, na forma de diversos compostos divididos em dois grupos:
- — sólidos abrasivos, os quais desgastariam o pistão e a câmara de combustão, além de produzirem depósitos indesejáveis;
- — sabões metálicos solúveis, que contribuem para aumentar os depósitos, além de produzirem desgaste no pistão e na câmara de combustão.

O ensaio é aplicado a combustíveis médios e pesados, em que ocorre a presença de metais em maior proporção.

3.11.1.2 Resumo do ensaio
A amostra contida em um recipiente é queimada até a obtenção de resíduo de cinza e de carbono. O resíduo é calcinado a 775 °C, para eliminação do carbono, e, em seguida, é resfriado e pesado.

- Norma Brasileira: MB47.
- Norma ASTM: D483.
- Repetibilidade: 0,003 % a 0,007 % em massa.
- Reprodutibilidade: 0,005 % a 0,024 % em massa.

3.11.2 Resíduo de Carbono Conradson e Ramsbottom

3.11.2.1 Definição, aplicação e significado

Ambos os métodos representam a quantidade de resíduo de carbono produzida pela evaporação e pirólise da amostra, que indica a tendência de o produto formar coque. O termo resíduo de carbono usado nesse método não corresponde exatamente ao resíduo composto inteiramente por carbono, e só é mantido por questões históricas. Os valores obtidos em ambos os métodos não são iguais, existindo uma correlação aproximada que não pode ser usada de forma generalizada, pois depende do tipo de derivado analisado, Figura 3.66 (ASTM, 2011).

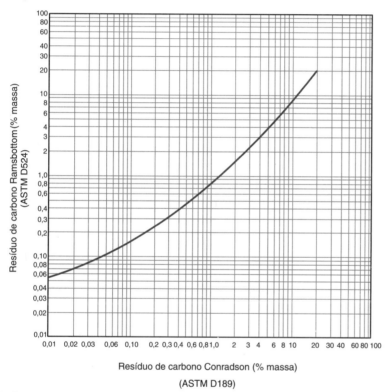

Figura 3.66 Correlação entre resíduo de carbono Conradson e resíduo de carbono Ramsbottom. (ASTM, 2011, adaptado.)

3.11.2.2 Resumo do ensaio

No método Conradson, uma quantidade definida da amostra é destilada até a sua decomposição. O resíduo da destilação sofre craqueamento e coqueamento durante um período fixo de aquecimento severo. O resíduo remanescente é secado, pesado e calculado como fração percentual da amostra original.

- Normas ASTM: Conradson – D189; Ramsbottom – D524.
- Repetibilidade: Conradson – 0,01 % a 2 % em massa; Ramsbottom – 0,01 % a 2 % em massa.
- Reprodutibilidade: Conradson – 0,02 % a 2 % em massa; Ramsbottom – 0,025 % a 3 % em massa.

No método Ramsbottom, a amostra, após ter sido pesada em um bulbo de vidro especial, Figura 3.67, é colocada em um forno metálico mantido a aproximadamente 550 °C. A matéria volátil da amostra é vaporizada, com ou sem decomposição, enquanto o resíduo que permanece no bulbo sofre craqueamento e coqueamento. Na fase final do ensaio, o coque ou resíduo sofre decomposição lenta ou leve oxidação promovida pelo ar que entra no bulbo. Após o período especificado de permanência no forno, o bulbo é removido, deixado esfriar em um secador e pesado. O resíduo remanescente é calculado como fração percentual da amostra original.

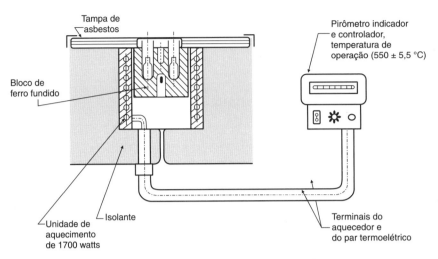

Figura 3.67 Aparelho para determinação do resíduo de carbono Ramsbottom.

3.12 CARACTERÍSTICAS DE ACABAMENTO

3.12.1 Cor Saybolt e ASTM

3.12.1.1 Definição, aplicação e significado

A cor de um derivado de petróleo depende da sua composição e do grau de refino empregado na sua produção. Uma alteração da cor de um produto em relação ao seu valor típico indica, em geral, a sua contaminação por produtos mais pesados ou a sua degradação termo-oxidativa. O ensaio de cor é aplicado a produtos claros, QAV, óleo diesel, lubrificantes e parafinas. São apresentadas duas formas de determinação de cor, as quais se aplicam a diferentes produtos: para os mais claros é usado o método Saybolt, D156, e para os mais escuros usa-se o método ASTM, D1500.

3.12.1.2 Resumo do ensaio

O ensaio de cor Saybolt consiste na determinação da altura da amostra que produz a mesma transparência que uma coluna de água, determinada por comparação da intensidade de luz transmitida através da amostra com aquela transmitida através da água. A cor Saybolt é dada em forma de um número que varia entre 30 (produto mais claro) e 0 (produto mais escuro), Figura 3.68.

- Norma ASTM: D156 (Saybolt) D1500 (ASTM).
- Repetibilidade: D156 – 1 unidade de cor; D1500 – 0,5 unidade de cor.
- Reprodutibilidade: D156 – 2 unidades de cor; D1500 – 1 unidade de cor.

Figura 3.68 Aparelho para determinação de cor Saybolt. (Fonte: ASTM, 2011.)

O ensaio de cor ASTM consiste na determinação por comparação da intensidade de luz transmitida pela amostra com aquela refletida por determinados padrões seriados de vidro, na coluna de vidro e expostos a uma fonte de luz. A cor ASTM é dada em forma de um número que varia entre 0 (produto mais claro) e 8 (produto mais escuro).

3.13 CARACTERÍSTICAS DE CONSISTÊNCIA E DUCTIBILIDADE

3.13.1 Penetração em Asfaltos, Parafinas e Graxas

3.13.1.1 Definição
A penetração representa a medida em décimos de milímetros da profundidade alcançada por uma agulha padronizada ao penetrar verticalmente em uma amostra de asfalto, ou de parafina ou de graxa, em condições definidas de tempo e temperatura.

Para penetração em asfaltos realiza-se o método ASTM D5; para penetração em parafinas usa-se o método D1321, e para graxas, o método D217.

3.13.1.2 Aplicação e significado
O ensaio é aplicado a cimentos asfálticos de petróleo, parafinas e graxas para controlar sua consistência. Quanto maior a penetração, menor a consistência do material. A consistência pode ser entendida como o grau de resistência ao movimento quando o produto é submetido a estresse.

3.13.1.3 Resumo do ensaio
A amostra é fundida e resfriada sob condições padronizadas e submetida a penetração no penetrômetro, Figura 3.69, por meio de uma agulha ou cone em condições padronizadas de tempo e de temperatura.

- Norma Brasileira: Asfaltos – MB107.
- Norma ASTM: Asfaltos – D5; parafinas – D1321; graxas – D217.
- Repetibilidade: Parafinas – 1,72 ($10^{0,00524}$ x), em que x é a penetração medida, em décimos de milímetros.
- Reprodutibilidade: Parafinas – 4,81 ($10^{0,00442}$ x), em que x é a penetração medida, em décimos de milímetros.

Figura 3.69 Aparelho para determinação de penetração em graxas.

3.13.2 Ponto de Amolecimento

3.13.2.1 Definição
O asfalto, quando aquecido, não apresenta uma temperatura definida para a sua fusão, porém, é necessário conhecer como ele se comporta quando aquecido, uma vez que ele será exposto a temperaturas que podem alterar suas características. O ponto de amolecimento indica a temperatura em que o material asfáltico flui por uma distância definida quando aquecido sob fluxo de ar constante.

146 Capítulo 3

3.13.2.2 Aplicação e significado

O ensaio é aplicado a cimentos asfálticos de petróleo para indicar as condições climáticas em que ele pode ser aplicado como aglutinante em pavimentação de estradas, sendo usado para se calcular o índice de suscetibilidade térmica.

3.13.2.3 Resumo do ensaio

Determina-se a temperatura em que uma amostra de asfalto, quando suspensa em um copo cilíndrico e sob aquecimento, flui verticalmente para a base do copo a uma distância definida, interrompendo o raio de luz emitido por uma lâmpada.

- Norma Brasileira: MB164.

- Norma ASTM: D3104.

- Repetibilidade: 0,5 °C.

- Reprodutibilidade: 1,5 °C.

3.13.3 Índice de Suscetibilidade Térmica

3.13.3.1 Definição

Capacidade de o asfalto resistir a modificações em sua consistência em uma faixa definida de temperatura, sem se tornar duro e quebradiço. A suscetibilidade térmica é calculada com o uso da Equação (3.31):

$$\text{Índice de suscetibilidade térmica} = \frac{500 \log (\text{penetração}) + 20 \text{ ponto de amolecimento} - 1951}{120 - 50 \log (\text{penetração}) + \text{ponto de amolecimento}} \tag{3.31}$$

3.13.3.2 Aplicação e significado

O ensaio é aplicado a cimentos asfálticos de petróleo para indicar as condições climáticas em que ele pode ser aplicado como aglutinante em pavimentação de estradas.

3.13.4 Ductilidade

3.13.4.1 Definição

Capacidade de alongamento do asfalto medida pelo comprimento até o qual o material se alonga sem que haja ruptura quando submetido a um esforço de tração.

3.13.4.2 Aplicação e significado

O ensaio é aplicado a cimentos asfálticos de petróleo para indicar a resistência do material asfáltico à tração sem que se torne quebradiço, adaptando-se a certos tipos de carga em leitos pavimentados.

3.13.4.3 Resumo do ensaio

O asfalto é submetido a tração a 25 °C a uma velocidade de 5 cm/min. O comprimento até o qual esse material se alonga sem que haja rompimento representa a sua ductibilidade.

- Norma Brasileira: MB167.

- Norma ASTM: D113.

3.13.5 Efeito do Calor e do Ar

3.13.5.1 Definição, aplicação e significado

Perda de massa que pode ocorrer em um asfalto quando aquecido em atmosfera oxidante e que pode levar a mudanças em suas características, tais como viscosidade e penetração.

3.13.5.2 Resumo do ensaio

Uma película de asfalto é aquecida a 163 ºC durante 5 horas, verificando-se sua variação de massa e determinando-se a penetração, a viscosidade e a ductibilidade antes e após o ensaio. A penetração retida é definida como a porcentagem de penetração conservada pelo asfalto, dada pela relação porcentual entre a penetração final e a penetração inicial.

- Norma Brasileira: MB107 e MB425.

- Norma ASTM: D1754.

3.13.6 Ponto de Fusão

3.13.6.1 Definição

Temperatura em que a parafina previamente fundida apresenta variação mínima de temperatura, formando um platô na sua curva de resfriamento.

3.13.6.2 Aplicação e significado

O ensaio é aplicado a parafinas para indicar a temperatura mínima necessária para a sua utilização no estado líquido. A variação mínima de temperatura observada no platô ocorre devido ao calor de fusão liberado pelos compostos presentes que, apesar de serem em grande número de espécies, têm aproximadamente o mesmo ponto de fusão, retardando temporariamente seu resfriamento. Em geral, parafinas com altos teores de substâncias amorfas não exibem esse platô.

3.13.6.3 Resumo do ensaio

A parafina previamente fundida é colocada em um banho térmico entre 16 ºC e 28 ºC, determinando-se periodicamente a sua temperatura durante o seu resfriamento. A variação de temperatura se reduz quando a solidificação se inicia, formando um platô que corresponde ao ponto de fusão da parafina.

- Norma Brasileira: MB961.

- Norma ASTM: D87.

- Repetibilidade: 0,11 ºC.

- Reprodutibilidade: 0,41 ºC.

3.13.7 Ponto de Gota

3.13.7.1 Definição

Temperatura na qual o material depositado sobre o bulbo do termômetro usado na determinação se torna suficientemente fluido para escoar desse termômetro.

3.13.7.2 Aplicação e significado

O ensaio é aplicado a graxas para indicar as condições térmicas de sua utilização, uma vez que para esses produtos não pode ser definido o ponto de fusão. Para parafinas o ensaio só é aplicado quando há alguma dificuldade para se determinar o seu ponto de fusão.

3.13.7.3 Resumo do ensaio

Deposita-se uma amostra do material sobre o termômetro, o qual é colocado sobre um tubo de teste e aquecido por meio de um banho com água até que a primeira gota escoe, indicando a fusão da amostra.

- Norma Brasileira: MB935.

- Norma ASTM: parafinas – D127; graxas – D566.

- Repetibilidade: parafinas – 0,8 ºC; graxas – 7 ºC.

- Reprodutibilidade: parafinas – 1,3 ºC; graxas – 13 ºC.

|148| Capítulo 3

EXERCÍCIOS

1. Responda às questões acerca das características de combustão para cada um dos derivados listados.

Derivado	Existe um controle?	Objetivo	Ensaio(s) utilizado(s)?	Princípio e significado físico/químico?
GLP				
Gasolina				
QAV				
Óleo diesel				
Óleo combustível				

2. Responda às questões acerca das características de volatilidade para cada um dos derivados listados.

Derivado	Existe um controle?	Objetivo	Ensaio(s) utilizado(s)?	Princípio e significado físico/químico?
GLP				
Gasolina				
QAV				
Óleo diesel				
Óleo combustível				

3. Responda às questões acerca das características de estabilidade para cada um dos derivados listados.

Derivado	Existe um controle?	Objetivo	Ensaio(s) utilizado(s)?	Princípio e significado físico/químico?
GLP				
Gasolina				
QAV				
Óleo diesel				
Óleo combustível				

Qualificação dos Derivados do Petróleo | 149 |

4. Responda às questões acerca das características de escoamento e de cristalização para cada um dos derivados listados.

Derivado	Existe um controle?	Objetivo	Ensaio(s) utilizado(s)?	Princípio e significado físico/químico?
GLP				
Gasolina				
QAV				
Óleo diesel				
Óleo combustível				

5. Analise a composição das duas amostras de GLP a seguir e indique qual é a que deve apresentar maior resultado de pressão de vapor Reid (PVR).

Hidrocarbonetos, % massa	Amostra A	Amostra B
Etano	2	2
Propano	28	43
Butano	67	51
Pentano	3	4

6. Classifique os ensaios listados na coluna da direita da tabela a seguir em um dos grupos de ensaios relacionados na coluna da esquerda.

	Grupos de ensaios	Ensaios
1	Volatilidade	Período de indução
2	Característica de combustão	Ponto de fuligem
3	Cristalização e escoamento	Teor de pesados (PFE, $T85$ %)
4	Estabilidade termo-oxidativa	Teor de enxofre
5	Poluição	Ponto de névoa
6	Corrosividade	Pressão de vapor Reid
		Ponto de fulgor
		Corrosão à lâmina de cobre
		Viscosidade
		Intemperismo

7. Analise a composição das duas amostras de nafta de faixas de ebulição próximas e indique qual é a que deve apresentar maior valor do número de octano.

Hidrocarbonetos, % volume	Nafta 15 °C-171 °C	Nafta 15 °C-175 °C
n-parafínicos	13,12	39,42
Parafínicos ramificados	28,41	28,86
Naftênicos	47,03	25,71
Aromáticos	10,08	7,95

8. A figura a seguir mostra a variação do ponto de anilina com o teor de aromáticos de três frações de petróleo. Há alguma incoerência nesse gráfico? Por que os graus de correlação não são bons? Justifique.

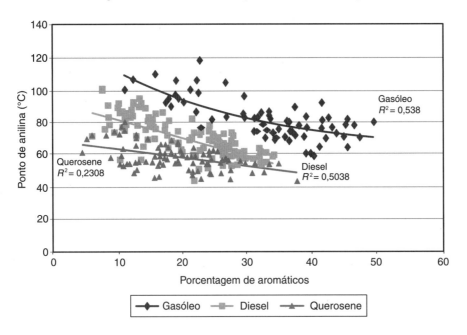

9. Cite três ensaios relacionados às características de estabilidade química e/ou térmica. A que derivados se aplicam? Que substâncias ou grupos de substâncias os influenciam, e de que forma?

10. Por que se utiliza o ensaio de ponto de congelamento para avaliar as características de escoamento a frio do QAV em vez de se usar o ponto de névoa?

11. É possível a seguinte situação relativa entre análises obtidas para frações de um mesmo petróleo? Justifique.

	P. fulgor (°C)	P. final de ebulição (°C)	°API
A	48	300	42
B	40	320	40

CAPÍTULO 4

Gás Liquefeito de Petróleo

4.1 DEFINIÇÃO

Define-se como gás liquefeito de petróleo, GLP, a mistura formada, em sua quase totalidade, por hidrocarbonetos de três e quatro átomos de carbono, que, embora gasosos nas condições ambientais, pode ser liquefeita por pressurização, Figura 4.1. O GLP, além de ser facilmente liquefeito, no estado líquido ocupa 0,4 % do seu volume no estado gasoso, o que lhe dá um diferencial em relação aos outros combustíveis gasosos, pois viabiliza sua distribuição em botijões para o consumidor. Além desses hidrocarbonetos, o GLP pode conter ainda etano e pentanos em reduzidas porcentagens. O GLP é incolor e, desde que tenha baixo teor de enxofre, é inodoro. Controla-se o teor de pentanos e o resíduo de evaporação do GLP para que ele apresente facilidade de vaporização, o que favorece a queima limpa, sem deixar resíduos no equipamento em que é utilizado. A densidade do GLP líquido, entre 0,5 e 0,6, corresponde à metade da densidade da água, e a densidade do GLP no estado gasoso é quase o dobro da densidade do ar. Por isso, se ocorrerem vazamentos, não haverá dispersão do produto para a atmosfera, concentrando-se, portanto, no ambiente, com elevado risco de inflamabilidade. Para que vazamentos de GLP sejam facilmente identificados, no caso de ele ser inodoro, lhe são adicionados compostos odorizantes à base de enxofre, que lhe conferem odor característico, facilmente identificável. Isso ocorre principalmente para o GLP produzido a partir do gás natural, situação em que é mais usual haver baixos teores de enxofre.

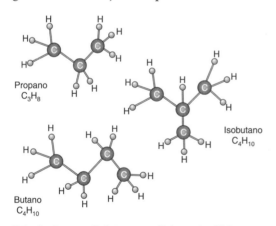

Figura 4.1   Principais constituintes parafínicos do GLP.

4.2 PRINCIPAIS APLICAÇÕES DOS GASES LIQUEFEITOS DE PETRÓLEO

A principal aplicação do GLP é na cocção de alimentos, que corresponde a cerca de 90 % da demanda brasileira do produto. Pode ser utilizado também como matéria-prima na petroquímica, na fabricação de borracha, polímeros, alcoóis e éteres e como combustível industrial para segmentos especiais, como as indústrias de vidro, cerâmica e alimentícia. O GLP é também usado como combustível automotivo em máquinas empilhadeiras, que trabalham em ambientes fechados, e é aplicado ainda como combustível para tratamento térmico e na galvanização. Algumas aplicações requerem produtos com maiores teores de propano ou de butano, como o corte e o tratamento térmico de metais. Para atender a todos esses segmentos, além do GLP, são comercializados no Brasil os seguintes hidrocarbonetos gasosos na faixa de três a quatro átomos de carbono:

151

152 | Capítulo 4

- **Propano comercial**: mistura de hidrocarbonetos contendo predominantemente propano e/ou propeno. É indicado para sistemas que necessitam de alta volatilidade do produto, bem como composição e pressão de vapor delimitadas em uma faixa estreita de variação.

- **Propano especial**: mistura de hidrocarbonetos contendo no mínimo 90 % de propano em volume e no máximo 5 % de propeno em volume. Esse produto é recomendado para aplicações em que o teor de olefinas é fator limitante.

- **Butano comercial e butano desodorizado**: mistura de hidrocarbonetos contendo predominantemente butanos e/ou butenos. São indicados para sistemas de combustão com pré-vaporizadores, os quais necessitam de composição e pressão de vapor controladas em uma faixa estreita de variação. O butano desodorizado é usado, principalmente, na indústria de aerossóis.

4.3 CONSTITUIÇÃO DO GLP

O GLP é basicamente constituído por propano, propeno, butanos (normal e iso), butenos (normal, iso, cis e trans), ocorrendo ainda pequenas quantidades de etano e pentanos (normal, neo e iso). A Tabela 4.1 apresenta as principais propriedades físicas desses hidrocarbonetos.

Tabela 4.1   Propriedades de hidrocarbonetos leves

Propriedade	Metano	Etano	Propano	Isobutano	n-Butano	n-Pentano	Isopentano	Neo-Pentano	Eteno	Propeno	1-Buteno	Cis-2-buteno	Trans-2-buteno	Iso-buteno
Massa molar (kg/kmol)	16,0	30,1	44,1	58,1	58,1	72,2	72,2	72,2	28,0	42,1	56,1	56,1	56,1	56,1
Ponto de ebulição (101,325 kPa) (°C)	−161,5	−88,6	−42,0	−11,7	−0,5	36,8	27,8	9,5	−103,7	−47,7	−6,3	3,7	0,9	−6,9
Densidade do líquido a 15,6 °C (101,325 kPa)	0,3000	0,3562	0,5070	0,5629	0,5840	0,6311	0,6247	0,5974	0,1388	0,5210	0,6005	0,6272	0,6100	0,6050
Temperatura crítica (°C)	−82,6	32,3	96,8	135,0	152,0	196,5	186,9	160,6	9,2	91,9	146,4	162,4	155,5	144,8
Pressão crítica (kPa)	4600,2	4870,0	4255,7	3647,7	3799,7	3374,0	3381,2	3199,0	5040,9	4612,0	4019,5	4210,0	4100,1	4000,1
Poder calorífico superior (MJ/kg)	49,93	47,43	46,25	45,49	45,65	45,27	44,83	44,98	47,10	45,69	45,21	45,09	45,02	45,02
Limites de inflamabilidade inferior e superior (% no ar)	5,0 a 15,0	3,2 a 12,5	2,4 a 9,5	1,8 a 8,4	1,9 a 8,4	1,3 a 8,3	1,3 a 8,0	1,4 a 7,5	2,7 a 36,0	2,0 a 11,0	1,6 a 9,3	1,6 a 9,7	1,8 a 9,7	1,8 a 9,7
Relação Ar–HC na combustão (volume/volume) como gás ideal	9,52	16,66	23,81	30,95	36,90	38,09	38,09	38,09	14,28	21,42	28,57	28,57	28,57	28,57
Entalpia de vaporização (MJ/kg)	0,51	0,49	0,43	0,37	0,39	0,36	0,34	0,31	0,48	0,44	0,40	0,42	0,41	0,41
Capacidade calorífica molar, vapor (kJ/ (mol·K)	0,1292	0,1005	0,0953	0,0950	0,0974	0,0954	0,0943	0,0957	0,0825	0,0869	0,0909	0,0802	0,0897	0,0890

(Continua)

Tabela 4.1 (Continuação)

Propriedade	Metano	Etano	Propano	Iso-butano	n-Butano	n-Pentano	Iso-pentano	Neo-Pentano	Eteno	Propeno	1-Buteno	Cis-2-buteno	Trans-2-buteno	Iso-buteno
Capacidade calorífica molar, líquido (kJ/(mol·K)	0,2377	0,1310	0,1318	0,1345	0,1333	0,1319	0,1360	0,3156	0,1408	0,1325	0,1300			
Pressão de vapor a 37,8 °C (kPa)	34.450,5	5380,4	1307,1	496,5	354,6	106,4	141,9	253,3	5268,0	1560,4	435,7	314,1	344,5	445,8
Número de octano (motor)	> 100	>100	>100	99,0	92,0	62,6	90,3	80,2	75,6	84,9	80,8	83,5	–	–

Fonte: Design Institute for Physical Property Data – DIPPR, 2005.

A presença de etano e de pentanos no GLP é restrita, pois eles elevariam, respectivamente, sua pressão de vapor e o ponto final de ebulição. Metano e eteno ocorrem apenas como traços no GLP, por apresentarem elevada volatilidade, o que impede de serem liquefeitos por simples pressurização.

Assim, os hidrocarbonetos de baixo ponto de ebulição produzidos a partir do petróleo, que se apresentam na fase gasosa nas condições ambientais, têm a destinação mostrada na Figura 4.2.

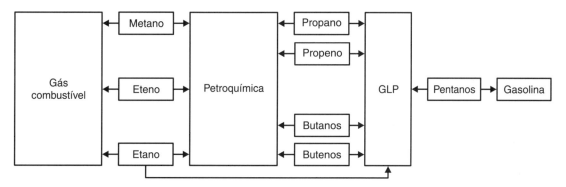

Figura 4.2 Utilização de hidrocarbonetos leves.

4.4 REQUISITOS DE QUALIDADE

Quando utilizado como combustível doméstico, o GLP deve apresentar as seguintes características:

- facilidade de liquefação sob pressão para ser transportado no estado líquido;
- facilidade de vaporização no estado gasoso nas condições ambientais para queimar com maior facilidade;
- composição uniforme para manter constante a relação ar-combustível necessária à combustão;
- não poluente e não corrosivo;
- adequado poder calorífico para atender necessidades energéticas do equipamento;
- queima sem formar resíduos nem fuligem.

4.5 ESPECIFICAÇÕES DO GLP

Para garantir esses requisitos de qualidade como combustível, o GLP deve apresentar as especificações listadas na Tabela A.1a.

O GLP é um produto insolúvel na água, estável, inflamável e asfixiante. Ele pode provocar tonteiras e irritação no sistema respiratório e nos olhos e queimaduras na pele. Em caso de incêndio, devem-se empregar agentes extintores de água em neblina, pó químico ou CO_2, e recomenda-se estancar o vazamento antes de extinguir o fogo e manter o recipiente resfriado com água.

4.6 REQUISITOS DE QUALIDADE E CARACTERÍSTICAS DO GLP

4.6.1 Facilidade de Liquefação – Pressão de Vapor Reid

A pressão de vapor Reid, PVR, é uma indicação da pressão em que deve ser estocado o produto para que seja mantido no estado líquido durante o seu transporte e estocagem à temperatura de 37,8 °C, Figura 4.3. No caso do GLP, ela é influenciada pelos componentes mais voláteis que podem estar presentes, quais sejam, o etano, o propano e o propeno, elevando-se quando a presença relativa deles cresce. Valores de PVR superiores à especificação podem acarretar problemas na estocagem do produto no botijão. A PVR do GLP é fixada, no máximo, em 1 430 kPa a 37,8 °C. O propeno apresenta pressão de vapor de 1 480 kPa a 37,8 °C, o que não é impeditivo para sua presença no GLP, pois nele ocorrem hidrocarbonetos mais pesados, como o isobutano e o butano, cujas pressões de vapor são 496,5 kPa e 354,6 kPa a 37,8 °C, respectivamente reduzindo a pressão de vapor da mistura.

A pressão de vapor Reid é uma informação importante para a segurança na estocagem e movimentação do GLP, cujo limite de inflamabilidade com o ar se situa em uma faixa estreita, entre 2 % e 10 % do produto no ar.

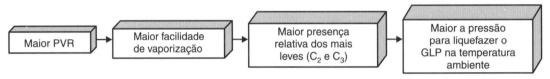

Figura 4.3   Influência da PVR no GLP.

4.6.2 Facilidade de Vaporização – Intemperismo

Quanto maior o intemperismo, maior a dificuldade de vaporização do GLP à pressão atmosférica. Ele é influenciado pela presença de componentes pesados, que, no caso, são o neo, o iso e o normal pentano, cujos pontos de ebulição são 9,5 °C, 26,8 °C e 36,8 °C, respectivamente. Maiores valores de intemperismo podem acarretar dificuldades de vaporização do GLP, com consequente dificuldade em queimá-lo completamente, levando à formação de fuligem, Figura 4.4.

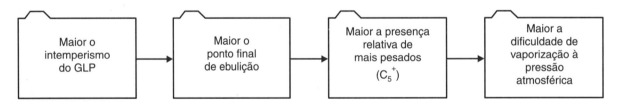

Figura 4.4   Influência do intemperismo no GLP.

Durante a estocagem do GLP nas esferas, é importante que o produto seja sempre homogeneizado por procedimento correto de movimentação e armazenamento.

4.6.3 Poluição e Corrosão – Teor de Enxofre e Corrosividade

Uma vez que o GLP é queimado em ambientes confinados, torna-se necessário limitar a presença de compostos sulfurados, os quais produzem, por combustão, SO_2 e SO_3, que são substâncias poluentes e corrosivas. O ensaio de enxofre total não pode ser usado como uma medida das características corrosivas do GLP antes de sua queima. Isso porque sua corrosividade a metais ferrosos e não ferrosos depende do tipo dos compostos sulfurados nele presentes. Entre os compostos sulfurados, Figura 4.5, o H_2S e $S°$, dependendo de seus teores, podem apresentar resultados positivos no ensaio específico para a corrosividade à lâmina de cobre. Da mesma forma, a especificação do GLP limita apenas o teor de H_2S em menor do que 4 mg/m^3, como atributo de não ser tóxico, sendo que a partir de 10 mg/kg de H_2S o GLP já se torna corrosivo.

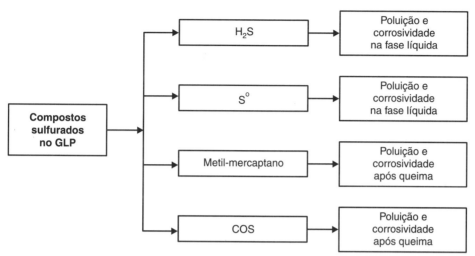

Figura 4.5 Compostos sulfurados no GLP.

4.6.4 Composição e Queima Completa – Densidade, Resíduo de Evaporação, Teor de Pentanos

Controla-se o teor de pentanos e o resíduo de evaporação do GLP para que ele apresente facilidade de vaporização, o que favorece a queima limpa, sem deixar resíduos no equipamento em que é utilizado.

Esse resíduo pode ocorrer, em quantidade extremamente pequena, nível de mg/kg (Michel, 2010).

Não existe controle direto sobre o poder calorífico, nem sobre a densidade, a não ser em casos específicos. Comparado com os outros combustíveis comerciais oriundos do petróleo, o poder calorífico do GLP por unidade de massa é inferior apenas ao do gás natural. O poder calorífico e a densidade são importantes para se determinar o índice de Wobbe do produto, o qual é usado para se avaliar a intercambiabilidade de combustíveis gasosos em queimadores. O índice de Wobbe é proporcional à quantidade estequiométrica de ar necessária à combustão completa do gás, e é calculado pela seguinte relação:

$$IW = \frac{PCS}{\sqrt{d}} \qquad (4.1)$$

em que PCS é o poder calorífico superior em MJ/m³ nas CNTP e d é a densidade do gás.

O índice de Wobbe do GLP se situa entre 79,95 MJ/m³ e 87,07 MJ/m³, e o do gás natural está entre 48,55 MJ/m³ e 53,58 MJ/m³.

4.7 PRODUÇÃO DE GLP

O GLP pode ser produzido por diversos processos, destacando-se o de craqueamento catalítico fluido pela quantidade produzida. O esquema básico de produção de GLP no Brasil é apresentado na Figura 4.6, onde constam os processos de:

- destilação atmosférica: ao separar o petróleo em frações com temperaturas crescentes de ebulição, a fração mais leve é o gás combustível (constituído principalmente de metano e etano). A fração seguinte é o GLP, que, usualmente, representa de 1 % a 3 % do petróleo;
- fracionamento do gás natural: a maior parte do gás natural (até 90 %) é metano. No entanto, ele contém compostos mais pesados como o propano, butanos e mais pesados. O fracionamento do gás natural gera como subprodutos o GLP (1 % a 13 %) e o líquido de gás natural (LGN) (componente da gasolina);
- craqueamento catalítico fluido (FCC): nele as frações pesadas do petróleo são transformadas em frações mais leves como o GLP. O FCC é responsável por mais de 80 % da produção de GLP no Brasil.

Cita-se ainda a produção de GLP a partir do processo de coqueamento retardado, processo em expansão no Brasil e que apresenta bom rendimento em GLP.

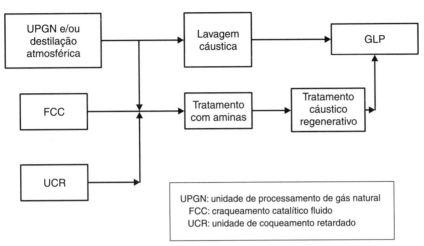

Figura 4.6   Produção de GLP.

4.8 CONSTITUIÇÃO DO GLP

Um exemplo de constituição do GLP é apresentado na Tabela 4.2, considerando-se os seus principais constituintes. Nota-se o predomínio absoluto dos hidrocarbonetos de três e quatro átomos de carbono, que, em média, atingem 98 % em volume do GLP.

Tabela 4.2   Composição média de GLP de diversas refinarias

Hidrocarboneto	Valor médio % em volume
Etano	1,3
Propano	22,5
Propeno	16,1
n-Butano	12,6
Isobutano	14,7
Buteno-1	8,2
Cisbuteno-2	6,4
Transbuteno-2	8,1
Isobuteno	9,6
Pentanos e mais pesados	0,6

EXERCÍCIOS

Marque com C a(s) afirmativa(s) CORRETA(s) e com E a(s) afirmativa(s) ERRADA(s):

1. ( ) O controle da faixa de ebulição do GLP é feito pela especificação de pressão de vapor Reid, que controla o teor de leves, e a especificação de teor de enxofre total, que limita a faixa superior de ebulição.
2. ( ) O controle da faixa de ebulição do GLP é feito pela especificação de ponto inicial da destilação, que controla o teor de leves, e a especificação de intemperismo, que controla o teor de pesados.
3. ( ) Entre as influências devidas aos hidrocarbonetos presentes no GLP, os butanos e os butenos tornam o produto mais pesado, fazendo com que ocorra a formação de fuligem durante a queima do GLP à temperatura de 20 °C.

4. ( ) Entre as influências devidas aos hidrocarbonetos presentes no GLP, propano e propeno tornam o produto com menor poder calorífico por unidade de massa.

5. ( ) Entre as influências devidas aos hidrocarbonetos presentes no GLP, o normal – pentano – apresenta o inconveniente de se vaporizar a maiores temperaturas, o que pode resultar na queima com formação de fuligem.

Marque com C a(s) afirmativa(s) CORRETA(s) e com E a(s) afirmativa(s) ERRADA(s):

O requisito de qualidade do GLP de apresentar facilidade de condensação nas condições ambientais, para que ele possa ser transportado no estado líquido, é atendido pelas especificações de:

6. ( ) PVR

7. ( ) intemperismo

8. ( ) ponto inicial de ebulição

9. ( ) teor de C_5^+

O requisito de qualidade do GLP de não formar resíduo no botijão nas condições ambientais é atendido pelas especificações de:

10. ( ) intemperismo

11. ( ) teste da mancha

12. ( ) teor de C_5^+

13. ( ) resíduo da evaporação de 100 mL

O requisito de qualidade do GLP de ser não poluente e não corrosivo é atendido pelas especificações:

14. ( ) PVR

15. ( ) gás sulfídrico

16. ( ) teor de enxofre volátil

17. ( ) corrosividade

CAPÍTULO 5

Gasolina Automotiva

5.1 DEFINIÇÃO

A gasolina automotiva é um combustível destinado aos veículos a combustão interna que operam segundo o ciclo Otto. A gasolina automotiva é constituída por hidrocarbonetos parafínicos, normais e ramificados, olefínicos normais e ramificados, aromáticos e naftênicos, entre 4 e 12 átomos de carbono com faixa de ebulição entre 30 °C e 220 °C. Usualmente, no entanto, a gasolina é composta por hidrocarbonetos entre 5 e 10 átomos de carbono.

A gasolina automotiva pode conter também compostos oxigenados, como os alcoóis e éteres que lhe são adicionados em bases distribuidoras. Entre esses oxigenados destaca-se o etanol, que é adicionado à gasolina na forma anidra, em porcentual que no Brasil é fixado por lei federal em 22 % em volume. Esse porcentual pode sofrer alterações, também por leis federais, para valores entre 20 % e 25 % em volume, segundo a disponibilidade de etanol. Em outros países, além do etanol, podem ser usados outros oxigenados, dentre os quais se destaca o metil tercbutil éter, MTBE, o qual, no entanto, tem sofrido restrições crescentes decorrentes do risco de contaminação de lençóis freáticos.

Além dos hidrocarbonetos e dos oxigenados, a gasolina pode apresentar em sua composição aditivos com propósitos diversos, entre os quais citam-se os detergentes e os controladores de depósitos.

5.2 CONSTITUIÇÃO DA GASOLINA

A gasolina automotiva é composta por diversas correntes, denominadas naftas, oriundas de diferentes processos de refino. Essas naftas diferem entre si pelos tipos e porcentagens de hidrocarbonetos que contêm, segundo os processos de refino que as originaram, o que faz variar a constituição da gasolina.

A Tabela 5.1 apresenta os principais hidrocarbonetos constituintes da gasolina, bem como suas faixas de ebulição e seus processos de obtenção.

Tabela 5.1   Constituintes possíveis da gasolina

Grupo de constituintes	Número de átomos de carbono	Processos de obtenção	Faixa de ebulição (°C)
Normal e isobutano	4	Destilação e craqueamento catalítico	zero
Parafínicos normais e ramificados, naftênicos e aromáticos	5 a 8	Destilação	30-120
Parafínicos normais e ramificados, naftênicos e aromáticos	8 a 12	Destilação	120-220
Parafínicos e olefínicos normais e ramificados, aromáticos e naftênicos	5 a 12	Craqueamento catalítico	30-220
Parafínicos normais e ramificados e aromáticos	5 a 10	Reforma catalítica	30-200
Parafínicos ramificados e normais	5 a 8	Alquilação	40-120
Parafínicos ramificados e normais	5 e 6	Isomerização	30-80
Parafínicos normais e ramificados e naftênicos	5 a 12	Hidrocraqueamento catalítico	30-220
Parafínicos e olefínicos normais e ramificados, naftênicos e aromáticos	5 a 10	Coqueamento retardado	30-150

159

5.3 UTILIZAÇÃO

A gasolina automotiva é utilizada em máquinas a combustão interna de ignição por centelha (ICE), que funcionam, segundo o ciclo Otto, em automóveis, motocicletas, *jet skis*, grupos geradores, roçadeiras, motosserras, entre outras. Sua demanda, na maioria dos países, é cerca de 35 % do total dos derivados de petróleo, e nos Estados Unidos, em alguns meses do ano, essa demanda alcança 60 % desse total. No Brasil, em função da incorporação de etanol anidro à gasolina e do uso alternativo de etanol hidratado como combustível automotivo, esse valor se situa entre 17 % e 20 % do total dos derivados de petróleo. A seguir é descrito o funcionamento do ciclo Otto do motor automotivo, com o propósito de explicar a *performance* e os requisitos de qualidade da gasolina nesses motores.

5.4 FUNCIONAMENTO DO MOTOR AUTOMOTIVO – CICLO OTTO

A função básica do motor automotivo é a de produzir energia mecânica, na forma de movimento, Figura 5.1, a partir da energia térmica liberada pela combustão da gasolina, produzindo gases a elevada temperatura e pressão. A expansão desses gases na câmara de combustão proporciona o movimento do pistão, e esse movimento é transmitido por um conjunto de eixos e engrenagens às rodas do veículo, levando ao deslocamento deste.

Figura 5.1   Princípio de funcionamento do motor automotivo.

O motor, na sua forma mais simples, dispõe de um conjunto de peças como mostrado nas Figuras 5.2 a 5.4, cada qual com funções específicas, que serão descritas a seguir.

Figura 5.2   O motor automotivo.

Figura 5.3   Cilindros, pistões e bielas de um motor automotivo. (Fonte: http://www.howstuffworks.com/.)

O esquema mostrado na Figura 5.4, embora se refira aos modelos antigos com carburador e ignição eletromecânica, que deixaram de ser produzidos, permite melhor entendimento do funcionamento do motor do tipo ciclo Otto. Inicialmente, a gasolina é enviada pela bomba (A) do tanque de estocagem (B) para o sistema de injeção mecânica, através do carburador (C). Atualmente essa injeção é realizada de forma eletrônica, por uma central de comando eletrônica que controla a quantidade de gasolina enviada ao bico injetor. A função do sistema de injeção é a de prover a quantidade de gasolina nebulizada necessária para formar uma mistura com o ar capaz de fornecer, pela combustão, a energia necessária à movimentação do veículo, com emissões controladas de acordo com a legislação ambiental em vigor. O nível de combustível no carburador era controlado pela válvula (D) nos veículos antigos, enquanto o ar era succionado através do filtro (L), seguindo para a câmara de combustão cilíndrica, e, ao passar pelo Venturi (H), produzia o diferencial de pressão entre esse ponto e a saída do carburador, que permitia a aspiração da gasolina através do bocal (G). Atualmente, nos sistemas de injeção eletrônica, um conjunto de sensores e de sistemas de controle permite dosar com maior precisão a quantidade necessária para o motor.

A válvula de regulagem (J) é a chamada borboleta do acelerador, que proporciona o controle da quantidade de mistura injetada nos cilindros. A outra válvula, (K), era usada nos veículos antigos e chamada de borboleta do afogador, para facilitar a partida a frio pelo aumento da quantidade de gasolina injetada, aumentando a quantidade de combustível na mistura, para se obter maior potência.

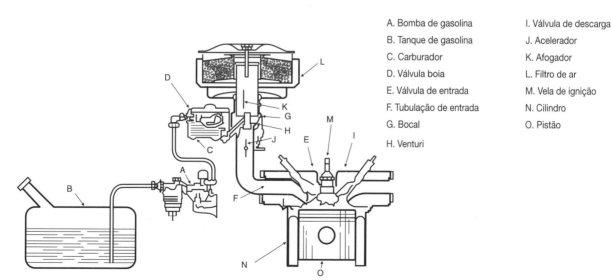

A. Bomba de gasolina
B. Tanque de gasolina
C. Carburador
D. Válvula boia
E. Válvula de entrada
F. Tubulação de entrada
G. Bocal
H. Venturi
I. Válvula de descarga
J. Acelerador
K. Afogador
L. Filtro de ar
M. Vela de ignição
N. Cilindro
O. Pistão

Figura 5.4   Desenho esquemático de um antigo motor automotivo, ciclo Otto. (Fonte: Guthrie, 1960.)

Em condição normal, a mistura ar-gasolina, parcialmente vaporizada, penetra no cilindro através da válvula de admissão (E). Nesse ponto, inicia-se a primeira fase do ciclo de operação do motor, que é composto por quatro fases, denominado ciclo Otto em homenagem a Nikolaus August Otto que, em 1876, o construiu. Anteriormente, um físico francês de nome Alphonse Beau de Rochas já havia publicado um trabalho em que também propunha um ciclo de quatro tempos. Otto nunca chegou a ter contato com esse material, mas isso serviu para que as empresas contestassem e conseguissem anular a patente proposta por Otto. Como mostrado na Figura 5.5, durante essa primeira fase, denominada admissão, o pistão no interior do cilindro efetua um movimento descendente, ocorrendo a admissão da mistura. Isso prossegue até que o pistão atinja o chamado ponto morto inferior – **PMI**, instante em que a válvula de admissão se fecha, encerrando essa fase.

Em seguida, ocorre a fase de compressão, efetuada pelo movimento ascendente do pistão até o chamado ponto morto superior – **PMS**. A pressão e a temperatura no interior da câmara se elevam, não devendo, no entanto, se iniciar a combustão espontânea da mistura até que ela seja provocada pela centelha da vela (M), fornecida pelo sistema de ignição do veículo e controlada pelo distribuidor. A centelha da vela é gerada um pouco antes de o pistão atingir o **PMS**, para o melhor aproveitamento energético do processo. Aí se inicia a combustão, formando gases a alta temperatura e pressão, que, ao se expandirem, forçam o pistão para baixo até o **PMI**, transformando a energia térmica liberada em energia mecânica, durante a fase de potência. Quando o pistão atinge o **PMI**, abre-se a válvula de descarga para que os gases da combustão sejam removidos da câmara pelo movimento ascendente do pistão, na fase de descarga. O processo se reinicia com um novo movimento descendente do pistão e a admissão de nova quantidade de mistura ar-gasolina.

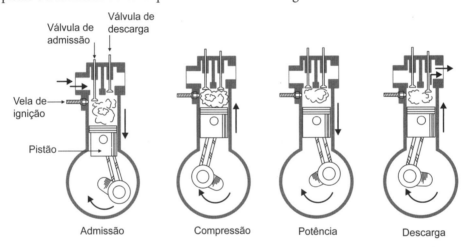

Figura 5.5   Os quatro tempos do ciclo Otto.

Os pistões de um motor automotivo não trabalham de forma independente e sim de maneira conjugada, encadeada pelo eixo de manivelas, que lhes proporciona movimento coordenado, Figura 5.3. Da mesma forma, as aberturas e os fechamentos das válvulas são coordenados pelo eixo de cames que, em seu movimento circular, comanda essas ações, Figura 5.6.

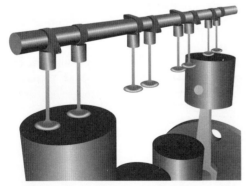

Figura 5.6   Vista das válvulas e do eixo de cames de um motor ciclo Otto. (Fonte: http://www.HowStuffWorks.com, 2011.)

Para que ocorra sua combustão, a gasolina deve estar vaporizada, o que é obtido com o auxílio do sistema de injeção, o qual proporciona sua nebulização, facilitando a vaporização e mistura com o ar. Também é importante controlar a razão ar/combustível para que a combustão possa se dar de forma completa, assegurando-se a quantidade de ar necessária para tal, cujo valor estequiométrico é, em média, 14,7 kg de ar por kg de gasolina. As emissões de CO e de matéria orgânica volátil (VOC) ocorrem em condições de mistura rica em gasolina, enquanto uma mistura pobre em gasolina tende a aumentar as emissões de NO_x até que a temperatura comece a cair, pela diluição dos gases de combustão com o excesso de ar.

Para que a produção de energia ocorra de forma controlada e homogênea, é necessário que a gasolina queime de forma adequada no motor e que a energia gerada seja absorvida, sem desperdícios nem danos ao motor. Isso é feito pelo controle da qualidade antidetonante da gasolina.

5.4.1 Ciclo e Rendimento Termodinâmico do Motor Automotivo – Ciclo Otto

As quatro fases observadas no funcionamento do motor automotivo, segundo o ciclo Otto, podem ser representadas em um gráfico de variação da pressão no interior da câmara contra o volume da mesma ao longo do ciclo, Figura 5.7.

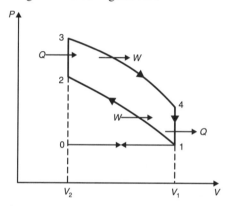

Figura 5.7   Ciclo Otto termodinâmico teórico.

No ciclo Otto teórico, a fase de admissão da mistura ar-gasolina no cilindro se passa a pressão constante (0-1), enquanto no ciclo real ocorre uma variação de pressão, ou seja, um aumento da pressão à medida que o cilindro recebe a mistura. A seguir, com as válvulas de admissão e descarga do cilindro fechadas, inicia-se a fase de compressão (1-2), em que a mistura é aquecida, adiabaticamente no ciclo teórico, e com perdas de calor para o exterior no ciclo real. Ao chegar em (2), inicia-se a combustão da mistura provocada pela centelha da vela, que se passa tão rapidamente que no ciclo teórico o volume permanece praticamente constante (2-3), enquanto no ciclo real ocorre variação do volume, o qual aumenta pela expansão dos gases de combustão. A seguir, inicia-se a fase de potência, pela expansão dos gases de combustão a alta temperatura e alta pressão (3-4), em que a energia térmica produzida pela combustão é transformada em energia mecânica. A fase de descarga se inicia quando se abre a válvula de descarga e a pressão cai rapidamente (4-1), fechando-se no percurso (1-0). No ciclo teórico, a descarga se dá a pressão constante. No ciclo real, a pressão na fase de descarga cai ligeiramente até que todos os gases da combustão tenham sido descarregados para a atmosfera. As quatro fases do ciclo Otto são: admissão (0-1), compressão (1-2-3), potência (3-4) e descarga (4-1-0).

Quanto maior a taxa ou razão de compressão (V_1/V_2), maior o rendimento termodinâmico, o que leva à maior eficiência da máquina, ou seja, maior é o trabalho produzido por unidade de massa de combustível. Por um balanço de energia, pode-se deduzir a eficiência de um ciclo Otto ideal, chegando-se à seguinte expressão:

$$\eta = 1 - (1/r)^{\gamma - 1} \tag{5.1}$$

em que

r: taxa de compressão = V_1/V_2

γ: coeficiente de expansão adiabática.

5.4.2 Sistema de Combustível

Esse sistema compõe-se de tanque de combustível, tubulações, bomba, filtros e sistema de alimentação. O sistema de alimentação tem o objetivo de misturar o combustível com o ar admitido, e será tratado a seguir. Os materiais utilizados no sistema de combustível devem estar de acordo com o tipo de combustível utilizado quanto à presença ou não de compostos oxigenados, pois pode ocorrer incompatibilidade com esses materiais, levando ao seu desgaste prematuro.

5.4.2.1 Tanque de combustível e tubulações

O tanque de combustível normalmente é feito de chapa estanhada ou revestida de uma camada de liga de estanho ou ainda de plástico e, atualmente, localizado sob o veículo. Para evitar perdas e emissões evaporativas de hidrocarbonetos, os modelos modernos dispõem de uma conexão do tanque de combustível com um filtro de carvão ativado, denominado *canister*. Esse filtro acumula os vapores emitidos a partir do tanque, quando o veículo está parado e, pelo aumento de pressão ocasionado pela evaporação, ocorre a abertura da válvula de respiro do tanque, e os vapores são então enviados ao *canister* e aí armazenados. Os vapores liberados pelo sistema de injeção quando o motor é desligado também são encaminhados para o *canister*, Figura 5.8. Quando o motor é religado, ocorre a recuperação desses gases, que são reenviados ao motor. As tubulações que conduzem o combustível normalmente são feitas de aço. Tem-se o cuidado de fazer um percurso que não passe perto de pontos quentes, com o objetivo de se evitar a formação de bolsões de vapor, que produziriam o que se chama tamponamento por bolhas de vapor, que compromete a dirigibilidade do veículo. Os combustíveis são controlados quanto ao seu teor de frações leves, para limitar a emissão evaporativa de hidrocarbonetos e evitar danos ao meio ambiente, havendo ainda o controle específico do teor de benzeno na gasolina com a mesma finalidade.

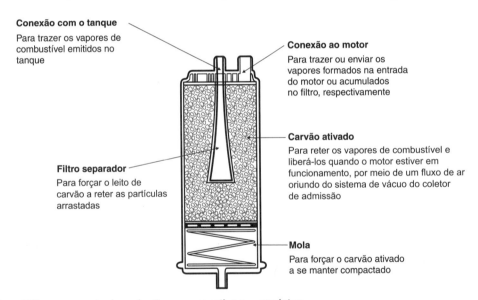

Figura 5.8 Filtro para reduzir emissões evaporativas – *canister*.

5.4.2.2 Bomba de combustível

Existem dois tipos de bomba de combustível: mecânica e elétrica. A bomba mecânica é a mais usada para veículos carburados, equipada com um diafragma, normalmente de borracha nitrílica, e duas válvulas de retenção. Um mecanismo apropriado produz um movimento alternativo na membrana, realizando o bombeamento de combustível para o carburador. Nos motores modernos são utilizadas bombas imersas no combustível do tipo elétrico.

5.4.2.3 Sistema de alimentação

O objetivo do sistema de alimentação de combustível é o de nebulizar a quantidade correta de gasolina para ser misturada ao ar, favorecendo a queima dessa mistura de forma completa e eficaz. Nos veículos antigos, esse sistema era do tipo mecânico (carburador), tendo sido substituído pelos sistemas de injeção eletrônica, Figura 5.9.

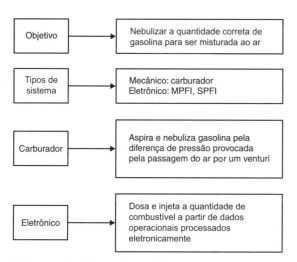

Figura 5.9 Sistemas de injeção de combustível.

5.4.2.3.1 *Sistema mecânico: carburador*

Esse sistema é composto pelos seguintes elementos, Figura 5.10:

- o carburador, composto pela cuba, que armazena o combustível, e pela boia, que controla o nível;
- o *gicleur* (giglê), orifício calibrado pelo qual a gasolina penetra no duto que alimenta o motor e se mistura com a massa de ar;
- o tubo venturi, por onde escoa o ar, que provoca a aspiração e vaporização parcial do combustível;
- uma válvula borboleta, situada a jusante do venturi, que permite regular a quantidade de mistura injetada no motor e que é comandada pelo pedal do acelerador.

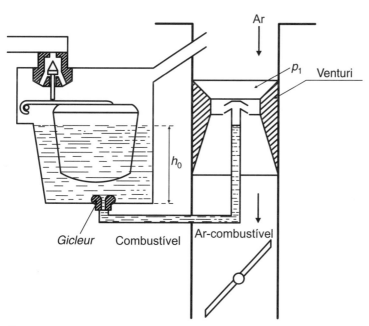

Figura 5.10 Circuito principal de um sistema mecânico de alimentação – carburador. (Fonte: Guibet, 1987, adaptado.)

O processo de carburação consiste em aspirar e nebulizar o combustível, o que é obtido pela passagem do ar de admissão em um venturi, que é um bocal convergente-divergente cujo diâmetro decresce a um valor mínimo na parte mais estreita, chamada garganta, crescendo, em seguida, em direção à descarga. Quando o ar passa através do venturi, sua velocidade cresce na direção da garganta, o que cria uma depressão, variável de acordo com a vazão de ar, permitindo que o combustível seja sugado do carburador através do *gicleur*. A nebulização do combustível facilita sua vaporização e sua mistura com o ar. A função principal do carburador é a de misturar, na proporção correta, combustível e ar para queima.

5.4.2.3.2 Sistema eletrônico de Injeção

A injeção eletrônica utiliza um sistema eletrônico que permite dosar a mistura ar-combustível com grande precisão. Esta é composta por uma central de comando eletrônica, que controla a injeção de combustível a partir de informações da vazão de ar, da temperatura e da pressão; por um medidor de vazão; por injetores; e pelos elementos complementares do circuito (bombas, filtros, circuitos alternativos de partida, sensores de temperaturas, de pressão e de rotação). Os injetores, Figura 5.11, são abertos e fechados por meio de impulsos elétricos trabalhando a pressão constante, nebulizando a gasolina.

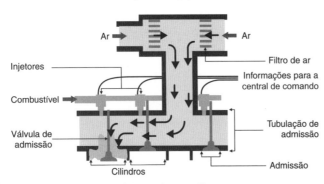

Figura 5.11   Sistema de injeção e injetor de gasolina. (Fonte: Bosch do Brasil, 2011.)

Os dutos de alimentação dos veículos a injeção eletrônica trabalham a maior pressão, e os diâmetros dos orifícios dos bicos injetores, Figura 5.12, são muito reduzidos, menores do que o *gicleur*. Por isso, é necessário que a gasolina seja estável, química e termicamente, sendo, ainda, importante a presença de aditivos do tipo detergente e controlador da formação de depósitos.

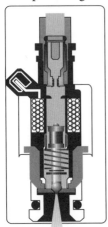

Figura 5.12   Injetor. (Fonte: http://www.HowStuffWorks.com, 2011.)

5.4.3   Sistema de Ignição

Nos motores automotivos, tipo ciclo Otto, a combustão é provocada pela emissão instantânea e pontual da energia pela centelha de uma vela, e por isso tais motores são conhecidos como de ignição por centelha (ICE) (*spark-ignition*). O objetivo desse sistema é o de fazer com que se inicie a combustão da mistura ar-gasolina, emitindo uma energia muito maior do que a necessária para a sua queima.

Os sistemas de ignição podem ser do tipo eletromecânico ou eletrônico. O sistema de ignição eletromecânico produz uma carga elétrica de alta voltagem, que flui inicialmente para o distribuidor, o qual a transmite, via cabo de ignição, à vela do cilindro, que irá entrar na fase de combustão. O motor é regulado de forma que apenas a vela de um cilindro de cada vez receba a carga elétrica. A diferença entre os sistemas de ignição eletromecânico e eletrônico está nas características de comando e distribuição do acendimento e que são moduladas a partir de informações fornecidas a um sistema eletrônico, o que o torna mais preciso.

5.4.4 Dispositivos Antipoluição

Além do *canister*, os motores modernos dispõem de potes catalíticos nos sistemas de descarga dos gases de combustão, cuja função é a de reduzir as emissões de NOx, CO e de hidrocarbonetos não queimados, transformando-os em CO_2, N_2 e H_2O, respectivamente. Essa transformação é possível quando se utilizam esses dispositivos e se trabalha com razão ar/combustível muito próxima da estequiométrica na combustão. O catalisador é constituído por um suporte de alumina de formato esférico (peletizado) ou de cerâmica em estruturas monolíticas, Figura 5.13. A fase ativa é constituída por metais nobres – paládio, platina ou ródio – que são impregnados no suporte, em quantidades bem reduzidas (0,5 grama a 1,8 grama por litro de catalisador). Entre os diversos metais usados, o ródio, o mais caro deles, é indispensável para a redução do NO_x, não interferindo na oxidação do CO. O paládio é mais efetivo para CO e olefinas e apresenta melhor *performance* do que a platina, pois trabalha bem a baixas temperaturas, porém é mais suscetível a envenenamento pelos compostos sulfurados. A platina é mais efetiva para parafínicos, sendo similar ao paládio para os aromáticos. As reações catalíticas ocorrem a temperaturas da ordem de 200 ºC a 250 ºC, atingidas logo após a partida do motor, Figura 5.14.

Os catalisadores conservam suas atividades, em condições normais de operação, por cerca de 100 000 km. Seu envelhecimento se dá por degradação térmica, a temperaturas de cerca de 1000 ºC, que podem ser atingidas caso haja grande quantidade de hidrocarbonetos não queimada, ou por envenenamento. Os venenos principais dos catalisadores são:

— aditivos usados no passado à base de chumbo, que entopem seus poros e inibem sua ação catalítica;
— enxofre, que, além de inibir a ação catalítica do paládio, pode levar à formação de H_2S.

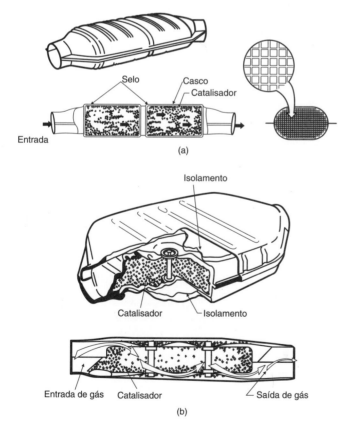

Figura 5.13 Potes catalíticos monolítico (a) e peletizado (b).

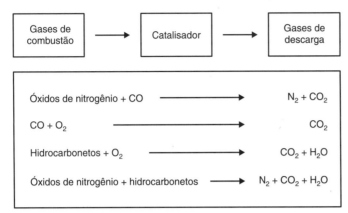

Figura 5.14 Reações nos conversores catalíticos de três vias.

Os veículos que possuem conversores catalíticos não devem consumir gasolina que contenha aditivos antidetonantes à base de chumbo tetraetila ou cujo teor seja superior a 1000 mg/kg. Deve-se controlar o teor de enxofre, particularmente quando se usa catalisador à base de paládio, o que é menos crítico para catalisadores à base de platina. Alguns veículos que dispõem de conversores catalíticos de oxirredução possuem um equipamento que permite o controle da relação ar/combustível em uma região muito próxima da estequiométrica. Esse controle necessita de um dispositivo que determina o teor de oxigênio nos gases da descarga, denominada sonda lambda. O termo lambda é usado por alguns autores para representar o coeficiente de excesso de ar de combustão. A partir da informação sobre o excesso de ar, a sonda lambda envia um sinal para o sistema de injeção eletrônica que, então, dosa a quantidade de gasolina para a condição de ligeiro excesso de ar.

5.5 OS DIVERSOS TIPOS DE MOTORES E OS TIPOS DE GASOLINA

As diferentes tecnologias utilizadas nos motores do ciclo Otto apresentam diferenças básicas que implicam requisitos de qualidade diferentes no combustível. As principais são:

- taxa de compressão: maior taxa de compressão conduz a maior temperatura e pressão no motor, resultando em maior rendimento e exigindo melhor qualidade antidetonante da gasolina;
- injeção eletrônica ou injeção mecânica: na injeção eletrônica ocorre o controle eletrônico da quantidade de mistura, levando a melhor controle da combustão, porém a pressão de injeção maior e os orifícios de passagem menores implicam controle severo da possibilidade de formação de resíduos e goma.

Para atender essas diferenças nos diversos tipos de motores, são oferecidos diferentes tipos de gasolinas, Tabela 5.2, que diferem quanto à:

— qualidade antidetonante: regular, *premium* e *podium*, que atendem às diferentes taxas de compressão;
— aditivação: antioxidante, presente em todas as gasolinas, e controlador de depósitos (detergente e dispersante), que atende à utilização em motores com injeção eletrônica.

No Brasil, são produzidos os seguintes tipos de gasolina automotiva:

Gasolina automotiva tipo A comum: é a gasolina produzida pelas refinarias de petróleo e entregue diretamente às companhias distribuidoras. Essa gasolina constitui-se basicamente em uma mistura de naftas em uma proporção tal que especifique o produto como gasolina C, após a mistura com etanol.

Gasolina tipo A *Premium*: é a gasolina formulada com maior proporção de naftas de maior octanagem do que a utilizada na produção da gasolina tipo A comum e apresenta melhor qualidade antidetonante do que aquela apresentada pela gasolina tipo A comum.

Gasolina tipo A *Podium*®: gasolina desenvolvida pela Petrobras com o objetivo de atender aos requisitos de qualidade antidetonante, expressa pelo índice antidetonante (IAD), de motores nacionais e importados de altas taxas de compressão e alto desempenho.

Gasolina tipo C comum: mistura de gasolina tipo A comum com etanol anidro, na proporção legal prevista.

Gasolina tipo C *Premium*: mistura de gasolina tipo A *premium* com etanol anidro, na proporção legal prevista.

Gasolina tipo C *Podium*®: mistura de gasolina tipo A *podium* com etanol anidro, na proporção legal prevista.

As principais características que diferenciam esses tipos de gasolina são a qualidade antidetonante, o teor de enxofre e a presença de aditivos, como mostrado na Tabela 5.2.

Tabela 5.2 Os tipos de gasolina comercializados no Brasil

Tipo	Aditivos	Qualidade antidetonante	Cor
Comum*	Antioxidante	Regular	Clara ou levemente amarelada
Aditivada	Antioxidante e Detergente & Controlador de Depósitos	Regular	Diversas (BR SUPRA: verde)
Premium	Antioxidante e Detergente & Controlador de Depósitos	Elevada	Clara ou levemente amarelada
Podium®	Antioxidante e Detergente & Controlador de Depósitos	Superelevada	Clara ou levemente amarelada BR PODIUM

*Está previsto pela ANT a extinção da comercialização da gasolina comum (sem aditivo detergente e controlador de depósitos) em 01/01/2014.

5.6 REQUISITOS DE QUALIDADE

Os requisitos de qualidade de uma gasolina automotiva são os seguintes:

— apresentar a adequada qualidade antidetonante, proporcionando queima correta sem causar danos ao motor;

— vaporizar-se adequadamente para garantir as necessidades de fornecimento, de acordo com a temperatura e a região do motor, desde a partida até a operação a plena carga;

— possuir estabilidade, química e térmica, para minimizar a formação de depósitos, os quais afetam o funcionamento do motor;

— ser compatível com os materiais do motor;

— produzir queima limpa, com reduzida emissão de poluentes;

— proporcionar segurança quando de seu manuseio adequado.

Esses requisitos de qualidade são ilustrados na Figura 5.15, onde são indicadas as necessidades de qualidade do produto para o adequado funcionamento do motor.

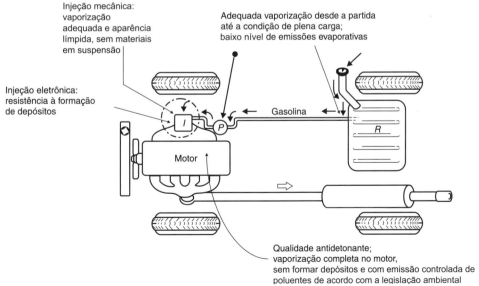

Figura 5.15 Requisitos de qualidade da gasolina.

5.7 CARACTERÍSTICAS DE QUALIDADE DA GASOLINA

5.7.1 Qualidade Antidetonante – Número de Octano

A qualidade antidetonante da gasolina indica a sua resistência em apresentar combustão anormal ou "detonar", termo que representa o processo de combustão anormal de uma parte da gasolina. A ocorrência de detonação em um motor ciclo Otto depende do projeto e das condições do motor e do combustível. Ela se dá, usualmente, após o início da propagação da chama pela faísca da vela, ou seja, após a ignição, formando-se gases a elevada temperatura e alta pressão. A detonação pode ocorrer também na parte da mistura ainda não queimada, quando esta, ao ser pressurizada e aquecida pelos gases formados, entra em combustão antes de ser alcançada pela frente de queima. A Figura 5.16 mostra as principais influências do projeto do motor sobre o requisito de qualidade antidetonante da gasolina.

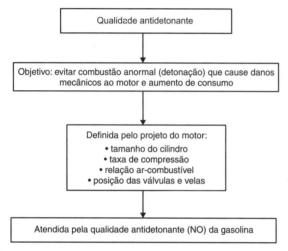

Figura 5.16 Qualidade antidetonante da gasolina e suas influências. (Fonte: Sá, 2009.)

Quando ocorre a combustão anormal da gasolina, a liberação de energia ocorre cerca de 20 vezes mais rápido do que quando ocorre a combustão normal, o que causa oscilações de pressão em alta frequência na câmara (5000 Hz a 8000 Hz), sem que seja absorvida pelo movimento do pistão, Figura 5.17, podendo acarretar danos mecânicos ao motor.

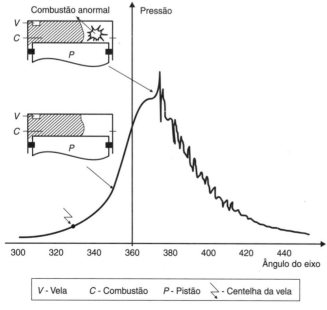

Figura 5.17 Combustão anormal. (Fonte: Guibet, 1987, adaptado.)

Chama-se pré-ignição a autoignição que ocorre antes de a vela produzir centelha, favorecida pelas seguintes condições:

— elevadas temperaturas no eletrodo da vela;
— presença de depósitos de carbono na câmara de combustão, que geram pontos quentes;
— superaquecimento das válvulas.

Esse fenômeno provoca danos ao motor muito sérios, porque a formação de gases de combustão ocorre aliada ao aumento de pressão ocasionado pelo movimento ascendente do pistão, gerando condições para se alcançarem pressões e temperaturas localizadas extremamente elevadas.

5.7.1.1 Parâmetros que influem na qualidade antidetonante

O requisito de qualidade antidetonante de um veículo é influenciado por diversos parâmetros de projeto do veículo e também pelas condições ambientais, entre os quais citam-se:

a) Taxa de compressão, Figura 5.18: quanto maior for a taxa de compressão, maiores serão a temperatura e a pressão no interior da máquina, o que exige do combustível maior resistência à detonação. Mantidas constantes as demais condições, cada incremento de uma unidade na taxa de compressão exige um aumento de 3 a 5 unidades de qualidade antidetonante RON, na faixa de 84 a 105 RON (Hobson; Pohl, 1975).

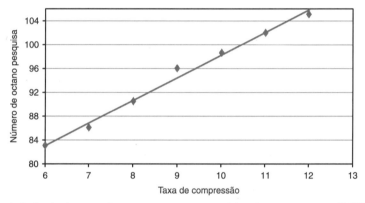

Figura 5.18 Influência da taxa de compressão no requisito de octanagem – RON. (Fonte: Hobson e Pohl, 1975.)

b) Avanço de ignição (Figura 5.19): quanto maior for o avanço de ignição, maiores serão a temperatura e a pressão no interior da câmara. Mantidas constantes as demais condições de projeto, cada grau de avanço demanda um aumento de 0,8 unidade na qualidade antidetonante RON (Guibet, 1999).

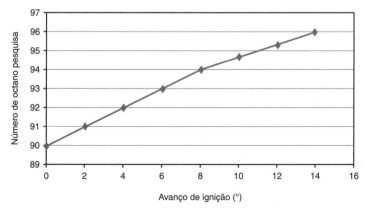

Figura 5.19 Influência do tempo de ignição no requisito da octanagem. (Fonte: Guibet, 1999.)

c) Razão ar-combustível: a condição em que se atinge o máximo de potência produzida, a qual ocorre um pouco acima da razão ar-combustível estequiométrica, Figura 5.20, corresponde à condição de maior pressão e temperatura e à de maior exigência de qualidade antidetonante. A Figura 5.20 (Hobson; Pohl, 1975) mostra o efeito da razão ar-combustível sobre a potência e a eficiência térmica do motor, indicando que elas apresentam pontos máximos em regiões distintas do gráfico. Isso mostra que uma variação nessa razão pode acarretar perdas de potência ou de eficiência, sendo desejável se trabalhar nas imediações do valor estequiométrico, para otimizar globalmente o desempenho do veículo (Guibet, 1999).

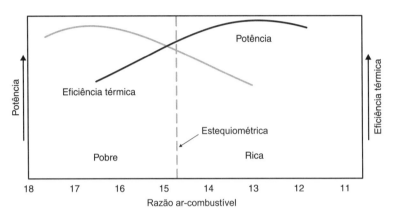

Figura 5.20 Influência da razão ar-combustível na potência e na eficiência da combustão. (Hobson e Pohl, 1975.)

d) Condições ambientais de temperatura, umidade e altitude influem no requisito de qualidade antidetonante e, segundo Guibet (1999), podem implicar:
— maior temperatura ambiente requer maior número de octano do combustível;
— maior umidade do ar requer menor número de octano;
— maior altitude requer menor número de octano.

Dependendo de como o motor esteja sendo solicitado, o requisito de qualidade antidetonante será mais bem representado pela qualidade antidetonante RON ou MON. Assim, em condições de cargas brandas, o valor de RON representa melhor a qualidade antidetonante do produto. Por outro lado, para carga severa, a qualidade antidetonante MON é a mais indicada. Outras condições, como a partida, aceleração e retomada de velocidade, podem ser representadas por outros indicadores de qualidade antidetonante da gasolina, por exemplo, o número de octano da fração evaporada até 100 °C, ou o número de octano médio das frações da gasolina ponderado pela volatilidade (Guibet, 1999). Esses indicadores são chamados em geral de qualidade antidetonante da frente de queima e representam melhor a influência da qualidade antidetonante na fase de aceleração do veículo, desde cargas baixas até plena carga (Guibet, 1999).

5.7.1.2 Atendimento dos requisitos de qualidade antidetonante da gasolina

A qualidade antidetonante das naftas varia segundo o processo de produção, pois elas apresentam diferentes constituições de hidrocarbonetos. Por isso, a formulação da gasolina consiste na mistura de naftas na proporção adequada para preencher não só o requisito de qualidade antidetonante como também outros requisitos de qualidade, como pressão de vapor Reid, faixa de destilação, estabilidade e outras características.

Na Figura 5.21 é mostrado o número de octano de naftas de diversos processos de refino em função dos seus pontos de ebulição, notando-se que o fracionamento de algumas dessas naftas permite alcançar valores elevados de qualidade antidetonante, como no caso das correntes oriundas de reforma catalítica e de FCC.

No Brasil e no mundo, a gasolina pode receber, ainda, a adição de compostos oxigenados, entre os quais o etanol anidro. Esses compostos aumentam o número de octano do produto final, contribuindo para que não sejam mais usados aditivos com esse propósito. Os aditivos melhoradores de qualidade antidetonante, à base de chumbo e de outros metais, além de provocarem a formação de depósitos no motor, trazem grandes riscos ambientais e contaminam os catalisadores de oxirredução utilizados no sistema de descarga de gases de combustão do veículo.

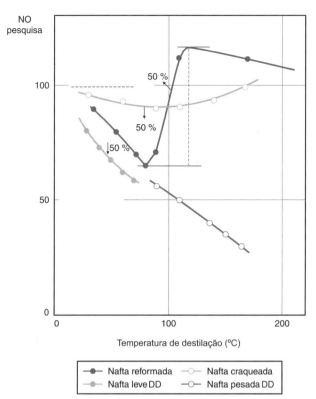

Figura 5.21 Número de octano pesquisa de naftas. (Fonte: Guibet, 1999, adaptado.)

5.7.2 Volatilidade – Vaporização em Toda a Faixa de Funcionamento

A volatilidade da gasolina é representada por sua faixa de destilação e por sua pressão de vapor Reid. A vaporização da gasolina deve ocorrer de forma equilibrada, sem excessos ou deficiências de quantidades para atender às necessidades da máquina, desde a sua partida até o seu funcionamento a plena carga, Tabela 5.3, Figuras 5.22 a 5.24.

Tabela 5.3 Influência das frações de gasolina no funcionamento dos motores (Sá, 2009, adaptado.)

Tipo das frações	Efeitos no funcionamento do motor
FRAÇÕES LEVES Faixa de PIE a 20 %	Facilitam a partida a frio, porém podem trazer riscos de tamponamento e percolação
FRAÇÕES MÉDIAS Faixa de 20 % a 80 %	Facilitam a aceleração e a retomada de velocidade
FRAÇÕES PESADAS Faixa de 80 % ao PFE	Reduzem o consumo específico, porém podem trazer riscos de diluição do óleo lubrificante e de formação de depósitos

A volatilidade da gasolina é um dos principais responsáveis pelo que se chama de dirigibilidade do veículo a quente e a frio. Esse conceito inclui os problemas decorrentes da:

— partida a frio, que se deve principalmente à vaporização insuficiente para sustentar a partida, avaliada pela $T_{10\%}$ D86 evaporados e à vaporização insuficiente para a adequada aceleração do veículo, avaliada pelo teor de frações médias na gasolina ($T_{50\%}$ D86);

— partida a quente, que inclui problemas de tamponamento por bolhas de vapor e percolação, avaliada pela parte inicial da curva de destilação ou pela PVR;

— operação a plena carga, em que se deseja produzir a máxima potência com o menor consumo sem a formação de depósitos pela combustão incompleta, avaliada pela $T_{90\%}$ D86 evaporados e PFE da gasolina.

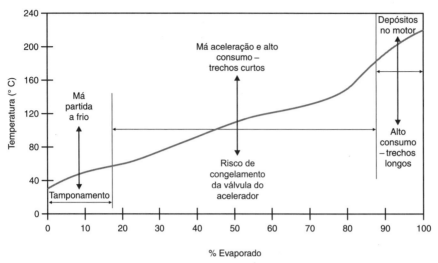

Figura 5.22 Influência de hidrocarbonetos na volatilidade da gasolina.

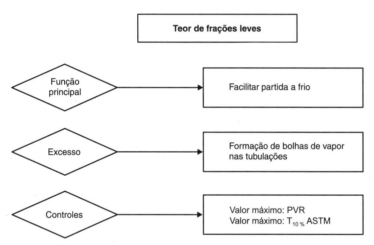

Figura 5.23 Influência das frações leves na volatilidade da gasolina.

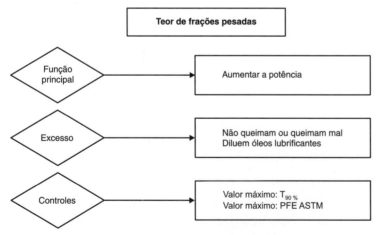

Figura 5.24 Influência de hidrocarbonetos na volatilidade da gasolina.

Alguns países estão inserindo nas especificações o Índice de Dirigibilidade, que traduz o efeito global da volatilidade da gasolina sobre a dirigibilidade do veículo, a frio e a quente, como:

$$ID = (T_{10} + T_{50} + T_{90} + 11,5 \ (\% \text{ Oxigênio em volume})) \quad (5.2)$$

5.7.3 Estabilidade – Goma Atual, Período de Indução, Teor de Olefinas

A gasolina deve ser estável, química e termicamente, para evitar a formação de depósitos, os quais afetam a durabilidade do motor, seu desempenho e sua dirigibilidade. A formação de depósitos no motor pode ser decorrente da existência de:

— substâncias que formam resíduo de carbono, o que é função do ponto final de ebulição da gasolina;

— substâncias poliméricas pastosas, conhecidas como gomas, Figura 5.25.

A presença de goma na gasolina é avaliada pelo ensaio de goma atual, enquanto sua estabilidade é avaliada pelos ensaios de período de indução, podendo ser usado, adicionalmente, o ensaio de goma potencial.

A formação de goma é devida à oxidação de olefinas e, principalmente, de diolefinas, que se inicia pelas reações de oxidação, formando radicais livres precursores das reações de polimerização que levam à formação de sedimentos. As substâncias poliméricas formadas ao final desse processo ficam dispersas na gasolina e não se vaporizam nas condições de funcionamento do motor, deixando resíduos que podem se depositar no sistema de injeção ou na câmara de combustão, prejudicando o desempenho do veículo. Para que a gasolina seja estável química e termicamente, controla-se sua qualidade quanto à presença de compostos instáveis, como os hidrocarbonetos do tipo diolefínico. A presença de goma na gasolina é avaliada pelo ensaio de goma atual, enquanto sua estabilidade é avaliada pelos ensaios de período de indução e de goma potencial.

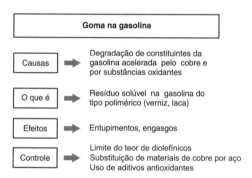

Figura 5.25 Formação de gomas na gasolina.

5.7.4 Compatibilidade com os Materiais – Corrosividade

A compatibilidade da gasolina com os materiais do motor é avaliada pelo ensaio de corrosividade a lâmina de cobre, o qual sofre a influência dos compostos sulfurados, notadamente H_2S e enxofre elementar, como descrito no Capítulo 3. Outros compostos, como mercaptanos, etanol e eventuais presenças de ácidos e água, podem levar a um aumento da corrosividade do combustível e da incompatibilidade com alguns materiais usados em tanques e bombas.

5.7.5 Emissões – PVR, Teor de Enxofre, de Benzeno, de Aromáticos e de Olefinas

A presença de compostos sulfurados, medida pelo teor de enxofre total, é importante para avaliar a qualidade da gasolina quanto às emissões de óxidos de enxofre nos gases de combustão. O teor de aromáticos e o teor de olefinas também são importantes, pois essas substâncias podem produzir, pela combustão, compostos poluentes como o benzeno e produtos que afetam a camada de ozônio. Um outro tipo de emissão que afeta o meio ambiente é a evaporativa, que é avaliada pela PVR e pelo teor de benzeno na gasolina.

5.7.6 Segurança na Utilização – PVR

A segurança na utilização da gasolina é avaliada pela pressão de vapor Reid, que varia diretamente com o teor de hidrocarbonetos leves e com a presença de etanol. A pressão de vapor da gasolina e de suas misturas com etanol deve ser controlada em um valor máximo, de forma a reduzir o risco de emissões de hidrocarbonetos leves que podem se inflamar à temperatura ambiente.

5.8 AS ESPECIFICAÇÕES DOS DIVERSOS TIPOS DE GASOLINAS

Os requisitos de qualidade devem ser atendidos pela adequação das características das gasolinas por meio das especificações legais, fixadas no Brasil pela Agência Nacional de Petróleo, Tabela A.2.

São utilizados diversos processos de refino para produzir correntes que irão compor o *pool* de gasolina. Essas correntes são misturadas na área final da refinaria, produzindo-se a chamada gasolina A, segundo os diversos tipos, comum, *Premium* ou *Podium*. A proporção das correntes que compõem a gasolina A é definida de acordo com as características de cada corrente e com o tipo de gasolina A que se quer produzir.

Além da mistura adequada de naftas para a produção de gasolina, visando garantir a qualidade do produto e ajudá-lo a suportar as condições oxidantes – ar, temperatura e agentes externos –, adicionam-se dois tipos de aditivos à gasolina: o antioxidante, logo após a sua produção em refinarias, com o objetivo de impedir ou retardar a formação de goma, e os aditivos detergente e dispersante, na base de distribuição do produto, com a finalidade de manter limpo o motor e/ou promover a limpeza dos sistemas de estocagem, transporte e utilização da gasolina. Na base distribuidora são adicionados também o etanol e o corante particular de cada distribuidora, Figura 5.26.

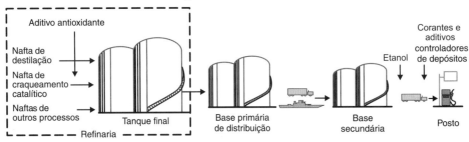

Figura 5.26 A cadeia de produção da gasolina.

5.9 AS CORRENTES EMPREGADAS NA PRODUÇÃO DE GASOLINA

A gasolina é seguramente o derivado de petróleo para o qual foi desenvolvido o maior número de processos, objetivando o aumento da sua produção e a adequação da qualidade. Utilizam-se como cargas para a sua produção desde produtos leves como butanos, butenos, pentanos e hexanos e a própria nafta de destilação, nos processos de alquilação, isomerização e reforma catalítica, até frações pesadas como gasóleos e resíduos de vácuo, nos processos de craqueamento catalítico e coqueamento retardado, Figura 5.27. A seguir são analisadas as principais características das naftas oriundas desses processos.

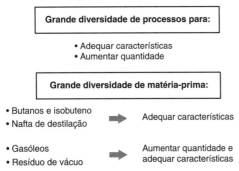

Figura 5.27 Processos e matérias-primas para a produção de gasolina.

5.9.1 Naftas de Destilação Direta

Pelo processo de destilação produzem-se dois ou mais tipos de nafta: leve, pesada e intermediária. A composição dessas naftas depende do tipo de petróleo refinado, porém, como se constituem em frações leves, apresentam teores de enxofre de acordo com o petróleo que lhes deu origem, sendo em geral baixo; não contêm hidrocarbonetos olefínicos, tendo altos teores de saturados, principalmente parafínicos, e baixo teor de aromáticos. Por isso, as naftas de destilação apresentam baixa qualidade antidetonante e excelente estabilidade à oxidação. Em muitos casos, a nafta pesada passa pela unidade de reforma catalítica antes de ser enviada para o *pool* de gasolina, e a nafta leve é enviada para a indústria petroquímica.

5.9.2 Nafta de Craqueamento Catalítico

A nafta obtida pelo craqueamento catalítico fluido (FCC) apresenta altos teores de hidrocarbonetos aromáticos e olefínicos. Os catalisadores modernos desse processo atuam no sentido de aumentar a produção de compostos aromáticos, observando-se, ainda, predomínio dos hidrocarbonetos parafínicos ramificados em relação aos normais. A nafta de craqueamento catalítico apresenta elevada qualidade antidetonante, baixa estabilidade e alto teor de enxofre. O alto teor de enxofre nessa nafta se deve a que os compostos sulfurados, ocorrendo em maior teor nas frações mais pesadas do petróleo, como o gasóleo de vácuo carga desse processo, são também craqueados e se distribuem nas frações obtidas por esse processo, como H_2S, mercaptanos e outros sulfurados. Desses compostos, o H_2S e os alquilmercaptanos de baixa massa molar saem junto com os produtos mais leves (gás combustível, GLP e nafta). A fim de remover esses compostos, os produtos leves de craqueamento catalítico (GLP e nafta) necessitam de tratamento mais severo do que os correspondentes de destilação, considerando-se o mesmo petróleo. A nafta de FCC precisa ser hidrotratada seletivamente para atender aos requisitos de teor de enxofre na gasolina com a mínima perda de qualidade antidetonante pela hidrogenação dos hidrocarbonetos olefínicos.

5.9.3 Nafta de Reforma Catalítica

Esse processo é realizado em presença de hidrogênio com catalisador para favorecer a formação de aromáticos na nafta reformada, a qual apresenta elevada qualidade antidetonante e boa estabilidade à oxidação, uma vez que não contém hidrocarbonetos olefínicos. O teor de enxofre no reformado é bastante reduzido, já que a carga é previamente submetida ao hidrotratamento, visando remover contaminantes, entre os quais os compostos sulfurados, que afetariam a atividade do catalisador, à base de platina e de um segundo metal.

5.9.4 Nafta de Coqueamento Retardado

Essa nafta apresenta elevado teor de enxofre e baixa estabilidade devido às características da carga, resíduo de vácuo, que normalmente apresenta alto teor de enxofre, alto teor de nitrogênio, e por ser obtida por um processo via craqueamento térmico, onde se formam hidrocarbonetos olefínicos e diolefínicos. Essas características fazem com que essa nafta necessite ser hidrotratada para remoção de compostos sulfurados e para a saturação dos olefínicos e diolefínicos. Como há redução sensível do número de octano, após o hidrotratamento a nafta segue para o processo de isomerização ou de reforma catalítica para melhorar sua qualidade antidetonante, quando se deseja utilizá-la no *pool* de gasolina. A nafta de coqueamento após hidrotratamento apresenta composição e características semelhantes as da nafta de destilação.

5.9.5 Nafta de Hidrocraqueamento Catalítico

O processo de hidrocraqueamento catalítico combina craqueamento e hidrogenação. Os produtos desse processo apresentam predominância de hidrocarbonetos parafínicos e naftênicos, praticamente não ocorrendo olefínicos, e a presença de aromáticos irá depender da severidade do processo. O teor de enxofre é bastante reduzido devido ao hidrocraqueamento de compostos de enxofre, que são convertidos a H_2S, o qual é posteriormente removido. Devido às suas características, com alto teor de compostos saturados, essa nafta apresenta excelente estabilidade à oxidação, qualidade antidetonante intermediária, e se constitui em excelente matéria-prima para a produção de aromáticos, via unidade de reforma catalítica.

5.9.6 Nafta de Alquilação

Esse processo combina isobutano com olefinas de forma a produzir isoparafínicos de ótima qualidade antidetonante, elevada estabilidade e reduzido teor de enxofre. No caso de a olefina ser o isobuteno, produz-se o iso-octano, produto tomado como padrão de boa qualidade antidetonante da gasolina.

5.9.7 Nafta de Isomerização

Por esse processo se efetua o rearranjo molecular de compostos n-parafínicos, para se obterem parafínicos ramificados; é realizado cataliticamente em atmosfera de hidrogênio. A nafta isomerizada apresenta excelente estabilidade, boa qualidade antidetonante, baixo teor de enxofre e alta volatilidade.

5.9.8 Líquido de Gás Natural

Uma pequena fração do gás natural é composta por hidrocarbonetos parafínicos de cinco a nove átomos de carbono e, por fracionamento, pode produzir cerca de 1 % a 5%, em massa do gás natural, de nafta de características marcadamente parafínicas, apresentando baixa qualidade antidetonante, alta pressão de vapor, baixa densidade e elevada estabilidade.

5.9.9 Esquema de Produção da Gasolina no Brasil

Os valores típicos de número de octano, temperaturas de destilação ASTM D86, PVR e composição das naftas oriundas dos diversos processos são apresentados na Tabela 5.4. As naftas de FCC hidrodessulfurizada, de destilação e de coqueamento hidrotratadas, e de reforma catalítica se constituem na base para a produção de gasolina devido ao volume produzido e às suas características, já mencionadas nesta seção. Os processos de alquilação e isomerização elevam substancialmente a octanagem da gasolina, que apresenta ótima estabilidade e baixo teor de enxofre.

Tabela 5.4 Características típicas das frações componentes do *pool* de gasolina (Fonte: Parkash, 2003.)

Característica	Butano	Nafta DD Leve	Nafta DD Pesada	Nafta de coqueamento	Nafta FCC	Alquilada	Nafta reformada	Nafta hidrocraqueada	Nafta isomerizada
Densidade	0,58	0,66	0,70	0,71	0,75	0,70	0,79	0,69	0,64
PVR (kPa)	392,2	69,6	44,1	42,2	43,1	28,4	42,2	43,1	78,4
PIE (°C)		30	117	35	39	37	60	39	35
10 % (°C)		38	121	50	56	82	72	71	42
30 % (°C)		45	135	80	73	98	90	94	44
50 % (°C)		52	145	120	105	102	112	120	47
70 % (°C)		61	170	140	146	106	135	138	52
90 % (°C)		77	180	165	179	125	157	155	61
PFE (°C)		101	205	188	204	184	174	178	75
Parafínicos (% vol)	100	84	55	35	31	100	41		95
Naftênicos (% vol)		14	35	12	13			78	5
Olefinas (% vol)				45	27			21	
Aromáticos (% vol)		2	10	8	29		59	1	
RON	95	40-60	30-50	75	91	94	98	75	83
MON	92	40-60	30-50	68	83	92	88	70	83

Como mostrado na Figura 5.28, a produção de gasolina automotiva no Brasil tem como base as correntes de:

— nafta de FCC, hidrodessulfurizada seletivamente;

— nafta reformada, obtida pela reforma das naftas pesada de destilação e de coqueamento;

— naftas pesada de destilação e de coqueamento hidrotratadas;

— nafta alquilada.

A longo prazo, em decorrência das restrições à presença de aromáticos e às emissões evaporativas, há a tendência de crescimento da participação dos processos de hidrocraqueamento, alquilação e isomerização na produção de gasolina. Atualmente, novos processos estão sendo desenvolvidos para atender às exigências ambientais e de qualidade da gasolina automotiva, que mostram tendência de redução dos teores de aromáticos, de olefínicos e de compostos sulfurados, com ligeiro aumento de octanagem e da estabilidade, Figura 5.28.

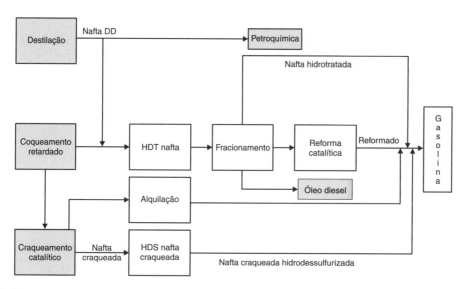

Figura 5.28 Diagrama global de processos de produção de gasolina. (Perissé, 2007.)

5.10 A UTILIZAÇÃO DE OXIGENADOS NA GASOLINA

A utilização de oxigenados na gasolina, em teores diversos, tem sido uma prática mundial, com objetivos ambientais e de redução do consumo de petróleo. As Tabelas 5.5 e 5.6 apresentam as principais propriedades desses compostos.

Tabela 5.5 Características de oxigenados

Oxigenados	Solubilidade na gasolina	Solubilidade na água	Compatibilidade com equipamento	Toxicidade	PVR	Custo
Metanol	Baixa	Total	Agressivo	Elevada	Média	Baixo
Etanol	Completa	Total	Boa	Reduzida	Baixa	Médio
MTBE	Completa	Baixa	Boa	Média	Alta	Médio
ETBE	Completa	Baixa	Boa	Reduzida	Baixa	Alto
TAME	Completa	Baixa	Boa	Reduzida	Baixa	Alto

Tabela 5.6 Propriedades de oxigenados

Propriedade de oxigenado	Metanol	Etanol	MTBE	ETBE	TAME	Gasolina
Massa molar (kg/kmol)	32,04	46,07	88,15	102,2	102,8	100-105
Composição						
% C	37,5	52,2	88,1	70,5	70,5	85-89
% H	12,6	13,1	13,7	13,8	13,8	12-15
% O	49,9	34,7	18,2	15,6	15,7	0
Densidade (20/4 °C)	0,792	0,789	0,740	0,741	0,766	0,720-0,790
Poder calorífico inferior (J/kg)	19.874,0	26.693,9	35.124,7	35.982,4	35.982,4	43.095,2
Ar-Combustível (kg/kg)	6,45	9,00	11,7	12,1	12,1	14,5-15
Entalpia de vaporização (J/kg)	2,5	5,0	1,5	1,9	2,3	1,7
P. ebulição (°C)	64,6	78,5	55,4	73,1	86,3	30-220
RON (valor de mistura)	133	129	118	119	112	88-105
MON (valor de mistura)	99	96	100	112	98	80-100
PVR (kPa)	32	16	54	28	10	40-80
PVR (valor de mistura) (kPa)	4470	140	620	20	25	
Solubilidade na água	100	100	4,3	28,0	1,2	Insignificante

A mistura de oxigenados à gasolina influencia algumas de suas propriedades, que afetam o funcionamento do motor, o qual deve ser adaptado para trabalhar com essa mistura. Entre essas influências citam-se o consumo e a razão ar-combustível discutidos a seguir.

5.10.1 Consumo

Levando em conta apenas a energia liberada pela combustão, definida pelo poder calorífico, e a octanagem, que se reflete em maior rendimento, pelo aumento da taxa de compressão, o consumo de etanol é cerca de 25 % maior do que o de gasolina, Figura 5.29.

Consumo de gasolina × etanol	
Poder calorífico	
Gasolina = 10.300 kcal/kg Etanol = 5500 kcal/kg	Gasolina produz mais energia: (10.300/5500) × 100 = 66 % a mais
Qualidade antidetonante (no motor)	
Gasolina = 82 Etanol = 96	Etanol permite maior taxa de compressão, com maior rendimento térmico (cerca de 10 %)
Considerando os dois aspectos: Etanol consome cerca de 25 % a mais em volume	

Figura 5.29 Comparação simplificada do consumo de etanol e de gasolina.

5.10.2 Razão Ar-Combustível

A razão ar-combustível influi na eficiência térmica, na potência, no consumo e nas emissões do veículo. Para obter queima completa, com o mínimo de poluição, a regulagem dos motores deve se dar segundo o tipo de combustível, Figura 5.30. O etanol requer menos ar para a queima do que a gasolina, pois a presença de oxigênio no combustível reduz a necessidade de ar para a combustão. A adição de etanol à gasolina reduz o teor de enxofre e o teor de hidrocarbonetos aromáticos e olefínicos, com consequente redução das emissões dessas substâncias nos gases da descarga.

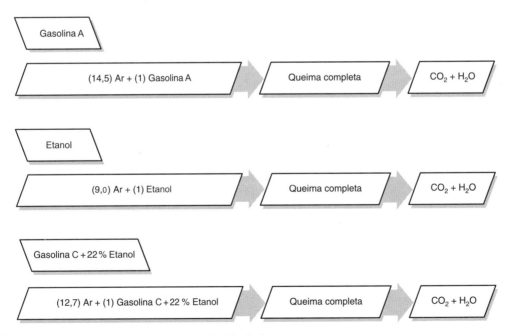

Figura 5.30 Razões estequiométricas ar-combustível (kg/kg).

Todavia, qualquer que seja o caso, gasolina pura ou com etanol, o motor deve operar de forma a atender os níveis de emissões exigidos por legislação específica e ser controlado pelo acompanhamento anual da frota de veículos. Isso ocorre porque os motores atuais estão equipados com dispositivos que controlam as emissões alterando o funcionamento, entre os quais a sonda lambda, cuja função é atuar na razão ar-combustível visando a uma combustão completa para que não haja emissões de poluentes acima do que é especificado.

5.11 AS EMISSÕES DE UM MOTOR CICLO OTTO

Os produtos da combustão em um motor ciclo Otto podem causar problemas ambientais caso essa combustão seja incompleta. Para minimizar esses problemas, o Conselho Nacional de Meio Ambiente, CONAMA, estabeleceu limites de emissões em programas – PROCONVE – que devem ser observados, qualquer que seja o combustível utilizado, Tabela 5.7.

Tabela 5.7 Limites de emissões de veículos leves no Brasil (Cordeiro, 2009.)

Fases do PROCONVE	Ano de fabricação do veículo	CO (g/km)	HC (g/km)	NMHC (não metano HC) (g/km)	NO$_x$ (g/km)	Aldeídos (g/km)
L-1	1989	24,0	2,1	–	2,0	–
L-2	1992	12,0	1,2	–	1,4	0,16
L-3	1997	2,0	0,3	–	0,6	0,03
L-4	2007	2,0	0,3	0,16	0,25	0,03
L-5	2009	2,0	0,3	0,05	0,12	0,02
L-6	2013	1,3	0,3	0,05	0,08	0,02

5.12 ADITIVOS PARA A GASOLINA

Aditivos podem ser definidos como substâncias que são adicionadas a um produto em pequenas quantidades, da ordem de mg/kg, para modificar o comportamento desse produto, corrigindo uma ou mais deficiências e melhorando o seu desempenho global sem contudo alterar outras propriedades. Os aditivos têm grande importância para o refino, pois são capazes de proporcionar a flexibilização da produção de derivados com mínimo investimento e utilização praticamente imediata. Para serem utilizados, os aditivos necessitam ser homologados para comprovar:

— seu propósito de utilização;

— sua compatibilidade com os materiais dos equipamentos, motor, dutos e tanques com os quais estarão em contato;

— sua estabilidade, não devendo provocar degradação do produto ao qual serão adicionados.

5.12.1 Classificação dos Aditivos para a Gasolina

Os aditivos podem ser classificados de acordo com sua finalidade de utilização em melhoradores de desempenho e mantenedores da qualidade.

5.12.1.1 Melhoradores de desempenho

Permitem melhorias de qualidade do produto, que se traduzem em aumento da eficácia e da durabilidade do motor. Nessa classe, entre os aditivos utilizados na gasolina, citam-se os outrora utilizados aditivos antidetonantes, que atuavam no sentido de impedir a propagação dos radicais livres formados pela autoignição da gasolina. Esses produtos, à base de chumbo, deixaram de ser utilizados, pois, além de tóxicos, levam à formação de depósitos na câmara de combustão ou no pote de catalisador de oxirredução. Poluem também a atmosfera devido à toxicidade do chumbo inorgânico, presente nos gases de combustão. De forma geral, não é mais utilizado nenhum aditivo na gasolina com essa finalidade.

5.12.1.2 Mantenedores da qualidade

Esses aditivos permitem a manutenção da qualidade do produto, desde a sua produção até a sua utilização. Para a gasolina, nessa classe enquadram-se os aditivos, que têm a função de retardar a formação de gomas por oxidação e/ou a sua aglomeração e deposição nos sistemas com os quais eles têm contato. Esses aditivos facilitam, ainda, a movimentação de produtos através de dutos e outros sistemas de transporte e a sua estocagem, impedindo a sua degradação e contaminação. Para os produtos de petróleo em geral, constam nessa classe:

— antioxidantes;
— detergentes e dispersantes que atuam juntos para evitar a formação de depósitos e a ocorrência de problemas de obstrução de fluxo que, por sua vez, podem acarretar problemas de dirigibilidade e aumento de consumo e de emissões (Figura 5.31);
— desativadores de metais, para neutralizar a ação catalítica dos metais na formação de gomas, permitindo utilizar menor teor de antioxidantes e contribuindo também para evitar a formação de depósitos;
— inibidores de corrosão.

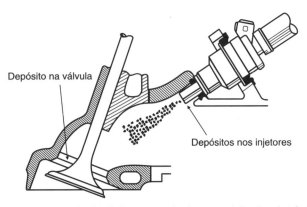

Figura 5.31 Localização de depósitos em veículos com injeção eletrônica.

5.12.2 A Utilização dos Aditivos na Gasolina

No Brasil e em muitos países do mundo, o uso de aditivos na gasolina está restrito à classe de mantenedores da qualidade. Utiliza-se no Brasil os seguintes aditivos.

- Antioxidantes

Os aditivos antioxidantes interagem com os componentes da gasolina. Por isso, devem ser testados com as gasolinas disponíveis, antes da sua utilização. Os fabricantes recomendam que seja controlado o teor máximo de compostos que interferem na ação dos aditivos, entre os quais H_2S, sulfetos, mercaptanos e chumbo (Silva, 2011).

Os principais tipos de antioxidantes são:
— Diaminas aromáticas: possuem alta eficácia, mas devem ser usados moderadamente, porque o caráter aromático desses compostos confere-lhes polaridade, o que facilita sua solubilidade na água. A quantidade utilizada está na faixa de 5 mg/kg a 20 mg/kg, preferencialmente em naftas de craqueamento catalítico, convenientemente tratadas.
— Alquilfenóis: apresentam menor eficácia que os anteriores, necessitando por isso usar maior quantidade, na faixa de até 100 mg/kg. São bastante efetivos quando o teor de olefinas é menor do que 10 % em volume.

- Detergentes – dispersantes: controladores de depósitos

Apesar de existir mais de um tipo de aditivo desse tipo, os mais usados atualmente são as polieteraminas, que são particularmente efetivas para depósitos em câmaras de combustão, atuando bem em todo o sistema de admissão (Silva, 2011). Os aditivos, de forma geral, interagem com os componentes da gasolina, por isso devem ser testados com as gasolinas disponíveis, antes da sua utilização.

EXERCÍCIOS

1. Entre as gasolinas I, II e III, qual você escolheria como a melhor quanto aos seguintes itens, justificando as respostas?

Propriedades	Gasolina I	Gasolina II	Gasolina III
Densidade 20/4 (°C)	0,7447	0,756	0,7629
PVR (kgf/cm²)	0,55	0,567	0,63
%S em massa	0,09	0,14	0,11
$T_{10\%}$ (°C)	50	55	58
$T_{50\%}$ (°C)	77	87	100
$T_{90\%}$ (°C)	171	183	190
$T_{100\%}$ (°C)	208	212	212
NO motor	83	83	82
NO pesquisa	97	95	96
Goma atual (% m)	2,9	3,2	2
Goma potencial (% m)	19	12	22
Período de indução (h)	650	760	360
Benzeno (% vol)	1,2	1,5	1,5
EAC (% vol)	22	22	22
HCs olefínicos (% vol)	38	30	39
HCs aromáticos (% vol)	28	32	30

a) estabilidade:

b) partida e aquecimento:

c) qualidade antidetonante nas diversas condições de funcionamento do motor:

d) emissões evaporativas:

EAC – etanol anidro combustível.

2. Considere que façam parte de um *pool* de gasolina as seguintes correntes: nafta de destilação (DD), nafta de craqueamento catalítico (FCC) e nafta de reforma catalítica. Indique <u>uma</u> característica influenciada positivamente e <u>uma</u> negativamente por cada corrente.

Corrente	Influências positivas	Influências negativas
Nafta DD		
Nafta de FCC		
Nafta de reforma catalítica		

3. Identifique dois ensaios da gasolina que monitoram cada um dos seguintes requisitos de qualidade:

Não produzir depósitos, evitando entupimentos e danos às peças do motor.	
Ótimo desempenho em diferentes rotações do motor.	
Resposta rápida à partida e aquecimento.	

4. A gasolina é o derivado de petróleo formado por uma mistura de hidrocarbonetos com faixa de ebulição de 30 °C a 220 °C, utilizado em máquinas de ignição por centelha (ICE). Estão apresentados a seguir alguns requisitos de qualidade da gasolina. Associe cada um desses requisitos a uma ou mais características contidas na especificação do produto (15 pontos):

184 Capítulo 5

(a) Entrar em combustão sem detonar, para proporcionar o adequado rendimento do motor sem danificá-lo.	( ) $T_{10\%}$ evaporados
	( ) Número de octano
(b) Vaporizar-se adequadamente para garantir as necessidades de fornecimento na partida.	( ) Teor de enxofre
	( ) Teor de compostos leves
(c) Proporcionar boa "dirigibilidade".	( ) Temperatura 90 % e 100 % evaporados
(d) Queimar de forma limpa e completa, sem deixar resíduo.	( ) Período de indução
(e) Não formar goma durante o seu armazenamento.	( ) % de olefinas
(f) Não produzir emissões evaporativas que possam trazer danos ao meio ambiente.	( ) Pressão de vapor Reid (PVR)
	( ) $T_{50\%}$ evaporados
(g) Não produzir, pela combustão, gases poluentes à atmosfera.	( ) % de benzeno
	( ) % de aromáticos

5. Alguns dos requisitos de qualidade da gasolina são listados abaixo. Para cada um desses requisitos relacionar a característica de volatilidade, bem como o(s) tipo(s) de hidrocarboneto(s) que produz(em) o maior impacto positivo nesses requisitos.

Características de volatilidade a serem consideradas: PVR, $T_{10\%}$, $T_{50\%}$, $T_{90\%}$, PFE, resíduo.

Tipos de hidrocarbonetos a serem considerados: parafínicos normais, parafínicos ramificados, olefínicos, diolefínicos, aromáticos e naftênicos.

Caso não haja influências das características de volatilidade ou do tipo de hidrocarbonetos, escrever "NÃO HÁ INFLUÊNCIA".

A. Requisito de qualidade: entrar em combustão sem detonar, para proporcionar o adequado rendimento do motor sem danificá-lo.

Volatilidade:

Tipo de HC:

B. Requisito de qualidade: proporcionar boa "dirigibilidade".

Volatilidade:

Tipo de HC:

C. Requisito de qualidade: não produzir emissões evaporativas que possam trazer danos ao meio ambiente.

Volatilidade:

Tipo de HC:

D. Requisito de qualidade: não produzir resíduos por oxidação, para evitar formação de depósitos e entupimentos no motor.

Volatilidade:

Tipo de HC:

CAPÍTULO 6

Querosene de Aviação

6.1 DEFINIÇÃO

O querosene de aviação – QAV – é definido como um derivado de petróleo de faixa de ebulição compreendida entre 150 ºC e 300 ºC, com predominância de hidrocarbonetos parafínicos de 9 a 15 átomos de carbono, utilizado em turbinas aeronáuticas.

No passado, em outros países, a nafta chegou a ser utilizada como fração básica para a produção de combustível para turbinas aeronáuticas, porém foi substituída pelo querosene devido à grande demanda de nafta para a indústria automotiva, à sua maior pressão de vapor e à sua relativamente baixa densidade, o que exige maiores volumes para um mesmo fornecimento de energia.

Presentemente, o desenvolvimento tecnológico das turbinas de aviação exige que o combustível adequado apresente facilidade de bombeamento a baixas temperaturas, facilidade de reacendimento em elevadas altitudes, combustão limpa, com baixa emissão de energia radiante e reduzida tendência à formação de depósitos. Essas características levam à escolha do QAV, com faixa de ebulição intermediária entre a da gasolina e a do óleo diesel, como o combustível ideal para jatos.

O crescimento da aviação civil tem provocado o aumento da demanda de QAV, causando impacto no refino de petróleo devido ao grande consumo de gasolina automotiva e de óleo diesel, derivados de faixa de ebulição que se sobrepõe ao QAV.

6.2 CONSTITUIÇÃO DO QAV

O QAV é uma mistura de hidrocarbonetos na faixa de C_9 a C_{15}, em geral, cujo limite inferior é controlado pelo seu ponto de fulgor. A faixa superior (hidrocarbonetos mais pesados) é limitada por propriedades, como o ponto de congelamento, o ponto de fuligem, o teor de aromáticos, a estabilidade e o teor de enxofre.

A faixa de composição em porcentagem volumétrica de hidrocarbonetos presentes no QAV obtido por destilação direta é a seguinte, Tabela 6.1:

Tabela 6.1 Composição do QAV

	Parafínicos	Naftênicos	Monoaromáticos	Diaromáticos
Média (% vol)	42	39	18	2,5
Máximo (% vol)	56	50	24	4,0
Mínimo (% vol)	34	29	10	1,5

O teor de aromáticos é limitado devido à radiação na câmara de combustão e à formação de fuligem na combustão, sendo que os diaromáticos são os que apresentam as piores características de queima. Além de hidrocarbonetos, pode ocorrer a presença de compostos de enxofre, de nitrogênio e de oxigênio. Esses heterocompostos, se presentes no QAV, devem ser removidos, por trazerem danos ao sistema de combustível e à turbina. Os compostos de enxofre podem afetar as câmaras de combustão e as pás das turbinas das aeronaves, causando corrosão. Os mercaptanos, em particular, além do aroma desagradável, têm ação sobre elastômeros, podendo provocar dilatação e intumescimento de juntas e gaxetas, causando vazamentos. Os compostos de nitrogênio provocam instabilidade no combustível, por reações de degradação desses compostos. A acidez do QAV é prejudicial à sua qualidade em termos de corrosividade e de estabilidade térmica.

6.3 UTILIZAÇÃO

O QAV é classificado em dois tipos: combustível para aviação civil (QAV-1) e para aviação militar (JP-5). Em alguns casos, o QAV militar pode exigir características de volatilidade e de escoamento mais rigorosas devido à variação de pressão e de temperatura provocadas pelas súbitas decolagens e aterrissagens que podem ocorrer em aviões militares.

6.4 FUNCIONAMENTO DA TURBINA AERONÁUTICA

As turbinas utilizadas nos aviões são concebidas para produzirem trabalho mecânico a partir da energia térmica obtida pela combustão do QAV. Diferentemente das máquinas a combustão interna a pistão, as turbinas aeronáuticas utilizam combustão contínua, obtendo-se movimento pela força associada à energia cinética liberada pelos gases gerados na queima do QAV. A conversão de energia térmica em energia mecânica ocorre pela expansão dos gases de combustão a elevada temperatura e pressão através da turbina. Existem quatro tipos de equipamentos empregados:

a) Turbinas TURBOJET, em que a energia gerada pelos gases de exaustão é aproveitada de forma que o empuxo seja todo ele devido à saída dos gases pela parte posterior da turbina. Exemplo: aviões militares e caças. Parte da energia gerada pelos gases é utilizada para movimentar a turbina e o compressor.

b) Turbinas TURBOSHAFT, como as dos helicópteros, em que a maior parte da energia dos gases é convertida em energia mecânica para acionamento da hélice, acionando também a turbina e o compressor.

c) Turbinas TURBOPROP, nas quais quase todo o empuxo é proveniente da energia mecânica da hélice, complementado pela energia oriunda da descarga dos gases. Por exemplo as aeronaves turbo-hélice.

d) Turbinas TURBOFAN, as mais utilizadas atualmente na aviação comercial, com melhor rendimento e economia de combustível, em que a maior parte do empuxo é proveniente da energia mecânica do FAN ("hélice" visível na entrada do conjunto) e a parte menor do empuxo se deve à descarga dos gases.

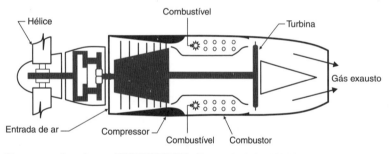

Figura 6.1 Componentes de um TURBOPROP. (Fonte: Guthrie, 1960.)

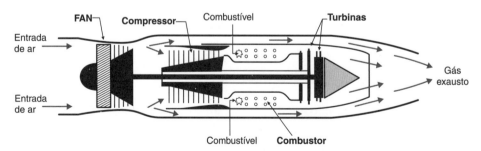

Figura 6.2 Componentes de um TURBOFAN. (Fonte: Guthrie, 1960.)

O funcionamento de uma turbina aeronáutica do tipo TURBOFAN, em linhas gerais, ocorre da seguinte forma:

— o ar, após ser succionado da atmosfera para o compressor, é comprimido e dividido em duas partes. Uma delas, chamada de ar primário, segue para o combustor, onde reage com o combustível, produzindo a energia de combustão, enquanto o seu excesso, chamado de ar secundário, passa externamente ao combustor, permitindo o resfriamento de suas paredes;

— os gases de combustão a alta pressão e temperatura, se juntam ao ar secundário aquecido e seguem ambos para as turbinas de alta e de baixa pressão, expandindo-se, movimentando-as e produzindo, assim, energia mecânica. A turbina de alta pressão transfere energia por meio de um eixo coaxial aos compressores. A turbina de baixa pressão, por sua vez, movimenta o FAN, que succiona o ar denominado *bypass*, que envia uma parte para o compressor e outra parte contorna todo o conjunto que, ao ser descarregada para a atmosfera, produz a maior parte do empuxo necessário para movimentar o avião;

— finalmente, os gases efluentes da turbina são descarregados para a atmosfera, a uma velocidade muito maior do que a de entrada, provocando uma força de reação igual e contrária, correspondente à sua energia cinética, produzindo o empuxo complementar necessário para movimentar o avião.

A maior porção de energia extraída dos gases da combustão é cedida à turbina, a qual irá fornecer a energia necessária ao compressor para acelerar o ar para o interior da turbina. Essa energia também é utilizada para movimentar máquinas acessórias, tais como as bombas de combustível e de óleo e para os sistemas de pressurização e refrigeração da aeronave. A outra parte da energia produzida, que é menor, é destinada à propulsão da aeronave, pela sua descarga para a atmosfera. Todos os sistemas de turbinas aeronáuticas do tipo TURBOFAN, para aumentar a eficiência, possuem pelo menos dois compressores – um de baixa e outro de alta pressão – que são acionados por dois eixos coaxiais, por duas turbinas, uma de alta e outra de baixa pressão, respectivamente, Figuras 6.3 e 6.4.

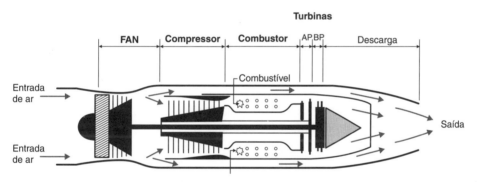

Figura 6.3   Turbinas aeronáuticas do tipo TURBOFAN: esquema geral. (Fonte: Guthrie, 1960.)

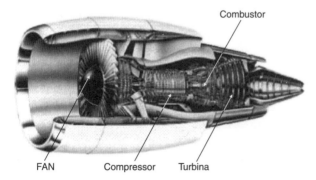

Figura 6.4   Turbina aeronáutica. (Fonte: Rolls-Royce.)

O combustível, após passar pelo aquecedor e pelo sistema de gerenciamento, é enviado aos injetores do combustor, Figura 6.5, onde, ao se misturar ao ar primário, já na forma gasosa, é queimado quase que imediatamente no combustor, Figura 6.6. A temperatura e a pressão na saída do combustor podem alcançar cerca de 1 200 °C e 4 MPa.

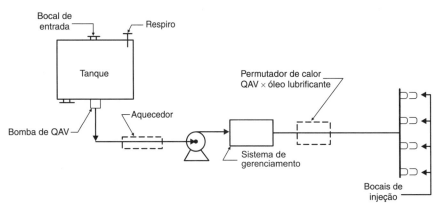

Figura 6.5 Esquema do fluxo de QAV na turbina.

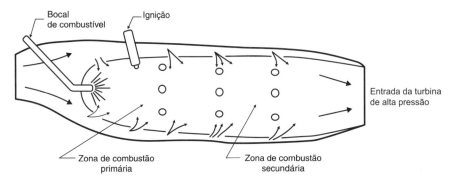

Figura 6.6 Câmara de combustão.

Nas turbinas aeronáuticas existe um sistema eletrônico de gerenciamento hidrodinâmico do funcionamento da turbina que controla todo o conjunto motor, incluindo o fluxo de combustível e o fluxo de ar no compressor. Esse sistema visa garantir e otimizar a operação, dosando o fluxo de combustível requerido. Esse dispositivo, denominado, nas turbinas mais antigas, controle principal da máquina, *main engine control* – MEC, foi substituído nas turbinas aeronáuticas atuais por um outro digital denominado *full authority digital engine control* (FADEC). O QAV-1 funciona como fluido hidráulico desses sistemas, que devem ser protegidos contra depósitos em suas diversas partes do circuito, entre as quais atuadores, filtros e telas do conjunto, para não acarretar prejuízos em seu desempenho (Rocha, 2004).

Esses depósitos podem ser formados pelo aquecimento do QAV-1 antes de alimentar o sistema de gerenciamento, caso ele não apresente a necessária estabilidade termo-oxidativa. Tal aquecimento é importante para facilitar a nebulização do QAV-1, para otimizar sua combustão e, ainda, para resfriar o óleo lubrificante que circula no sistema. Daí a necessidade do requisito de estabilidade nas especificações do QAV-1.

Metais como o alumínio, o chumbo, o cobre, o índio, a prata e o magnésio são empregados na fabricação dos elementos do sistema de combustível, o qual não deve apresentar corrosividade.

Borrachas (elastômeros) são usadas como material para vedação nas conexões das tubulações. O combustível utilizado não deve agredir nenhum desses materiais.

Maiores temperaturas do combustível otimizam a operação das turbinas aeronáuticas, em termos de consumo de combustível, o que aumenta as exigências de estabilidade termo-oxidativa do QAV-1 para evitar que depósitos formados possam vir a obstruir filtros, afetar a operação do sistema de controle e restringir o fluxo de combustível para a queima (Rocha, 2004).

A maior parte do consumo de combustível de uma turbina ocorre durante a decolagem da aeronave, caindo durante o voo, em regime de cruzeiro, para cerca de dois terços do consumo que ocorre na decolagem. Durante a descida e pouso da aeronave o consumo é ainda menor. Como exemplo, uma aeronave de cerca de 80 toneladas consome, em regime de cruzeiro, aproximadamente 1500 kg/h de QAV-1.

6.4.1 Ciclo Termodinâmico da Turbina

O ciclo termodinâmico ideal de uma turbina, denominado ciclo Brayton, utiliza combustão interna e é composto inicialmente pela compressão adiabática e isentrópica do ar do ponto 1 até o ponto 2, Figura 6.7, no diagrama PV. O ar escoa para a câmara de combustão, onde ocorre a queima do combustível a pressão constante, e o volume então aumenta de V_2 a V_3. A seguir, os produtos de combustão são expandidos adiabaticamente e isentropicamente através da turbina, de 3 a 4, e descarregados para a atmosfera a pressão constante.

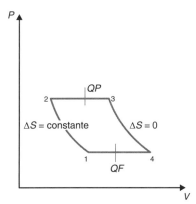

Figura 6.7 Ciclo Brayton de uma turbina.

No diagrama TS, o ciclo ideal de Brayton é representado pelos pontos 1-2-3-4, Figura 6.8, mas, no sistema real, as temperaturas dos pontos 2 e 3 são mais altas, 2' e 3', respectivamente. A eficiência térmica do ciclo é dada pela Eq. (6.1), que mostra que o rendimento térmico é função da relação entre as pressões na expansão isentrópica.

$$\eta = \frac{\text{energia produzida} - \text{energia consumida}}{\text{energia consumida}} = 1 - \frac{T_{3'}}{T_4} = 1 - \left(\frac{P_1}{P_2}\right)^{[(\gamma-1)/\gamma]} \tag{6.1}$$

O ciclo 12' 3' 41 apresenta maior fornecimento de energia para a mesma energia rejeitada que o ciclo 12341, possuindo ainda maior temperatura máxima ($T_{3'}$). Caso essa temperatura fosse limitada em um nível menor $T_{3''} = T_3$ por considerações metalúrgicas, ainda assim o rendimento seria maior no ciclo 12' 3'' 3 41 do que no ciclo 12341 (Guthrie, 1960). No entanto, o ciclo real tem rendimento menor do que o ciclo ideal, principalmente devido às irreversibilidades no compressor e na turbina e, também, devido à perda de carga dos fluidos na câmara de combustão.

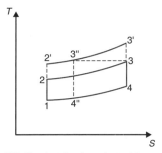

Figura 6.8 Eficiência térmica da turbina.

6.5 REQUISITOS DE QUALIDADE

Quando utilizado em turbinas aeronáuticas, as exigências de qualidade do QAV-1 são as seguintes:

— escoar perfeitamente em baixas temperaturas;
— ser facilmente nebulizado;
— vaporizar-se adequadamente no interior da câmara de combustão, proporcionando chama limpa e com mínima formação de fuligem;
— ser estável química e termicamente;

— proporcionar partidas fáceis e seguras, e ter facilidade de reacendimento com o mínimo de perdas;

— preservar a integridade dos materiais constituintes da turbina;

— não apresentar tendência a solubilizar a água;

— ser de manuseio seguro.

6.6 CARACTERÍSTICAS DE QUALIDADE DO QAV-1

6.6.1 Qualidade da Combustão

A qualidade de combustão do QAV-1 é avaliada pelo ponto de fuligem, poder calorífico, presença de aromáticos condensados e densidade. Essas características estão ligadas à radiação da chama, à autonomia de voo e à formação de depósitos de carbono.

6.6.1.1 Poder calorífico e densidade – autonomia de voo

A autonomia de voo de uma aeronave é função da quantidade de energia disponível pela combustão do QAV-1, a qual depende do combustível (poder calorífico e densidade) e da capacidade do reservatório de estocagem desse combustível. Quando se especifica uma faixa de densidade do QAV-1, além de se assegurar a quantidade adequada de combustível para o funcionamento da máquina, objetiva-se dispor de uma quantidade de energia necessária ao equipamento, quer se limite a quantidade de combustível na aeronave em massa ou em volume, Figura 6.9. Essa capacidade pode ser limitada em massa, como ocorre para os aviões de carga, ou em volume do combustível, definido pela capacidade do tanque, situação que ocorre em aviões que fazem longos percursos.

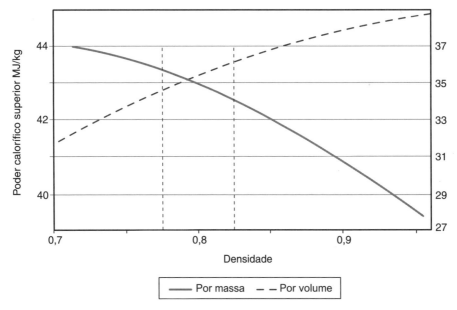

Figura 6.9 Poder calorífico *versus* densidade. (Fonte: Goodger, 1975.)

Assim, além do poder calorífico do QAV-1, especifica-se uma faixa de densidade (0,76 a 0,82), para limitar as variações no poder calorífico mássico (4 %) e no poder calorífico volumétrico (8 %), permitindo flexibilidade de operação da turbina com o mesmo combustível, de acordo com as necessidades do usuário (Goodger, 1975). Adicionalmente, o controle da faixa superior da densidade permite controlar indiretamente a formação de depósitos de carbono na câmara de combustão.

6.6.1.2 Formação de fuligem e radiação da chama

Essas características variam de acordo com o tipo de hidrocarboneto predominante no combustível, sendo os parafínicos os mais desejáveis para se obter chamas limpas, sem fuligem. Os aromáticos e, principalmente, os hidrocarbonetos diaromáticos (naftalenos) são os que apresentam as piores características de combustão para o QAV-1. Para atender a esse requisito de qualidade, controla-se o ponto de fuligem e o teor de aromáticos totais do QAV-1, e em alguns casos é necessário limitar o teor de hidrocarbonetos diaromáticos, Figura 6.10.

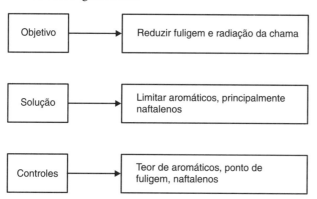

Figura 6.10 Fuligem e radiação da chama de um QAV-1.

6.6.2 Ponto de Congelamento, Tolerância à Água – Escoamento a Frio

Em altitudes de 10 000 m, onde as aeronaves atingem a velocidade de cruzeiro, a temperatura externa é de cerca de –40 °C, que pode ser atingida pelo combustível após menos de 1 hora de voo. Nessas condições, os hidrocarbonetos parafínicos normais presentes no QAV-1 podem cristalizar. O ponto de congelamento representa a facilidade de cristalização do combustível, o que, se ocorrer, dificulta o seu escoamento a frio. A redução da temperatura também leva ao aumento da viscosidade do QAV-1, o que pode reduzir o seu fluxo, por isso, o estabelecimento de um limite da viscosidade a baixa temperatura na especificação do QAV-1 para garantir o adequado fornecimento do mesmo ao combustor. Além da cristalização do combustível, baixas temperaturas promovem a separação da água que pode estar dispersa no QAV-1 e sua posterior solidificação, com riscos de obstrução de filtros e de tubulações, Figura 6.11.

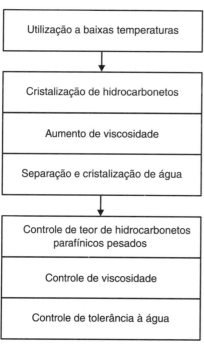

Figura 6.11 Utilização do QAV em baixas temperaturas.

Dessa forma, a água dispersa, normalmente oriunda da produção, transporte e estocagem do produto, deve ser controlada no QAV-1 por meio de especificações relacionadas à tolerância à água. A quantidade de água dispersa no QAV-1 é função de sua tolerância à água, a qual depende da umidade relativa do ar, da temperatura, da composição do QAV-1 e da presença de agentes surfactantes no combustível. A presença de aromáticos, por sua polaridade, favorece a tolerância do QAV-1 à água, o mesmo acontecendo com substâncias que podem estar presentes em QAV-1 oriundo de unidades de tratamento cáustico regenerativo, tais como naftenatos, que agem como emulsificantes. Para garantir a qualidade do QAV-1 quanto à presença de água dispersa, é importante que, ao final de tratamentos regenerativos usados em sua produção, seja feita a sua percolação para a remoção da água e desses compostos.

Na armazenagem, a presença de água livre permite, ainda, o desenvolvimento de micro-organismos na interface água-QAV-1, os quais podem ser a fonte de vários inconvenientes, entre os quais a produção de H_2S e o aumento da corrosividade do produto. Por isso, nos aeroportos existe um sistema de purificação e secagem do QAV-1 pela sua passagem através de filtros e tanques de fundo cônico invertido com sistemas de drenagens, Figura 6.12.

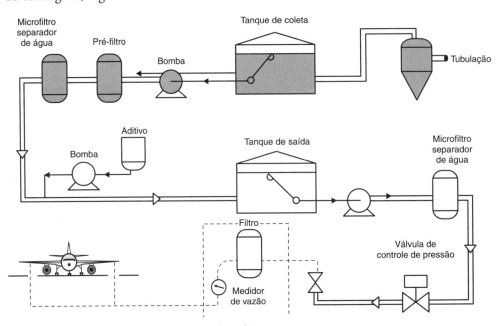

Figura 6.12 Carregamento de QAV-1 em um tanque de avião.

6.6.3 Estabilidade Termo-oxidativa, Ponto Final de Ebulição – Controle de Depósitos

A estabilidade térmica do QAV-1 é avaliada pelo ensaio de **JFTOT** (*jet fuel thermal oxidation test*) que simula as condições termo-oxidativas, de pressão e temperatura a que se submete o combustível nas turbinas das aeronaves. O QAV-1 nas aeronaves, além de combustível, é também fluido de resfriamento do óleo lubrificante, aquecendo-se em contrapartida a temperaturas de cerca de 150 °C. Nessas temperaturas, o QAV-1 deve ser estável termicamente para resistir à formação de depósitos, os quais podem afetar o fluxo de combustível e influir na transferência de calor nos permutadores e na combustão, pela obstrução de filtros e bocais injetores. A estabilidade térmica do QAV-1 é suscetível, principalmente, à presença de compostos nitrogenados básicos, os quais são considerados precursores de seu processo de degradação química.

A temperatura correspondente a 100 % recuperados na destilação ASTM D86, PFE, também influi na formação de depósitos de carbono decorrentes da combustão incompleta. O aumento do PFE aumenta a densidade e o poder calorífico em base volumétrica, o que é desejável quanto à autonomia de voo e economia de QAV-1, porém tende a aumentar o ponto de congelamento, o teor de aromáticos, o teor de enxofre e a tendência à formação de depósitos.

6.6.4 Lubricidade, Teor de Enxofre e Teor de Mercaptanos – Integridade dos Materiais

Uma vez que o bombeamento do QAV-1 pode levar à formação de sólidos por abrasão das engrenagens e mancais, controla-se a lubricidade do QAV-1 para minimizar o desgaste desses materiais e, ao mesmo tempo, reduzir a quantidade de sólidos no sistema (Rocha, 2004).

Além desses materiais, outros tipos de depósitos podem estar presentes no QAV-1 sob a forma de partículas, as quais podem ser determinadas por filtração em película Millipore, totalizando-se os sólidos gerados pela abrasão de sistemas de bombeamento, os materiais sólidos arrastados durante a produção, como finos de catalisadores e argilas, bem como depósitos em tanques de armazenamento (Rocha, 2004).

A corrosividade do QAV-1 é avaliada pelos ensaios das lâminas de cobre e de prata, e depende do teor de enxofre total, do número de acidez total, enquanto a dissolução de elastômeros é função do teor de mercaptanos e do teor de aromáticos.

6.6.5 Volatilidade, Ponto de Fulgor, Condutividade Elétrica – Segurança

É fundamental prevenir qualquer risco de incêndio, principalmente em um avião, o que traria consequências muito graves. A segurança na utilização do QAV-1 é avaliada pelo ponto de fulgor e pela sua condutividade elétrica, que pode facilitar a descarga súbita de eletricidade estática sobre o QAV-1, iniciando uma combustão. Essa eletricidade estática pode ser proveniente do escoamento do QAV-1 através de tubulações, cujo tempo de dissipação será tanto maior quanto menor for a condutividade elétrica do produto. Além de se controlar a condutividade, colocam-se aditivos antiestáticos para melhorar essa característica.

Da mesma forma, é importante para a segurança da aeronave a facilidade de reacendimento do QAV-1, o que deve ocorrer de forma imediata, devido aos riscos envolvidos nessa operação. Esse requisito é avaliado pelo adequado teor de leves que se vaporizam para formar com o ar uma mistura inflamável, o que é controlado pela temperatura ASTM D86, 10 % recuperados, que deve atender a um limite mínimo.

6.7 ESPECIFICAÇÕES DO QAV-1

As especificações para o QAV-1 são mostradas na Tabela A.3.

O processo de refino básico utilizado para a produção de QAV-1 é o de destilação, seguido ou não de tratamentos cáusticos ou HDT, cuja utilização depende do tipo de petróleo processado (Figura 6.13), classificando-se os petróleos quanto à produção de QAV-1 como:

- Produtor de QAV-1 por destilação atmosférica, citando-se principalmente os petróleos de base parafínica ou parafínico-naftênica, com baixos teores de enxofre e nitrogenados, entre os quais listam-se o Baiano, Hydra, Urucu, Alagoano e Escravos.

- Produtor de QAV-1, com tratamento adicional para remoção de enxofre mercaptídico, entre os quais os crus de base parafínica, parafínico-naftênica ou naftênica, com teor de enxofre intermediário. Destacam-se os crus Árabe Leve, Iraniano Leve, Medanitos e Kwait.

- Produtores marginais de QAV-1, que o produzem por hidrotratamento para corrigir a estabilidade termo-oxidativa e o teor de enxofre do QAV-1, de petróleos com altos teores de enxofre e nitrogênio, e teor de aromáticos relativamente altos.

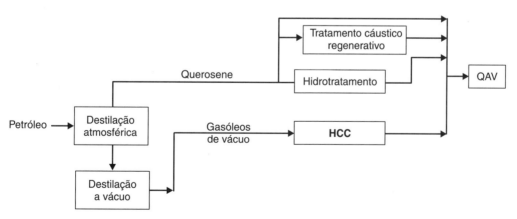

Figura 6.13 Esquema de produção de QAV.

Os tipos de petróleos e os processos de produção apresentam influências diferentes sobre a qualidade do produto. Para um dado tipo de petróleo, a produção do QAV-1 é viabilizada por um esquema próprio, baseado nas modificações de qualidade que neles ocorrem, e que são mostradas na Tabela 6.2.

Tabela 6.2   Implicação do processo de produção na qualidade do QAV (Rocha, 2004)

Processo de produção	Principais propriedades enquadradas pelo processo
Destilação direta	Ponto de fulgor e ponto de congelamento
Destilação + Tratamento cáustico regenerativo	Acidez total e enxofre mercaptídico
Destilação + HDT	Acidez total, enxofre, tolerância à água e estabilidade
Destilação + HDT com maior severidade	Acidez total, enxofre, nitrogênio total, teor de aromáticos tolerância à água, estabilidade e ponto de fuligem
Hidrocraqueamento brando (MHC)	Acidez total, enxofre, estabilidade, teor de aromáticos e tolerância à água

EXERCÍCIOS

1. Como é produzida energia em uma turbina aeronáutica? Quais são os requisitos de qualidade do QAV?
2. Relacione os requisitos de qualidade de uma turbina aeronáutica com as especificações do QAV. Discuta as influências de cada propriedade e suas possíveis variações.
3. O controle da produção de QAV-1 é feito sobre que propriedades desse produto ligadas ao teor de leves e ao de pesados?
4. Os hidrocarbonetos parafínicos normais influenciam as características do QAV-1. Indique em quais propriedades esses efeitos são verificados nesse combustível e de que forma eles influenciam.
5. Para os dois petróleos apresentados a seguir, de diferentes bases quanto ao teor de hidrocarbonetos, o que você espera em relação à tolerância à água, densidade e poder calorífico do QAV-1 dos dois petróleos? Compare o QAV-1 oriundo do petróleo leve com o QAV-1 oriundo do petróleo pesado para o intervalo de temperatura 150 °C-250 °C.

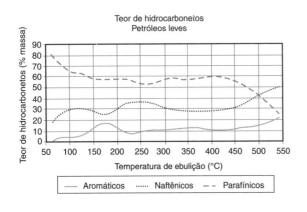 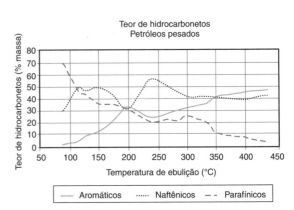

Marque com **V** a(s) afirmativa(s) verdadeira(s) e com **F** a(s) afirmativa(s) falsa(s):

6. O QAV-1 deve:
   ( ) Queimar sem formar fuligem e com baixa energia de radiação luminosa.
   ( ) Ter alto ponto de congelamento para não cristalizar em altitudes de 10 000 metros.
   ( ) Ter alto ponto de névoa, que é menor do que o seu ponto de congelamento.
   ( ) Ter elevada tolerância à água, que, a baixas temperaturas, cristaliza.

7. O QAV-1:
   ( ) É queimado por processo de combustão contínuo, produzindo-se energia pela expansão dos gases na turbina.

( ) A faixa de destilação do QAV-1 é controlada apenas pelo seu ponto de fulgor e pelo seu ponto final de destilação.

( ) A faixa de destilação do QAV-1 é controlada pelo seu ponto de fulgor e por propriedades ligadas ao seu ponto final de destilação, entre outras, teor de mercaptanos, ponto de congelamento, teor de aromáticos, JFTOT, ponto de fuligem.

8. O QAV-1 deve:

( ) Ter alto ponto de congelamento para não cristalizar em altitudes de 10 000 metros.

( ) Ter elevada tolerância à água, que cristaliza a baixas temperaturas.

( ) É queimado por processo de combustão interna descontínuo, que se passa em ciclos, produzindo-se energia pela expansão dos gases na turbina.

( ) É queimado por processo de combustão contínuo, produzindo-se energia pela expansão dos gases na turbina.

CAPÍTULO 7
Óleo Diesel

7.1 DEFINIÇÃO

O óleo diesel é definido como o derivado do petróleo constituído por hidrocarbonetos de 10 a 25 átomos de carbono com faixa de destilação, comumente situada entre 150 °C e 400 °C, que apresenta um conjunto de propriedades que permite a sua adequada utilização, majoritariamente, em veículos movidos por motores que funcionam segundo o ciclo Diesel. Esse combustível destaca-se como o mais usado no país, principalmente no setor rodoviário, em função da matriz de transporte brasileira. O óleo diesel comercializado no Brasil recebe adição de biodiesel por força de lei federal, em porcentagem definida e regulamentada pela ANP – Agência Nacional do Petróleo, Gás Natural e Biocombustíveis.

7.2 CONSTITUIÇÃO DO ÓLEO DIESEL

Os hidrocarbonetos parafínicos são os constituintes do óleo diesel que apresentam as melhores características de combustão, e, inversamente, os aromáticos são os hidrocarbonetos menos desejáveis, por apresentarem baixa qualidade de ignição, no motor diesel. Não há, atualmente, nas especificações do óleo diesel, um limite do teor máximo de hidrocarbonetos aromáticos determinando-se, apenas, um limite máximo para o teor de poliaromáticos. Se por um lado, os hidrocarbonetos parafínicos apresentam ótima qualidade de ignição, por outro lado têm maior facilidade de cristalização a baixas temperaturas, o que pode limitar a presença dos hidrocarbonetos desse tipo de maior ponto de ebulição. Os hidrocarbonetos naftênicos estão presentes no óleo diesel em quantidades importantes, não trazendo, no entanto, impactos positivos ou negativos no que diz respeito à qualidade. Já os olefínicos, se estiverem presentes, mesmo em pequenas quantidades, oriundos de frações dos processos de craqueamento catalítico e coqueamento retardado, podem acarretar problemas de estabilidade. As frações desses processos, para fazerem parte do óleo diesel, devem ser hidrotratadas para melhorar suas características de estabilidade à oxidação e de ignição, bem como para reduzir os teores de contaminantes que apresentam. É a seguinte a composição média em volume de hidrocarbonetos presentes no óleo diesel obtido por destilação direta, Tabela 7.1.

Tabela 7.1 Composição do óleo diesel

	Parafínicos	Naftênicos	Aromáticos totais	Monoaromáticos	Diaromáticos	Triaromáticos	Poliaromáticos
Média (% vol)	30	45	20	10	12	5	0,8
Máximo (% vol)	62	71	45	18	23	14	2
Mínimo (% vol)	15	24	6	3	0,5	0,3	0,2

Além dos hidrocarbonetos, pode ocorrer no óleo diesel a presença de compostos de enxofre, de nitrogênio e de oxigênio. Os compostos de enxofre causam corrosão e contribuem para o aumento da emissão de particulados. Tal como para o QAV, os compostos de nitrogênio provocam instabilidade no combustível, por reações de degradação, e os compostos de oxigênio conferem acidez e corrosividade ao produto, contribuindo também para a instabilidade termo-oxidativa.

7.3 UTILIZAÇÃO E DEMANDA DE ÓLEO DIESEL

O óleo diesel é utilizado, principalmente, em motores automotivos de combustão interna por compressão (ICO). Pode ainda ser utilizado como combustível para máquinas agrícolas, ferroviárias, marítimas e para aquecimento doméstico. O motor de ciclo Diesel foi inventado por Rudolf Diesel em 1892, e é considerado uma das máquinas mais versáteis quanto ao uso de combustíveis. As primeiras máquinas diesel, devido ao seu peso elevado e grande tamanho, e à sua baixa velocidade, eram utilizadas apenas em embarcações marítimas e unidades fixas geradoras de energia, consumindo óleos residuais. O interesse da indústria automotiva, a partir da década de 1920, por tais tipos de máquinas provocou o seu aperfeiçoamento, tornando-se menores e mais leves, proporcionando maior velocidade e menor ruído, o que passou a exigir combustíveis com requisitos de qualidade mais rigorosos.

O campo de utilização do óleo diesel, atualmente, é muito vasto, Figura 7.1. A máquina diesel é bastante flexível quanto ao tipo de combustível utilizado, pois ela pode operar com uma ampla faixa de produtos, desde o gás natural até os óleos pesados. Atualmente outros combustíveis não derivados do petróleo também podem ser utilizados nos motores diesel, tais como os biocombustíveis, que foram, aliás, os primeiros combustíveis a serem usados por Rudolf Diesel, quando inventou essa máquina.

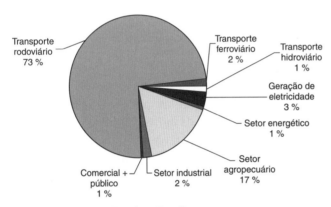

Figura 7.1 Consumo de óleo diesel no Brasil.

Por diversas razões, entre as quais se listam a sua eficiência e flexibilidade, há uma tendência mundial de utilização crescente de motores Diesel na indústria automotiva, o que pode provocar o aumento da demanda de óleo diesel em relação à gasolina. O motor Diesel é a máquina automotiva que permite alcançar os maiores rendimentos globais por razões diversas, entre as quais se incluem as elevadas taxas de compressão utilizadas nessas máquinas.

No Brasil, há um desequilíbrio no perfil de consumo de derivados, em face da predominância do modal de transporte rodoviário e pela presença do etanol como combustível alternativo para motores do tipo ciclo Otto. Assim, o consumo porcentual de óleo diesel em relação ao total de derivados de petróleo consumidos no Brasil é muito elevado, quando comparado ao quadro mundial de demanda desses produtos. A demanda brasileira é cerca de 35 % do petróleo processado, podendo alcançar cerca de 45 % em meses de pico de consumo, que correspondem à colheita da safra agrícola, enquanto em outros países, essa demanda situa-se em torno de 25 % do petróleo, devido ao equilíbrio que ocorre com a maior demanda de gasolina automotiva.

7.4 FUNCIONAMENTO DO MOTOR AUTOMOTIVO – CICLO DIESEL

O motor Diesel é uma máquina a combustão interna que opera segundo um ciclo de quatro tempos chamado ciclo Diesel, em que a ignição do combustível é obtida pela elevada pressão e temperatura proporcionada pela compressão do ar, em conjunto com a injeção do diesel nebulizado na câmara de combustão, Figuras 7.2 e 7.3.

Conceitualmente, as fases do ciclo Diesel são as mesmas do ciclo Otto, porém há diferenças importantes na forma que essas fases ocorrem. O ciclo Diesel se inicia com a fase de admissão de ar, seguida pela sua compressão. Próximo ao ponto morto superior, o óleo diesel é injetado na câmara vaporizando-se e misturando-se ao ar. Ocorre então a autoignição da mistura, que constitui a fase de potência ou expansão, em que a energia térmica produzida é transformada em energia mecânica. Quando o pistão atinge o ponto morto inferior, inicia-se a fase de descarga, e os gases da combustão são então descarregados para a atmosfera, terminando o ciclo.

Figura 7.2   Motor Diesel.

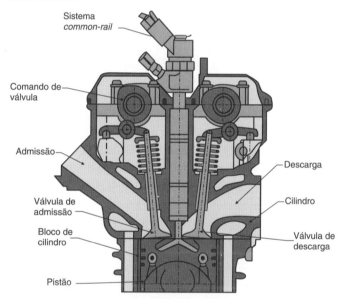

Figura 7.3   Estrutura do motor Diesel. (Fonte: Green Car, 2011, adaptado.)

7.4.1 Ciclo de um Motor Diesel

Os ciclos de trabalho de um motor Diesel a quatro tempos, teórico e real, mostrados nas Figuras 7.4 e 7.5, respectivamente, são compostos pelas seguintes fases:

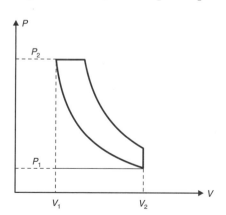

Figura 7.4   Ciclo teórico – motor Diesel.

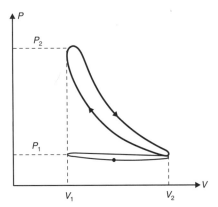

Figura 7.5   Ciclo real – motor Diesel.

- **Fase de admissão**: no instante em que o pistão parte do ponto morto superior (**PMS**) para o ponto morto inferior (**PMI**), abre-se a válvula de admissão, e, dada a menor pressão no cilindro, o ar entra na câmara. A fase de admissão termina quando o pistão atinge o PMI, instante em que se fecha a válvula de admissão de ar. Essa fase se passa, teoricamente, a pressão constante (P_1), embora, na realidade, ocorra um ligeiro aumento de pressão, à medida que o ar é admitido.

- **Fase de compressão**: essa fase se inicia com o retorno do pistão do PMI para o PMS (P_2), permanecendo fechadas as válvulas de admissão e descarga. O ar é comprimido gradualmente de acordo com a respectiva taxa de compressão (V_2/V_1) de 14:1 a 24:1, a depender do projeto. Como resultado, seu volume diminui, aumentando a temperatura para valores entre 500 °C e 800 °C, dependendo da taxa de compressão utilizada. Teoricamente, considerando-se o sistema perfeitamente isolado, esta fase se passa adiabaticamente, o que não ocorre de fato. No fim do processo de compressão, um pouco antes de o pistão chegar ao PMS, o óleo diesel é injetado líquido, sob a forma de gotículas em alta pressão (até 2200 bar, a depender da tecnologia), e nebulizado na câmara de combustão, onde é vaporizado e, após um pequeno intervalo de tempo (denominado atraso ou retardo de ignição), começa a se inflamar espontaneamente.

- **Fase de combustão e expansão**: teoricamente, durante a combustão, a pressão permanece constante, uma vez que a diminuição da pressão devido à descida do pistão é compensada pelo aumento, produzido pela formação de gases da combustão, na Figura 7.6. Na realidade, para que essa etapa seja

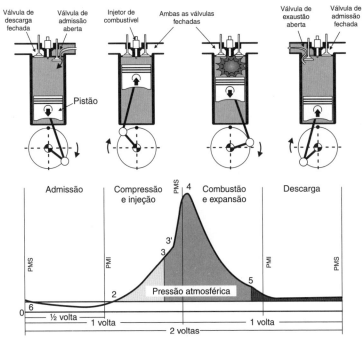

Figura 7.6   Diagrama aberto de um motor Diesel. (Fonte: Chevron, 2011.)

isobárica, é preciso que haja um equilíbrio entre a pressão exercida pelos gases e o alívio provocado pela descida do pistão, o que na maioria das vezes não acontece. Com a expansão dos gases e a descida do pistão, ocorre a transmissão de trabalho ao sistema até que se atinge o PMI. Essa fase é adiabática, teoricamente, o que não acontece nos casos reais, uma vez que, além de não haver isolamento perfeito da câmara, ainda ocorre combustão após ter-se iniciado a fase de expansão.

- **Fase de descarga**: no momento em que o pistão atinge o PMI, abre-se a válvula de descarga, ocorrendo uma brusca redução na pressão, devido à saída dos gases de combustão. Teoricamente, durante toda essa fase a pressão permanece constante e igual à pressão atmosférica. Isso, no entanto, não ocorre em casos reais, caindo a pressão mais lentamente a um valor final pouco acima da pressão atmosférica. No ciclo real, após ter-se iniciado a subida do pistão, a pressão no interior do cilindro ainda se apresenta em um valor bem superior à atmosférica. Isso exige uma sobrecarga no trabalho do pistão, conduzindo a uma perda de potência. Para se reduzir essa perda, a válvula de descarga é aberta um pouco antes de o pistão ter atingido o PMI, o que permite menor pressão no início da fase de descarga.

7.4.2 Sistema de Alimentação

Nos motores Diesel, a regulagem da potência produzida é obtida variando-se a vazão de combustível para os cilindros. Portanto, é fundamental um sistema de alimentação confiável para garantir a injeção no momento certo, na quantidade adequada e durante o tempo necessário. Para se ter uma injeção adequada do combustível no interior da câmara, trabalha-se a altas pressões, sendo necessário um sistema de alimentação robusto. O envio do combustível aos motores comuns é realizado por um sistema composto pela bomba de alimentação, normalmente do tipo de deslocamento positivo, e que precede a bomba injetora de óleo diesel no motor, Figura 7.7. As bombas de alimentação normalmente são de baixa pressão (100 a 500 kPa), servindo para enviar o combustível aos filtros e daí para as bombas injetoras, Figura 7.8. Os filtros que servem para impedir a passagem de impurezas para o sistema de injeção são, em geral, de cartuchos de papelão hidrofóbico.

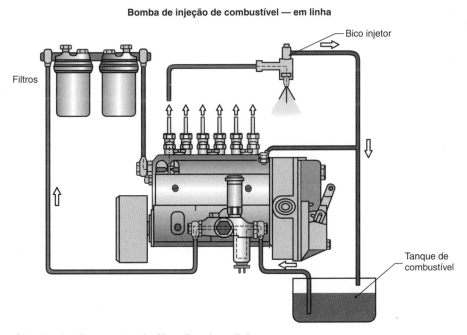

Figura 7.7   Circuito de alimentação de óleo diesel em linha. (Fonte: Bosch do Brasil, 2011.)

A injeção na câmara é feita por meio dos bicos injetores, no caso de sistemas mecânicos, ou válvulas injetoras, no caso dos sistemas eletrônicos. Os bicos ou válvulas são alimentados a partir de um duto contendo o combustível a alta pressão, denominado *common-rail* (duto comum). Cada um dos cilindros do motor está equipado com um injetor que possui uma válvula solenoide integral. Essa válvula solenoide se abre e fecha para definir o ponto de início da injeção e a massa injetada. De acordo com a demanda de combustível, definida pelo pedal do acelerador, a unidade de controle eletrônico (UCE) calcula a pressão de combustível necessária (entre 135 MPa e 220 MPa) e a duração da injeção, fornecendo a massa de combustível correta ao motor.

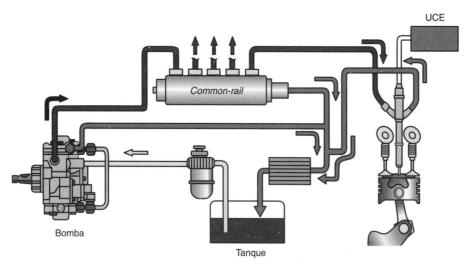

Figura 7.8   Circuito de alimentação *common-rail* de óleo diesel. (Fonte: Toyota Motor, 2011.)

A injeção pode ser direta, DI, ou indireta, IDI (feita em uma pré-câmara onde se inicia a combustão). O sistema IDI é cada vez menos utilizado, devido aos novos sistemas de injeção que facilitam a ignição, pois a eficiência dos motores de injeção direta é maior. A injeção direta proporciona menor ruído e melhor funcionamento do motor, com consequente diminuição de poluição e de consumo.

7.4.3 Sistema de Redução das Emissões

Tal como para os produtos da combustão em um motor ciclo Otto, as emissões de gases da combustão oriundas de máquinas diesel podem causar impactos ambientais. Conforme apresentado no item 5.11, para os motores do ciclo Otto, o Conselho Nacional de Meio Ambiente, CONAMA, estabeleceu limites de emissões para veículos leves e pesados por meio de um programa denominado PROCONVE (Fachetti, 2009). Esses limites devem ser observados, qualquer que seja o combustível utilizado, Tabela 7.2. Entre outros dispositivos, as montadoras estão instalando nos novos veículos sistemas catalíticos redutores de emissão de NO_x, um dos principais poluentes a serem controlados nas emissões de motores Diesel.

O sistema de redução catalítica seletiva (SCR), por exemplo, foi criado como uma solução para a redução de emissões de NO_x de motores Diesel, de forma a atingir níveis bem mais restritivos de emissões. Esta tecnologia utiliza uma solução de ureia diluída em água destilada e livre de contaminantes (chamada no Brasil de ARLA 32 – Agente Redutor Líquido Automotivo) como reagente para reduzir o NO_x à medida que os gases de escape passam pelo catalisador. A tecnologia SCR é uma das principais disponíveis para que os motores Diesel atendam aos novos padrões de emissões de NO_x, Tabela 7.2.

Esse sistema consta de injeção de uma quantidade de ARLA 32 na corrente de gases da descarga dos veículos, controlada em 5 % em relação à quantidade de óleo diesel queimada. A solução de ARLA 32 à temperatura elevada se decompõe em amônia e dióxido de carbono:

$$(NH_2)_2CO \;+\; H_2O \longrightarrow CO_2 \;+\; 2NH_3$$

Ureia　　　　Água　　　Dióxido de carbono　　Amônia

Ao passar pelo catalisador, a amônia reage com NO_x e com o oxigênio presentes nos gases de combustão formando nitrogênio e água, que são descarregados para a atmosfera.

Tabela 7.2 Controle das emissões em veículos pesados no Brasil e na Europa (em g/kWh) (Fachetti, 2009)

		1992	1995	2000	2005	2008	2013
		Euro I	Euro II	Euro III	Euro IV	Euro V	Euro VI
EUROPA	CO	4,5	4,0	2,1	1,5	1,5	1,5
	HC	1,10	1,10	0,66	0,46	0,46	0,13
	NO_x	8,0	7,0	5,0	3,5	2,0	0,4
	Part.	0,36	0,15	0,10	0,02	0,02	0,01

		1994	1996	2000	2006	2009	2012
		Fase I-II	Fase III	Fase IV	Fase V	Fase VI	Fase VII
BRASIL	CO	11,2	4,9	4,0	2,1	1,5	1,5
	HC	2,45	1,23	1,10	0,66	0,46	0,46
	NO_x	14,4	9,0	7,0	5,0	3,5	2,0
	Part.	---	0,7/ 0,4	0,15	0,10	0,02	0,02

7.4.4 Rendimento de uma Máquina Diesel

A partir de um balanço de energia em um ciclo teórico, pode-se chegar à seguinte expressão para o rendimento térmico da máquina:

$$\eta = 1 - (1/r_c)^{\gamma - 1} (r_t^{\gamma} - 1)/(\gamma(r_t - 1)) \tag{7.1}$$

em que:

$r_c = V_1/V_2$ – taxa de compressão;

$r_t = V_3/V_2$ – relação de volumes a máxima pressão.

Comparando a eficiência do motor Diesel com a do motor Otto $\eta_g = 1 - (1/r_c)^{\gamma - 1}$, verifica-se que elas diferem apenas no termo $(r_t^{\gamma} - 1)/[\gamma (r_t - 1)]$, o qual é maior que 1, pois r_t é muito maior que 1, e r_t^{γ}, com maior razão, também o é. Pode-se concluir que, para uma mesma taxa de compressão r_c, o motor a gasolina proporciona maiores rendimentos que o movido a diesel. Ocorre, no entanto, que no ciclo Diesel pode-se trabalhar a maiores taxas de compressão do que no ciclo Otto, o que resulta, na prática, em rendimentos maiores nos motores Diesel do que nos motores a gasolina.

7.5 REQUISITOS DE QUALIDADE

Um combustível, para ser utilizado em motores do ciclo Diesel, deve apresentar os seguintes requisitos de qualidade, Figura 7.9:

— qualidade de ignição adequada para que a combustão se inicie no momento correto, com o melhor aproveitamento da energia disponível;

— facilidade de escoamento a baixas temperaturas;

— facilidade de nebulização para a adequada vaporização e mistura com o ar;

— vaporização adequada no interior da câmara de combustão para que possa ser misturado ao ar e queimar-se completamente, proporcionando o melhor desempenho do motor, com o mínimo de emissão de poluentes;

— mínima formação de resíduos e cinzas na combustão, bem como de depósitos por oxidação, para evitar entupimentos e danos às peças do motor;

— não ser corrosivo, para evitar desgastes do motor;

— não conter água e sedimentos, evitando ocasionar a obstrução dos filtros de combustível e o desenvolvimento de micro-organismos;

— segurança no manuseio e na estocagem;

— aspecto límpido, isento de material em suspensão, água e sem alterações de cor.

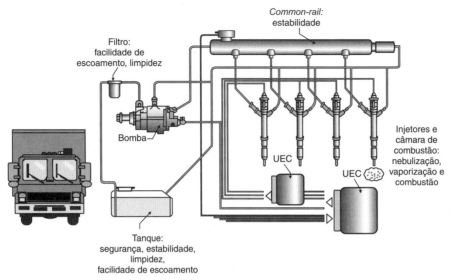

Figura 7.9   Requisitos de qualidade do óleo diesel.

7.6 TIPOS DE ÓLEO DIESEL AUTOMOTIVO

Em função de diferentes exigências regionais relativas ao meio ambiente e para atender aos requisitos dos diversos motores, existem atualmente no Brasil os seguintes tipos de óleo diesel:

- comum: atende às especificações estabelecidas pela ANP, que abrange três tipos de produtos, diferenciados pelo teor de enxofre, densidade, faixa final de destilação e número de cetano, características que influem nas emissões atmosféricas. Esses produtos são, pelas especificações vigentes em 2012, o S50, o S500 e o S1800, cujos teores de enxofre máximos são, respectivamente, de 50 mg/kg, 500 mg/kg e 1800 mg/kg. A utilização de cada um deles depende da localidade de consumo (interior ou metropolitano) e da tecnologia do motor;

- aditivado: qualquer dos produtos anteriores com a adição de um pacote de aditivos;

- óleo diesel *Podium*®: produto exclusivo da Petrobras Distribuidora com elevado número de cetano e formulação específica de aditivos;

- óleo diesel padrão: utilizado por montadoras, fabricantes de motores e pelos órgãos responsáveis por sua instalação, em ensaios de avaliação de consumo e de emissões de poluentes para motores Diesel.

A partir de 1º de janeiro de 2013 será introduzido o óleo diesel com 10 mg/kg de teor de enxofre (S10), substituindo integralmente o de 50 mg/kg (S50).

A partir de 1º de janeiro de 2014, o óleo diesel de teor de enxofre 1800 mg/kg (S1800) será integralmente substituído pelo de 500 mg/kg (S500).

Nas distribuidoras, o produto pode receber aditivos tais como: biocida, antiespumante, melhorador de número de cetano, melhorador de lubricidade e dissipador de cargas elétricas.

Ocorre ainda a utilização de óleo diesel em motores marítimos, porém em pequena proporção, destinado a atender embarcações. Por questões de segurança, o diesel marítimo é produzido com a característica ponto de fulgor mínimo de 60 ºC, e não recebe a adição de biodiesel.

7.7 CARACTERÍSTICAS DE QUALIDADE DO ÓLEO DIESEL

7.7.1 Qualidade de Ignição – Número de Cetano

O processo de combustão por autoignição do óleo diesel se dá por uma sequência de etapas que envolvem a sua nebulização, vaporização, mistura com o ar e ignição. Assim, ao ser injetado no motor, o óleo diesel, ainda líquido em minúsculas gotículas (com volume inferior a 50 mm³), necessita de um período de tempo, denominado retardo de ignição, menor do que 1 milissegundo, para se aquecer, vaporizar-se e iniciar as reações de combustão, que vão aumentar a temperatura e a pressão na câmara de combustão. Quanto menor o retardo de ignição mais eficiente é o processo de combustão, tornando-se mais completa. Um menor retardo de ignição é proporcionado por uma adequada qualidade de ignição do óleo diesel.

A primeira fase do processo de autoignição, que é física, é constituída pela nebulização, vaporização e mistura com o ar. Nessa fase o ideal é se ter um combustível com menor tensão superficial, menor densidade e menor temperatura de ebulição, Figura 7.10.

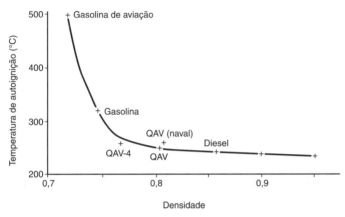

Figura 7.10 Temperatura de autoignição *versus* densidade. (Fonte: Goodger, 1975, adaptado.)

A segunda fase desse processo, que é uma fase química, é constituída pela autoignição do óleo diesel. Essa fase se inicia com a formação de radicais livres e posterior quebra das ligações nas moléculas de combustível, levando à reação dos átomos de carbono e hidrogênio do combustível com o oxigênio do ar. Nessa fase, o ideal é que se tenha moléculas com maior facilidade de craqueamento, que são as do tipo hidrocarbonetos parafínicos lineares, com maiores comprimentos de cadeia.

A temperatura de autoignição de um combustível:

— decresce com o aumento do número de átomos de carbono, devido à maior vulnerabilidade ao craqueamento térmico, pelo maior tamanho das moléculas;
— cresce com a ciclização e a isomerização das moléculas, pois estas se tornam mais compactas (Goodger, 1975).

Então, existe uma faixa adequada de tamanhos de moléculas para que a combustão seja otimizada, levando-se em conta todas as fases desse processo: nebulização, vaporização, mistura com o ar e autoignição. O combustível ideal é aquele que produz o menor retardo de ignição, que reflete os efeitos das fases física e química. Tal tipo de combustível é constituído por produtos destilados, do tipo médio, com faixa de ebulição entre 150 °C e 400 °C, em cuja constituição química haja teor adequado de hidrocarbonetos parafínicos normais, os quais apresentam melhor qualidade de ignição para o motor Diesel.

A qualidade de ignição do óleo diesel é avaliada pelo número de cetano, que é uma medida indireta do tempo decorrido entre a injeção do óleo diesel no cilindro e o início da sua combustão. Quanto menor for o retardo de ignição, melhor será a qualidade de ignição do combustível, Figura 7.11. Um longo retardo provoca acúmulo de combustível que irá queimar, já na fase de expansão, acarretando um súbito aumento de pressão, com um forte ruído característico, chamado de "batida diesel".

Combustíveis com maior número de cetano podem conduzir aos seguintes efeitos:

- *no motor*: menor desgaste dos pistões, maior rendimento, menor consumo e menor nível de ruído;
- *nas emissões*: combustão mais completa com menor emissão de hidrocarbonetos, de CO, de aldeídos e de particulados.

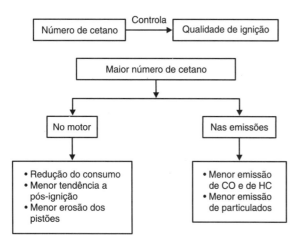

Figura 7.11   Influências do número de cetano.

7.7.2 Consumo e Emissões – Densidade, Volatilidade e Teor de Enxofre

A potência produzida pelo motor é diretamente proporcional à massa de combustível queimada. Como a bomba injetora alimenta volumes constantes de óleo diesel para o motor, a densidade influi na massa injetada que, por sua vez, define a potência produzida e o consumo volumétrico específico de óleo diesel. Assim, a densidade deve ser controlada em uma faixa para evitar variações na potência produzida para um mesmo volume injetado na câmara.

Por ser correlacionada também com a volatilidade do combustível e com a formação de depósitos, a densidade é usada para avaliar as emissões do óleo diesel, Figura 7.12.

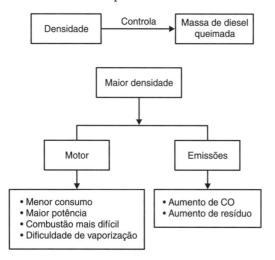

Figura 7.12   Influências da densidade.

São as seguintes as influências da densidade:

- *no motor*: quanto maior a densidade, para uma dada quantidade de ar, menor o consumo específico e maior potência gerada.
- *nas emissões*: o aumento da densidade provoca aumento de CO, de hidrocarbonetos e de particulados.

A volatilidade é representada no óleo diesel pelo ponto de fulgor e pelas temperaturas correspondentes a 50 % e 90 % recuperados. Essas temperaturas de destilação são usadas para avaliar a completa vaporização do combustível na câmara de combustão, evitando a formação de resíduos, favorecendo a combustão completa, com baixo nível de formação de resíduos e emissões. São observados os seguintes efeitos:

- *no motor*: para uma dada quantidade de ar, uma menor temperatura 50 % recuperados implica melhor partida a frio e uma menor temperatura 90 % recuperados resulta em queima mais completa.

- *nas emissões*: para uma dada quantidade de ar, uma menor temperatura 50 % recuperados leva à redução das emissões de hidrocarbonetos e NO_x; e uma menor temperatura 90 % recuperados resulta em redução de particulados e de NO_x, Figura 7.13.

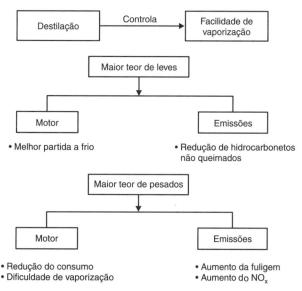

Figura 7.13 Influências da faixa de destilação.

O ponto de fulgor, também relacionado à volatilidade, é usado como característica de segurança no transporte e manuseio do produto.

O teor de enxofre influi no desgaste, na formação de depósitos e nas emissões. Menores teores de enxofre no combustível conduzem a:

- *no motor*: redução do desgaste dos anéis e dos cilindros, e de depósitos em pistões; redução da lubricidade, quando o óleo diesel é oriundo de hidrotratamento, pela remoção de determinados compostos polares benéficos à lubricidade do óleo diesel.
- *nas emissões*: redução da emissão de particulados.

7.7.3 Nebulização e Lubrificação das Bombas e Injetores – Viscosidade, Lubricidade

A viscosidade cinemática é a propriedade utilizada para avaliar a capacidade de nebulização do combustível e de lubrificação do motor, Figura 7.14, e apresenta as seguintes influências:

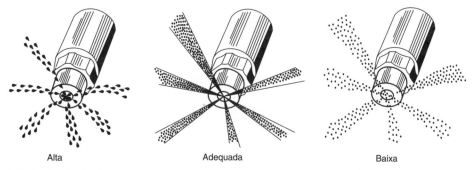

Figura 7.14 Influência da viscosidade.

- *no motor*: viscosidades acima do máximo recomendado provocam penetração excessiva do jato de combustível na câmara de combustão e baixa dispersão, enquanto valores muito baixos provocam dispersão excessiva, além de lubrificação inadequada do sistema de injeção;
- *nas emissões*: valores de viscosidade fora da faixa de controle podem conduzir a nebulização inadequada com consequente aumento da emissão de particulados.

208 Capítulo 7

A lubricidade do óleo diesel é definida como a capacidade do combustível de minimizar o desgaste das superfícies metálicas em movimento. Com o advento das novas exigências ambientais, as pressões de injeção vêm se tornando cada vez mais elevadas, aumentando ainda mais a importância dessa propriedade. A melhoria da lubricidade pode ser obtida com a adição de biodiesel, bem como com o uso de aditivos específicos.

7.7.4 Características a Frio – Ponto de Entupimento

Os hidrocarbonetos normais parafínicos mais pesados constituintes do óleo diesel podem se cristalizar a baixas temperaturas, provocando obstrução dos filtros, com consequente restrição do fluxo. A facilidade de cristalização do óleo diesel é avaliada pelo ponto de entupimento. Menores valores do ponto de entupimento indicam maior facilidade de escoamento a baixas temperaturas.

7.7.5 Estabilidade à Oxidação, Teor de Água

A estabilidade termo-oxidativa do óleo diesel indica a tendência de o combustível resistir à degradação na estocagem e durante o funcionamento do motor, o que é avaliado pelo ensaio de estabilidade à oxidação, em que se determina a formação de gomas, sólidos particulados e peróxidos orgânicos com consequente mudança de cor do óleo diesel. Nitrogenados básicos, tiofenóis, olefinas e ácidos orgânicos, principalmente os primeiros, são os precursores dessa degradação, que levam à formação de gomas e sedimentos e à mudança de cor do produto. Essas reações podem ser aceleradas pela catálise por metais como o cobre, presentes nos filtros, e pelas altas temperaturas nos sistemas de injeção. Também podem ocorrer reações de esterificação de hidrocarbonetos aromáticos com nitrogenados e sulfurados gerando sedimentos. Maior estabilidade do óleo diesel leva à manutenção da qualidade do produto, sem formar depósitos no filtro, nos injetores e no tanque.

A presença de água e sedimentos no óleo diesel pode provocar um outro tipo de instabilidade, decorrente de causas microbiológicas. A água promove a ação dos micro-organismos, que consomem hidrocarbonetos, gerando produtos ácidos, corrosivos e escuros, que se concentram na interface com a água. A formação desses depósitos pode conduzir a desgaste da bomba e dos bicos injetores, entupimento de filtro, corrosão e má combustão e a aumento das emissões de hidrocarbonetos e de CO.

Constitui-se de importância fundamental para a garantia da qualidade do óleo diesel manter o produto sempre isento de água, estocando-o e drenando-o corretamente, evitando-se lastros de água nos tanques e contaminações em operações de transferência.

A Tabela 7.3 apresenta de forma sintetizada as influências das propriedades do óleo diesel no desempenho do motor.

Tabela 7.3   Características do óleo diesel e desempenho do motor (Rocha, 2004)

Propriedade	Efeito no desempenho
Número de cetano	Partida, emissões e combustão
Teor de enxofre	Integridade dos materiais, depósitos e emissão de particulados
Volatilidade	Partida, emissões, formação de depósitos e segurança
Densidade	Potência, poder calorífico e consumo
Viscosidade	Lubrificação do injetor e nebulização
Ponto de névoa ou entupimento	Escoamento a baixas temperaturas
Água e sedimentos	Vida útil dos filtros e injetores – ataque por erosão e formação de micro-organismos
Resíduo de carbono	Formação de depósitos
Corrosividade	Vida útil das partes metálicas
Cinzas	Vida útil do injetor e da câmara de combustão
Estabilidade	Vida útil de bombas e injetores
Lubricidade	Vida útil de bombas e injetores

7.8 AS ESPECIFICAÇÕES DO ÓLEO DIESEL

As características de qualidade dos tipos de óleo diesel automotivo para atender as exigências de qualidade são apresentadas nas Tabelas A.4 e A.5.

7.9 A PRODUÇÃO DE ÓLEO DIESEL

A produção de óleo diesel, no Brasil e no mundo, é baseada principalmente no processo de destilação a partir de cortes de gasóleos atmosféricos, leve e pesado, seguido de hidrodessulfurização. Essa produção é complementada por frações de outros processos, como o coqueamento retardado e o craqueamento catalítico, estabilizadas por hidrotratamento. De forma geral, o hidrotratamento severo leva a uma ligeira redução da faixa de ebulição, da densidade, da lubricidade, da viscosidade e ao aumento da estabilidade à oxidação e do número de cetano, Figura 7.15. As refinarias brasileiras apresentam, em geral, esse esquema básico de refino, Figura 7.16.

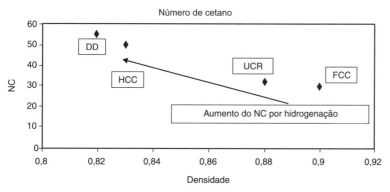

Figura 7.15 Número de cetano de frações componentes do óleo diesel.

Outros processos podem ser utilizados para produção de óleo diesel, Figura 7.16, dentre os quais o de hidrocraqueamento brando assume papel de destaque, seja pela quantidade, seja pela qualidade de óleo diesel que ali se obtém.

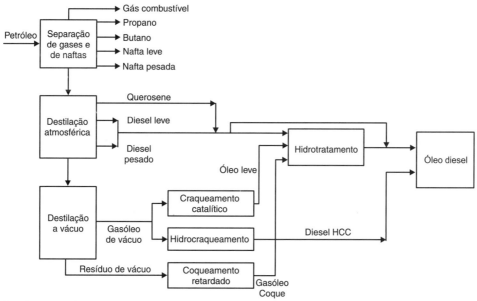

Figura 7.16 Produção de óleo diesel.

O cenário futuro do óleo diesel mostra tendências de aumento de sua demanda, aumento da quantidade de biodiesel adicionada, aumento do número de cetano e do ponto de fulgor e redução do teor de enxofre e do ponto final de ebulição. Esse cenário implica redução da quantidade de óleo diesel produzida diretamente por destilação a partir do petróleo, com maiores restrições aos tipos de petróleos, o que deverá ser compensado por processos de hidroconversão de frações pesadas e resíduos, Figura 7.17 (Perissé, 2007).

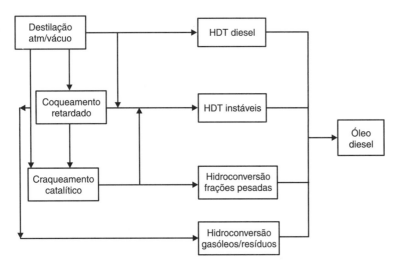

Figura 7.17   Produção de óleo diesel em um cenário futuro.

7.10 ADITIVOS PARA O ÓLEO DIESEL

Entre os aditivos adicionados ao diesel citam-se os seguintes:

- **Biocida**: usado com o fim de reduzir o crescimento de micro-organismos, os quais levariam à formação de compostos ácidos, com consequente obstrução de filtros e danos aos injetores. Os biocidas podem ser do tipo solúvel em água ou solúvel em óleo. Os solúveis em água permanecem no sistema, atuando até que toda a água tenha sido removida. Os do tipo solúvel em óleo acompanham o óleo em todo o seu trajeto, protegendo-o até que seja utilizado no motor.
- **Antiespumante**: usado com o fim de reduzir a formação de espuma quando do reabastecimento do veículo, proporciona maior rapidez no enchimento do tanque. Esse aditivo atua reduzindo a tensão superficial das bolhas de óleo que entram em contato com o ar, reduzindo a formação de espuma. São utilizadas substâncias à base de silicone, insolúveis no óleo, onde ficam dispersas.
- **Melhorador do número de cetano**: petróleos pesados, com elevados teores de hidrocarbonetos aromáticos, apresentam maior dificuldade para especificar o número de cetano do óleo diesel. Substâncias do tipo alquilnitratos são usadas com o fim de melhorar o número de cetano, decompondo-se a altas temperaturas e gerando radicais livres, o que facilita a autoignição.
- **Melhorador de lubricidade**: o óleo diesel hidrotratado pode ter suas características de lubrificação reduzidas pela remoção de compostos polares no hidrotratamento. Os aditivos desse tipo contêm um grupamento polar que é atraído pela superfície metálica, formando uma película protetora, que reduz o contato entre superfícies metálicas.
- **Melhorador de escoamento a frio**: os aditivos usados com esse fim interagem com os cristais de parafinas formadas no óleo diesel, reduzindo os efeitos de obstrução e de restrição do fluxo por meio da modificação do tamanho, forma e grau de aglomeração desses cristais. Essas interações entre os aditivos e os cristais são dependentes do tipo de aditivo usado e do tipo de cristais formados, e os aditivos devem ser testados para cada tipo de óleo diesel, devendo ser adicionados antes de os cristais serem formados.

EXERCÍCIOS

1. Como é produzida energia em um motor Diesel? Quais são os requisitos de qualidade do óleo diesel?
2. Relacione os requisitos de qualidade de um motor Diesel com as especificações do óleo diesel. Discuta a influência de cada propriedade e suas possíveis variações.
3. O controle da produção de óleo diesel é feito sobre que propriedades desse produto ligadas ao teor de leves e ao teor de pesados?

4. Os hidrocarbonetos parafínicos normais influenciam as características do óleo diesel. Indique em quais propriedades esses efeitos são verificados nesse combustível e de que forma eles influenciam.

5. Para os dois petróleos apresentados a seguir, de diferentes bases quanto ao teor de hidrocarbonetos, o que você espera em relação às propriedades do óleo diesel oriundo desses dois petróleos? Compare o óleo diesel oriundo do petróleo leve ao óleo diesel oriundo do petróleo pesado para o intervalo de temperatura 250 °C-400 °C.

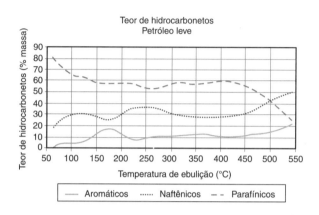
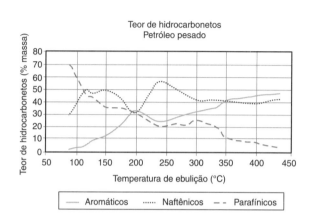

Nas questões seguintes marque com **V** a(s) afirmativa(s) verdadeira(s) e com **F** a(s) afirmativa(s) falsa(s):

6. Em relação ao óleo diesel, pode-se dizer que:
   ( ) Ao se reduzir o teor de enxofre do óleo diesel por HDT reduz-se seu número de cetano.
   ( ) Ao se reduzir o teor de enxofre do óleo diesel por HDT pode-se afetar a capacidade de lubrificação do produto, pela remoção de diversos compostos polares que são lubrificantes naturais.
   ( ) O melhor óleo diesel é o obtido por destilação direta a partir de petróleos parafínicos, os quais apresentam maior número de cetano.

7. A presença de água no óleo diesel pode levar à formação de:
   ( ) Uma maior corrosão e erosão dos bicos injetores do motor, devido à formação de compostos sulfurados ácidos.
   ( ) Uma maior corrosão e erosão dos bicos injetores do motor, devido à formação de compostos ácidos oriundos da degradação microbacteriana do óleo diesel.
   ( ) Produtos de degradação de natureza corrosiva, ocasionada pela decomposição de hidrocarbonetos.

8. Analisando as propriedades do óleo diesel, pode-se dizer que:
   ( ) Um maior número de cetano é um indicativo de melhor desempenho do óleo diesel no motor.
   ( ) Um maior ponto de ebulição é um indicativo de maiores emissões veiculares na combustão.
   ( ) A sua degradação química é avaliada pela presença de hidrocarbonetos olefínicos.

9. Pode-se dizer que:
   ( ) Considerando-se óleo diesel de um dado petróleo, o aumento do seu ponto de final de ebulição tende a aumentar seu ponto de névoa.
   ( ) Considerando óleos diesel de petróleos diferentes, com mesma faixa de destilação, o produto de maior ponto de névoa tende a apresentar maior número de cetano.
   ( ) Ao se reduzir o teor de enxofre por hidrotratamento reduz-se a densidade do óleo diesel.

CAPÍTULO 8

Óleo *Bunker*

8.1 DEFINIÇÃO

As frações mais pesadas do petróleo oriundas dos processos de refinação são utilizadas em sua maioria para aquecimento industrial, em termoelétricas ou como combustíveis para navios. Esses últimos tomam internacionalmente o nome de *bunker*, sendo definidos como óleos destinados à produção de energia para movimentar navios. Os óleos tipo bunker são produzidos a partir de frações destiladas ou do resíduo de vácuo da destilação do petróleo, o mesmo tipo de matéria-prima usado na produção dos óleos combustíveis industriais, diferindo daqueles óleos por algumas restrições quanto às características desse resíduo e, também, no que diz respeito à formulação. Seu emprego em motores a combustão interna apresenta requisitos de qualidade bem diversos daqueles necessários aos óleos combustíveis utilizados em fornos ou caldeiras.

8.2 UTILIZAÇÃO DE ÓLEOS *BUNKER*

Para a utilização do óleo *bunker* em motores Diesel de navios, Figura 8.1, é necessário dispor de sistemas de aquecimento e purificação do óleo, Figura 8.2.

Figura 8.1   Virabrequim, pistão, cruzeta e biela de motor Diesel dois tempos para navios. (Fonte: Wärtsilä Sulzer Ltd, 2011.)

Esses sistemas são compostos por vasos de sedimentação e centrifugadoras para remoção de sedimentos e contaminantes, dispondo-se de pontos de amostragem para controle desses materiais. São ainda necessários sistemas de aquecimento para correção da viscosidade requerida para a adequada nebulização do óleo, entre 12 mm^2/s e 17 mm^2/s, Figura 8.2. Em seguida, o *bunker* é injetado no cilindro por meio de bicos injetores que realizam sua nebulização na câmara onde o ar foi comprimido, alcançando pressão e temperatura elevadas. Essas condições operacionais provocam a vaporização do óleo e sua combustão, gerando energia mecânica que será transmitida ao motor Diesel, que pode ser de dois tempos ou de quatro tempos.

Os motores de dois tempos trabalham em baixas rotações, 120 rpm, elevadas temperaturas e pressões, utilizando óleos *bunker* residuais, sendo, em geral, o motor principal da embarcação. Os motores de quatro tempos trabalham em condições menos severas, em rotações, de 600 rpm a 1200 rpm, utilizando óleos marítimos destilados (MF), constituindo-se, em geral, nos motores auxiliares.

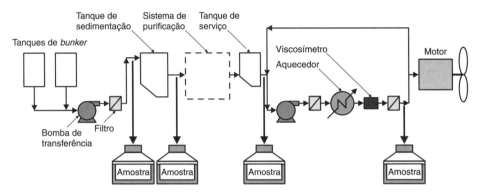

Figura 8.2   Sistema para utilização de óleos *bunker*. (Fonte: Stor, 2010.)

8.3 TIPOS DE ÓLEO *BUNKER*

Os óleos *bunker* são classificados em números em ordem crescente de viscosidade, denominados MF (*marine fuel*), seguidos do número correspondente à viscosidade em mm^2/s a 50 ºC. Essa classificação abrange os óleos que são obtidos a partir das correntes residuais dos processos de destilação a vácuo, que compõem a classe mais extensa dos óleos combustíveis marítimos (ISO, 2005). A International Organization for Standardization (ISO), por meio da norma ISO 8217, padroniza os combustíveis marítimos internacionalmente, classificando-os e definindo as suas especificações para as duas categorias descritas: a dos residuais (MF) e dos destilados (MGO) (Prada Junior, 2007).

8.4 REQUISITOS DE QUALIDADE

Os principais requisitos de qualidade dos óleos *bunker* em função de sua utilização são os seguintes:

— nebulização adequada para proporcionar a correta dispersão na câmara para sua combustão completa;
— qualidade de ignição adequada para proporcionar sua queima em motor Diesel, sem ocasionar danos a esse motor;
— facilidade de escoamento a baixas temperaturas, sem formar depósitos em linhas e nos tanques de armazenamento;
— baixos teores de água e sedimentos, para evitar a corrosão e a obstrução de filtros e bicos injetores;
— estabilidade, não produzindo depósitos por incompatibilidade entre os constituintes do óleo;
— mínima formação de resíduos, que venham a se depositar no sistema de combustão;
— baixo teor de contaminantes metálicos, para evitar a abrasão e corrosão das peças metálicas do motor;
— segurança em seu manuseio e estocagem.

8.5 CARACTERÍSTICAS DE QUALIDADE DOS ÓLEOS *BUNKER*

8.5.1 Facilidade de Nebulização – Viscosidade

Os óleos *bunker*, assim como os óleos combustíveis industriais, para serem queimados corretamente, devem ser nebulizados, para proporcionar melhor mistura com o ar, com a consequente combustão completa, Figura 8.3. Quanto menos viscoso for o produto, mais facilmente ele será nebulizado. Ocorre que os óleos *bunker* apresentam viscosidade elevada à temperatura ambiente e, por isso, é necessário que sejam aquecidos a uma temperatura em que sua viscosidade atenda ao requisito do equipamento. Quanto mais viscoso for o óleo, maior será a temperatura à que ele deverá ser aquecido para reduzir sua viscosidade ao valor necessário à combustão.

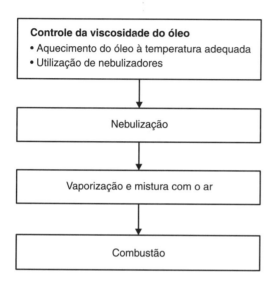

Figura 8.3   Qualidade do óleo combustível: adequação da viscosidade.

8.5.2 Qualidade de Ignição – Viscosidade, Densidade e CCAI

A qualidade de ignição é controlada no óleo *bunker* por meio de correlações empíricas, tanto nas especificações nacionais como nas internacionais. Isso se deve a que a avaliação da qualidade de ignição do óleo bunker ainda é suscetível a incertezas quanto à metodologia a ser empregada, além de se ter uma grande variedade de tipos de óleos *bunker* e de motores marítimos (Spreutels e Vermeire, 2001). Atualmente, estão sendo desenvolvidas novas metodologias para suprir essa deficiência e, como a qualidade de ignição do *bunker* é um requisito importante, tanto as entidades normativas como os fabricantes de motores para navios recomendam o uso de características que possam avaliar esse requisito, definindo valores que possam indicar a maior facilidade de o produto entrar em autoignição no motor. Assim, como foi discutido para o óleo diesel, hidrocarbonetos parafínicos apresentam maior facilidade de ignição, ao contrário dos aromáticos, que apresentam maior resistência à autoignição.

Para avaliar a qualidade de ignição do *bunker*, utiliza-se uma grandeza indicativa da sua aromaticidade, que é calculada a partir da viscosidade e da densidade. Assim, utiliza-se expressão do *CCAI – Calculated Carbon Aromaticity Index*, Equação (8.1) e Figura 8.4, como um parâmetro de qualidade de ignição.

$$CCAI = \rho - 81 - 141 * \log \log (v + 0,85) - 483 \log (T/323) \tag{8.1}$$

em que:

ρ: massa específica a 15 °C, kg/m^3 ;

v: viscosidade cinemática a 50 °C ou à temperatura T em K, mm^2/s.

Quanto maior o valor do CCAI, maior a aromaticidade e pior a qualidade de ignição do produto.

Os fabricantes de motores definem o valor limite máximo do CCAI como 850, para uma boa qualidade de combustão.

Têm sido realizadas pesquisas de técnicas analíticas de determinação da qualidade de combustão do óleo *bunker* em comparação com o CCAI. Entre essas técnicas cita-se a de combustão a volume constante, em que se determina o retardo de ignição e o início da combustão principal (Prada Junior, 2007).

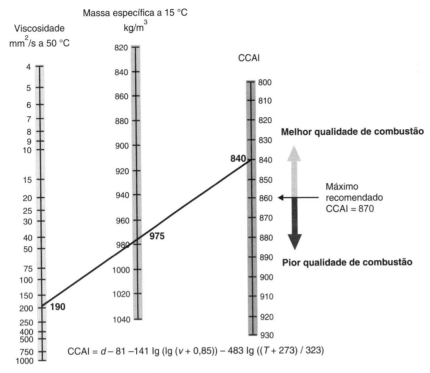

Figura 8.4   Qualidade de ignição do óleo *bunker*: CCAI.

8.5.3 Características a Frio – Ponto de Fluidez

Os óleos combustíveis devem escoar perfeitamente a baixas temperaturas sem que ocorra a cristalização das parafinas, obstruindo filtros e tubulações. Isso é evitado por meio do controle do ponto de fluidez, no valor máximo de 30 °C.

8.5.4 Qualidade da Combustão – Resíduo de Carbono, Teor de Asfaltenos e de Metais

O resíduo de carbono indica a tendência à formação de depósitos no motor pela combustão do *bunker*, o que é indesejável para o seu funcionamento.

Os asfaltenos, caso se separem da fase oleosa por incompatibilidade entre seus componentes, além de trazerem dificuldades à nebulização e formarem coque pela combustão, podem levar à formação de emulsões e à precipitação de borra.

Os elementos metálicos existentes nos óleos combustíveis não queimam, mas formam óxidos que se concentram nas cinzas. Dentre esses elementos destacam-se o sódio, o vanádio, o alumínio, o silício, esses dois últimos provenientes de finos de catalisadores oriundos do processo de FCC. A redução de tais contaminantes é conseguida por meio de um tratamento adequado do produto para reduzir o desgaste em bombas, pistões, injetores e cilindros, entre outros (Prada Junior, 2007). Esses metais acarretam os seguintes inconvenientes para os óleos combustíveis em geral, Figura 8.5:

- corrosão da tubulação promovida por cinzas oriundas de óxidos metálicos, entre os quais óxidos de vanádio, como o V_2O_5 de ponto de fusão de 640 °C, formados nos casos em que se usa grande excesso de ar. Valores típicos para esse metal, em óleos residuais, estão em torno de 150 mg/kg (Prada Junior, 2007). Os depósitos de vanádio podem ser tão duros que provocam danos extensos ao motor e, além disso, quando combinado ao sódio, pode provocar corrosão nas válvulas de escapamento;

- uma relação entre os teores de Na e V igual a 1:3 propicia a formação de um eutético de baixo ponto de fusão, que irá gerar corrosão por cinzas fundentes, agravando a erosão dos bicos. O ponto de fusão desse eutético está em torno de 535 °C, podendo chegar a menos de 400 °C, quando ocorre a reação do vanadato de sódio com outros óxidos metálicos (ISO, 2005; Prada Junior, 2007). A erosão sobre as partes do motor pode ser reduzida pelo uso de aditivos à base de magnésio, como naftenatos, que elevam o ponto de fusão das cinzas, tornando-as mais facilmente removíveis e menos corrosivas. Outros aditivos, à base de manganês, agem no sentido de acelerar a combustão próxima ao bico, o que desloca os compostos de vanádio, que saem com os gases de combustão, não ocorrendo a formação de compostos de baixo ponto de fusão. De qualquer forma, o teor de sódio deve ser mantido abaixo de 50 mg/kg nos combustíveis marítimos;

- os compostos de aluminossilicatos têm ação abrasiva em bombas e motores, podendo causar, no caso do *bunker*, erosão em válvulas injetoras e bicos injetores. Isso ocorre em baixos teores, cerca de 10 mg/kg, inferiores ao valor mínimo da especificação, o que obriga a que o produto seja tratado em centrífugas antes de ser utilizado.

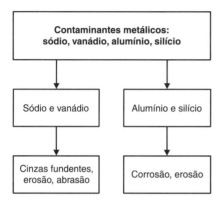

Figura 8.5   Qualidade do óleo combustível: contaminantes metálicos.

8.5.5 Teor de Água, de Sedimentos e de Enxofre – Integridade da Máquina e Emissões

Os óleos *bunker* não devem conter sedimentos inorgânicos nem orgânicos, Figura 8.6, os quais podem se depositar nos bicos injetores, obstruindo a sua passagem e causando corrosão e erosão. A presença de água e sedimentos acentua tais problemas, tanto no uso marítimo como no uso industrial do óleo combustível. A água, além da corrosão, aumenta a possibilidade de formação de emulsões que podem trazer problemas à nebulização do produto, acarretando nebulização deficiente e retardamento da combustão, com o aumento das emissões. Por isso, a água deve ser eliminada do sistema pelo tratamento do *bunker* por centrifugação. Cabe ressaltar que a densidade do produto tem grande importância na eficiência do processo de centrifugação e de decantação da água, assim como dos demais contaminantes presentes no *bunker*.

Os sedimentos inorgânicos podem se depositar nos queimadores, prejudicando o escoamento e a combustão, contribuindo ainda para a erosão. Os sedimentos inorgânicos existentes no petróleo que não foram retidos nas dessalgadoras tendem a se acumular nas frações mais pesadas do petróleo, principalmente no resíduo de vácuo.

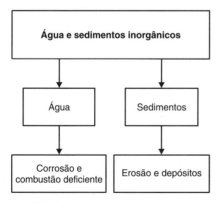

Figura 8.6   Qualidade do óleo combustível: ausência de água e de sedimentos inorgânicos.

Os gases da combustão dos óleos *bunker* não devem ser tóxicos, nem corrosivos aos equipamentos utilizados. O teor de enxofre desses óleos é excelente indicativo para essas características, pois os compostos sulfurados formam SO_2 e SO_3, na combustão, os quais, além da poluição atmosférica, são altamente corrosivos em presença de água. Desde maio de 2005, com a criação das áreas de controle de emissões no Norte da Europa, também conhecidas como SECAs (*SOx emission control areas*), o teor máximo de enxofre nessas regiões passou a ser limitado a 1,5% em massa. Essa tendência também deverá ser adotada em outros países da União Europeia (Prada Junior, 2007). Os óleos *bunker* comercializados no Brasil apresentam, em geral, teores de enxofre menores do que 1,5% em massa, devido às características dos petróleos nacionais.

8.5.6 Estabilidade e Compatibilidade

São características ainda não incorporadas às especificações dos óleos combustíveis industriais e marítimos, mas que avaliam a formação de sólidos em suspensão devido à instabilidade química do óleo ou à incompatibilidade de misturas entre os óleos residuais e os diluentes, Figura 8.7.

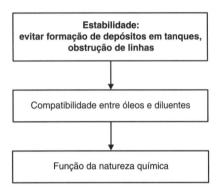

Figura 8.7 Qualidade do óleo combustível: estabilidade e compatibilidade.

A estabilidade de um óleo ou de misturas de óleos é avaliada por ensaios de laboratório, em que a formação de depósitos é observada:

— no teste da mancha em um papel especial, quando uma gota do produto, previamente aquecido e homogeneizado, é aquecida sobre um papel especial a 100 °C;

— em testes nos quais se verifica a quantidade e os tipos de depósitos separados por filtração a quente do produto, conforme discutido no Cap. 3 (item 3.7).

Esses testes qualificam o óleo quanto à estabilidade, sendo indicativos para se evitar a formação de borras, depósitos ou estratificações em tanques ou centrífugas, que podem obstruir linhas e sistemas.

8.5.7 Segurança – Ponto de Fulgor

O manuseio dos óleos *bunker* deve oferecer condições corretas de segurança, o que é avaliado pelo ponto de fulgor.

8.6 ESPECIFICAÇÕES DOS ÓLEOS *BUNKER*

As Tabelas A.6, A.7 e A.8 apresentam as características do OCMAR e as especificações dos óleos MF 120 a 380. A diferença entre esses tipos de óleos é basicamente a viscosidade, porém ocorrem diferenças entre os menos viscosos e os mais viscosos quanto aos teores de contaminantes, como água, vanádio, enxofre, cinzas e resíduo de carbono.

8.7 A PRODUÇÃO DE ÓLEOS BUNKER

Para produzir os óleos *bunker* utiliza-se como componente básico o resíduo de vácuo, controlando-se a sua viscosidade, a sua densidade e o seu teor de metais (vanádio e alumínio), entre outras características.

Os outros possíveis componentes, óleo decantado, gasóleo de coqueamento, resíduo asfáltico, podem ser adicionados desde que não impliquem prejuízo quanto à presença de metais, qualidade de ignição e compatibilidade. Ao final adiciona-se diluente, óleo diesel ou óleo leve de reciclo, de acordo com o tipo de óleo *bunker* desejado, avaliando-se ainda a compatibilidade da mistura, Figuras 8.8 e 8.9.

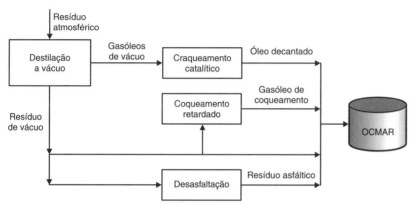

Figura 8.8   Produção de óleo OCMAR.

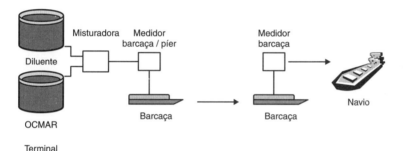

Figura 8.9   Produção de óleo *bunker*. (Fonte: Stor, 2010.)

EXERCÍCIOS

1. Como são produzidos os óleos *bunker*?
2. Quais são as propriedades críticas para a produção de óleos *bunker*?
3. Como são classificados os óleos *bunker*?
4. Qual a influência do petróleo na produção de óleos *bunker*?
5. Em relação aos óleos *bunker*:
   ( ) A adição de diluentes ao resíduo de vácuo para corrigir sua viscosidade aumenta o ponto de fulgor e melhorar a qualidade de ignição do óleo *bunker*.
   ( ) Quanto maior o grau API do *bunker*, maior o seu poder calorífico por unidade de massa.
   ( ) As características do resíduo de vácuo são fundamentais para se definir o tipo de óleo *bunker* a ser produzido nos seus diversos tipos: MF120, MF150, MF180 etc.
6. Os óleos *bunker*:
   ( ) Têm sua viscosidade cinemática especificada para garantir a sua capacidade de lubrificação.
   ( ) Têm sua viscosidade cinemática especificada de acordo com o tipo de óleo, o qual, em geral, deverá ser aquecido para adequar sua viscosidade ao tipo de maçarico em que será utilizado.
   ( ) São produzidos exclusivamente a partir de resíduos de vácuo.
   ( ) São utilizados para produzir energia elétrica (caldeiras) ou em motores diesel estacionários, enquanto os industriais são utilizados para produzir aquecimento de produtos em processos ou para produzir energia elétrica.

CAPÍTULO 9

Óleo Combustível Industrial

9.1 DEFINIÇÃO

O óleo combustível industrial é um produto utilizado em fornalhas, composto basicamente por uma mistura de óleos residuais, cujo principal componente é o resíduo de destilação a vácuo, ao qual são adicionados diluentes da faixa de ebulição do óleo diesel ou mais pesados. Dependendo do tipo de óleo combustível industrial a ser produzido, restringem-se os diluentes do óleo combustível quanto ao teor de enxofre.

9.2 UTILIZAÇÃO DE ÓLEOS COMBUSTÍVEIS INDUSTRIAIS

Para a utilização do óleo combustível industrial na geração de energia em fornos ou caldeiras, o óleo é mantido aquecido em tanque para favorecer o seu escoamento, seguindo por um sistema de filtração para a remoção de sedimentos orgânicos e inorgânicos, sendo então novamente aquecido para reduzir sua viscosidade ao valor requerido pelo queimador, favorecendo sua nebulização, Figura 9.1. Em seguida, por meio de um sistema auxiliar, ele é nebulizado nos bicos queimadores, propiciando sua vaporização, por transferência de calor na própria câmara de combustão, e adequada mistura com o ar, para iniciar a combustão.

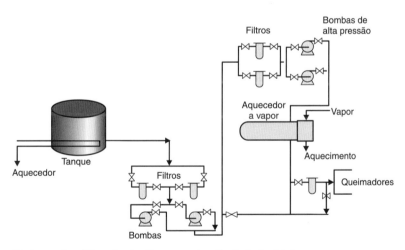

Figura 9.1   Sistema de utilização de óleos combustíveis industriais.

Existem formas diversas para se proceder à nebulização do óleo combustível industrial, e entre estas citam-se o uso de fluidos auxiliares e a nebulização mecânica, o que implica variação nos valores das viscosidades necessárias ao processo, Figura 9.2 e Tabela 9.1, sendo que:

— a nebulização por um fluido auxiliar fornece energia mecânica ao óleo para seu escoamento. Entre os fluidos usados citam-se o vapor d'água e o ar a baixa, média ou alta pressão. No caso de se usar o vapor d'água, este, além de ceder energia mecânica, transfere calor ao combustível, reduzindo sua viscosidade;

— a nebulização mecânica consiste na nebulização sob pressão, na qual o óleo a pressões de 2 MPa a 3 MPa é forçado a subir em movimentos rotativos, através de um pequeno orifício. O movimento rotativo é conseguido pela passagem do óleo por canais na parte interna da tubulação.

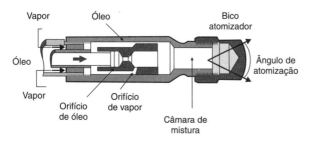

Figura 9.2   Maçarico para queima de óleo combustível por nebulização com fluido auxiliar (vapor d'água). (Fonte: Pereira, 2002.)

Tabela 9.1   Tipos de queimadores

Tipo de nebulização	Viscosidade requerida (mm^2/s) à temperatura de utilização
Mecânica	10 a 25
A vapor d'água	25 a 100

9.3 TIPOS DE ÓLEOS COMBUSTÍVEIS INDUSTRIAIS

Os óleos combustíveis industriais são classificados conforme as seguintes características:

- viscosidade: em números, 1 e 2 em ordem crescente de viscosidade a 60 °C;
- teor de enxofre: como tipo A, alto teor de enxofre (ATE) (maior que 1 %); e tipo B, baixo teor de enxofre (BTE) (menor que 1 %), utilizado de acordo com o controle de poluição ambiental local e o tipo de indústria (cerâmica, azulejos);
- ponto de fluidez: baixo ponto de fluidez (BPF) (menor que a temperatura ambiente) e alto ponto de fluidez (APF) (maior que a temperatura ambiente). O óleo combustível APF é utilizado apenas em instalações que dispõem de condições de aquecimento para mantê-lo sempre no estado líquido.

9.4 REQUISITOS DE QUALIDADE DOS ÓLEOS COMBUSTÍVEIS INDUSTRIAIS

Os principais requisitos de qualidade dos óleos combustíveis industriais, em função de suas utilizações, são os seguintes:

— nebulização adequada para proporcionar a correta dispersão na câmara para sua combustão completa, minimizando a formação de resíduos e a emissão de poluentes;

— conteúdo energético adequado às necessidades do processo;

— facilidade de escoamento a baixas temperaturas, sem obstruir linhas nem formar depósitos nos tanques de armazenamento;

— mínima erosão e obstrução de filtros e bicos injetores, pelo controle dos teores de água e sedimentos;

— mínima corrosão de tubos e refratários, pelo controle dos teores de metais e de cinzas;

— segurança em seu manuseio e estocagem.

9.5 CARACTERÍSTICAS DOS ÓLEOS INDUSTRIAIS

9.5.1 Facilidade de Nebulização - Viscosidade

O processo de combustão de óleos combustíveis em fornos tem início com a nebulização do líquido pelo queimador. As gotas formadas pela nebulização, ao serem injetadas na câmara de combustão, são aí aquecidas por convecção e por radiação, o que ocasiona a sua evaporação, formando-se uma mistura do ar com os vapores do combustível. Com o deslocamento dessas gotas ao longo da câmara, suas temperaturas aumentam até que alcançam suas temperaturas de ignição, ocorrendo a combustão, desde que se utilize a necessária razão ar-combustível, Figura 9.3.

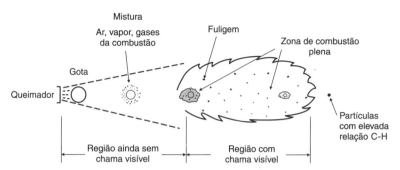

Figura 9.3 Queima de óleo combustível por nebulização com fluido auxiliar (vapor d'água). (Fonte: Serfaty, 2011.)

No entanto, nem todo o volume da gota se evapora e queima completamente, uma vez que, devido às suas constituições químicas, as moléculas podem sofrer craqueamento térmico, gerando outras moléculas menores e partículas muito pequenas, de elevada relação carbono-hidrogênio, denominadas fuligem. A fuligem é nociva ao processo de combustão, por emitir radiação com grande intensidade e por se depositar sobre os tubos das fornalhas (Serfaty, 2011).

Assim, óleos mais leves e de menor relação carbono-hidrogênio queimam melhor, pois mais fáceis são sua nebulização, sua vaporização e sua queima sem formar fuligem. Além disso, óleos mais leves são menos viscosos, sendo necessárias menores temperaturas para serem aquecidos, de forma a que sua viscosidade atenda ao requisito do queimador.

A viscosidade é especificada a uma temperatura definida de 60 °C para todos os óleos, anotando-se o valor da viscosidade a uma segunda temperatura, com o propósito de se determinar com maior precisão a temperatura à qual se deve aquecer o óleo pela Equação de Walther-ASTM (Eq. 3.17, Capítulo 3) para se ter a viscosidade requerida para a queima, quando de sua utilização.

9.5.2 Conteúdo Energético – Poder Calorífico

Os óleos combustíveis industriais destinam-se à geração de energia, e, assim, devem proporcionar a máxima geração de energia térmica, o que é caracterizado pelo poder calorífico. Apesar de ser essa a característica básica de desempenho do óleo combustível, ela não faz parte de sua especificação embora mundialmente se valorize o óleo pelo seu poder calorífico.

A estimativa do poder calorífico do óleo se faz a partir da sua densidade, tendo em vista que esta é função da relação carbono-hidrogênio do produto. Para óleos combustíveis residuais, Guthrie (1960) recomenda a utilização da Equação (9.1) para estimativa do poder calorífico inferior, válida para produtos entre 0 °API e 30 °API:

$$Q_p = 4{,}187(11088{,}3 - 2100\, d_{15{,}6/15{,}6}^2 + 756{,}75\, d_{15{,}6/15{,}6})\,[1 - 10^{-2}(\%H_2O + \%\text{cinzas} + \%S)] + 22{,}5\, \%S - 5{,}85\, \%H_2O \tag{9.1}$$

em que:

Q_p: poder calorífico inferior, MJ/kg;

$d_{15{,}6/15{,}6}$: densidade a 15,6/15,6 °C;

%S, %cinzas, %H$_2$O: porcentagem em massa de enxofre; cinzas; água.

9.5.3 Facilidade de Transporte a Baixas Temperaturas – Ponto de Fluidez

Os óleos combustíveis devem escoar a baixas temperaturas sem cristalizar ou aumentar excessivamente a sua viscosidade, o que pode causar obstrução de filtros e tubulações. Isso é evitado pelo controle do ponto de fluidez, e sua utilização deve ser definida em função dessa característica (APF ou BPF).

9.5.4 Integridade do Equipamento e Emissões – Teor de Metais, Cinzas e BSW

Tal como no óleo *bunker*, o óleo industrial pode conter elementos inorgânicos, como o sódio, o vanádio, o alumínio e o silício, que não queimam, formando óxidos que se concentram nas cinzas, resíduos da combustão, que podem acarretar os seguintes inconvenientes:

— os depósitos que se formam sobre os tubos dos fornos, reduzem a troca térmica, Figura 9.4;

— a redução do ponto de fusão dos tijolos refratários nos fornos industriais, pela reação entre óxidos de sódio e vanádio, os quais formam complexos (vanadatos de sódio) com pontos de fusão entre 535 °C e 850 °C.

Figura 9.4   Depósitos de cinzas metálicas em tubos de fornos. (Fonte: Stor, 2010.)

Além dos metais de constituição, os óleos combustíveis industriais não devem conter contaminantes externos, inorgânicos nem orgânicos, que possam se depositar nos queimadores, prejudicando o escoamento e a combustão e contribuindo ainda para a erosão. Por isso, assim como no uso dos óleos *bunker*, é necessário que o óleo seja decantado e filtrado antes de ser enviado aos fornos, Figura 9.1.

Além dos sedimentos, a água é outro contaminante importante do óleo combustível, porque, quando presente, reduz o poder calorífico e aumenta a possibilidade de formar emulsões, que podem trazer problemas na nebulização do produto, além de acarretar corrosão, especialmente nos casos em que o teor de enxofre é elevado. A decantação e a filtração também auxiliam a remoção de água do óleo combustível industrial.

9.5.5   Emissões e Durabilidade dos Equipamentos - Teor de Enxofre

Os gases da combustão dos óleos combustíveis industriais não devem ser tóxicos nem corrosivos aos equipamentos utilizados. O teor de enxofre desses óleos influi essas características, pois formam SO_2 e SO_3, presentes nos gases de combustão, os quais, além da poluição atmosférica, são altamente corrosivos em presença de água. São produzidos dois tipos de óleos combustíveis industriais, diferenciados pelo teor de enxofre (BTE e ATE), devido a diferenças de requisitos ambientais e das indústrias que consomem óleo combustível industrial. Por exemplo, caldeiras geradoras de vapor de água, fornos metalúrgicos, para vidro e cerâmica, devem operar com combustíveis de baixo teor de enxofre, para não prejudicar os seus processos de produção.

9.5.6   Estabilidade e Compatibilidade

Tal como para o *bunker*, essas características, apesar de importantes, ainda não foram incorporadas às especificações. Elas avaliam a formação de sólidos em suspensão no óleo combustível devido à instabilidade química do óleo ou à incompatibilidade de misturas entre os óleos residuais e os diluentes, o que é levado em conta durante a produção.

9.5.7   Segurança – Ponto de Fulgor

O manuseio dos óleos combustíveis, em geral, deve oferecer condições corretas de segurança, o que é controlado pelo ponto de fulgor.

9.6   ESPECIFICAÇÕES DOS ÓLEOS COMBUSTÍVEIS INDUSTRIAIS

São comercializados óleos combustíveis industriais especificados pela ANP, conforme Tabelas A.9, A.10 e A.11. Também existe a possibilidade de comercialização de óleos ultraviscosos que apresentam viscosidades maiores do que os óleos 1 e 2; ainda, é possível a comercialização de óleos especiais com reduzido teor de enxofre.

9.7 PRODUÇÃO DE ÓLEOS COMBUSTÍVEIS

A base para a produção dos óleos combustíveis industriais é o resíduo da destilação a vácuo, ao qual podem ser agregadas outras correntes, em função do tipo de óleo que se deseja produzir. São empregados diluentes para a redução da viscosidade e, eventualmente, do teor de enxofre, e enquadrar o produto quanto a esses requisitos de qualidade. Esses diluentes, na faixa de ebulição do óleo diesel ou mais pesados, são de natureza e quantidade definidas, de acordo com o resíduo de vácuo empregado e o tipo de óleo a ser produzido, Figura 9.5.

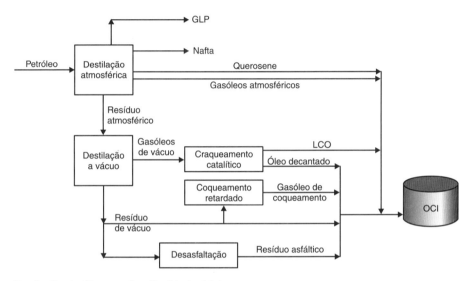

Figura 9.5 Produção de óleo combustível industrial.

Para produzir óleos ATE não há restrições das correntes e diluentes empregados, utilizando-se resíduos de craqueamento catalítico, de desasfaltação, e também extrato aromático. No caso de óleos BTE, são escolhidas correntes de baixo teor de enxofre.

EXERCÍCIOS

Marque com C a afirmativa correta e com F a afirmativa falsa:

1. Qual a influência do petróleo na produção de óleos combustíveis industriais? Compare as restrições com as que ocorrem na produção dos óleos *bunker*.

2. Em relação aos tipos de óleos combustíveis industriais, pode-se dizer que:
   ( ) Os do tipo A1 devem receber maior quantidade de diluentes para corrigir sua viscosidade do que o B1, considerando-se os mesmos diluentes e o mesmo resíduo.
   ( ) Os do tipo B2 são indicados para serem consumidos em climas frios, enquanto os do tipo A1 devem ser utilizados em regiões quentes.
   ( ) Os do tipo B2 são produzidos a partir de petróleos de maior teor de enxofre do que os do tipo A1.

3. Os óleos combustíveis industriais:
   ( ) São classificados de acordo com sua viscosidade, teor de enxofre e ponto de fluidez.
   ( ) Os óleos combustíveis recebem a adição de diluentes para corrigir sua viscosidade e ponto de fluidez.

CAPÍTULO 10

Produtos Especiais

Os derivados do petróleo não energéticos constituem uma importante gama de produtos, devido às suas inúmeras aplicações, bem como ao valor agregado que esses derivados apresentam. Existem diversos tipos desses produtos, os quais têm como matéria-prima frações leves e frações pesadas. A demanda da maioria desses produtos é muito reduzida, salvo a de nafta petroquímica, e, em menor escala, as de lubrificantes e de asfaltos.

10.1 NAFTA PETROQUÍMICA

10.1.1 Definição

Naftas petroquímicas se constituem em frações do petróleo obtidas a partir de naftas de destilação dos tipos leve, média ou pesada, e, também, do líquido de gás natural – LGN, destinadas à indústria petroquímica. A destinação que essa nafta terá é função do teor de hidrocarbonetos parafínicos que ela contém.

10.1.2 Utilização

As naftas petroquímicas são utilizadas em processos de obtenção de diversos insumos para a produção de plásticos, borrachas, corantes e outros produtos. Os principais processos que as utilizam são os seguintes:

- **pirólise**: reforma térmica por vapor d'água para produção de eteno e propeno. Para esse processo, são desejadas naftas com elevados teores de parafínicos, acima de 75 %, para facilitar o craqueamento;

- **reforma catalítica**: por esse processo, a nafta é transformada em compostos aromáticos por um conjunto de reações de desidrogenação e ciclização, ocorrendo um ligeiro craqueamento que conduz à produção de propano e butano, conforme descrito no Capítulo 2. Para esse processo, não se necessita de naftas com teores tão elevados de parafínicos, podendo se situar abaixo de 75 %. Quanto mais hidrocarbonetos saturados com seis ou mais átomos de carbono houver na nafta, maior será o rendimento de aromáticos, mantidas constantes as demais condições.

10.1.3 Requisitos de Qualidade

Os principais requisitos de qualidade da nafta petroquímica estão relacionados aos seguintes aspectos:

- **adequado teor de hidrocarbonetos**: para o processamento nas unidades de pirólise ou de reforma, para se obter bom rendimento nos produtos dessas unidades (eteno ou aromáticos);

- **isento de venenos para catalisadores**: avaliado pelo teor de metais, cobre, chumbo, arsênio, para evitar a desativação dos catalisadores das unidades (principalmente reforma catalítica);

- **isento de materiais agressivos a equipamentos e ao meio ambiente**: avaliado pelo teor de cloretos, para não causar danos em equipamentos e linhas das unidades que processam a nafta, e que operam a temperaturas moderadas ou elevadas. Também pode ser avaliado pelo teor de mercúrio, o qual pode modificar a estrutura de equipamentos fabricados em alumínio, levando à sua fragilização, além de ser um contaminante ambiental de alto risco;

- **não ser corrosivo**: avaliado pelo teor de enxofre.

|228| Capítulo 10

As especificações da nafta petroquímica são definidas por negociação entre fornecedor e usuário, e as principais características são apresentadas na Tabela A.13.

10.1.4 Produção

A nafta petroquímica é produzida pelo fracionamento de naftas obtidas por destilação atmosférica de petróleos selecionados, de acordo com o teor de hidrocarbonetos parafínicos.

10.2 SOLVENTES

10.2.1 Definição

Solventes são substâncias que têm a capacidade de solubilizar e extrair outras substâncias, denominadas solutos, contidas em uma mistura, sem, contudo, reagirem quimicamente com essas substâncias. A solubilização é o resultado da interação intermolecular entre o soluto e o solvente, obtendo-se uma mistura uniforme conhecida como solução. Os solventes produzidos a partir do petróleo se situam na faixa de destilação da nafta e do querosene.

10.2.2 Utilização

A aplicação dos solventes é diversificada, desde o uso industrial em processos de extração ou absorção, passando pelo tratamento de materiais de revestimento, pintura e limpeza industrial ou doméstica, na produção de alimentos como óleos vegetais, até a aplicação de materiais para tratamento de pragas. Em quase todas essas aplicações os solventes atuam na solubilização e na diluição do material, contribuindo para que o processo seja mais eficaz.

10.2.3 Requisitos de Qualidade

Os solventes, em geral, devem apresentar as seguintes características:

- **elevado poder de solvência e seletividade**: a solubilização de um material por outro é possível quando as forças de atração intermoleculares dessas duas substâncias são iguais, sendo que, conceitualmente, o parâmetro de solubilidade proposto por Hildebrand, já discutido no Capítulo 3, é um dos indicadores da capacidade de solubilização de um material pelo solvente. Na prática utiliza-se o ponto de anilina ou o número de Kaury-butanol como indicadores de solvência;

- **volatilidade adequada:** avaliada pela pressão de vapor Reid e pela faixa de ebulição para atender aos requisitos de qualidade de facilidade de separação do soluto por destilação. Exemplos desse requisito são o uso de propano no processo de desasfaltação e o de aguarrás como solvente em pinturas devido a sua facilidade de evaporação para possibilitar secagem rápida do material;

- **estabilidade termo-oxidativa**: avaliada pela presença de olefinas que, por sua vez, é avaliada indiretamente pelo número de bromo;

- **inodoro:** avaliado pelos teores de enxofre e teores de benzeno;

- **segurança na utilização**: avaliada pela pressão de vapor ou pelo ponto de fulgor e pela presença de benzeno (toxicidade).

10.2.4 Tipos

Os solventes derivados do petróleo são classificados, segundo o tipo de hidrocarboneto preponderante, como:

- *Parafínicos*, de menor poder de solvência, odor mais suave e menor impacto ambiental que os solventes aromáticos. Exemplos desse tipo são o hexano e a aguarrás mineral;

- *Naftênicos*, de maior poder de solvência, menor volatilidade e maior odor do que os solventes parafínicos de mesmo tamanho de cadeia carbônica;

- *Aromáticos*, os de maior poder de solvência e odor mais intenso, porém de menor volatilidade e maior impacto ambiental. Exemplos desse tipo são o benzeno, tolueno e xilenos, com características tóxicas acentuadas, de uso vedado para utilizações residenciais.

Dentre os principais solventes destacam-se:

- hexano comercial: definido como uma mistura de hidrocarbonetos parafínicos e naftênicos, entre cinco e sete átomos de carbono; é um líquido incolor, volátil, de odor fraco, que destila na faixa de 62 °C a 74 °C. O hexano comercial apresenta diversas aplicações, e é empregado como solvente em colas, em adesivos, na indústria de borracha e na extração de óleos vegetais e de óleos essenciais. As especificações do hexano comercial encontram-se na Tabela A.14;
- aguarrás mineral: solvente incolor constituído basicamente por hidrocarbonetos parafínicos, produzido a partir da destilação direta do petróleo, com faixa de destilação entre 150 °C e 216 °C. Apresenta um aspecto incolor. Algumas de suas principais aplicações são lavagem a seco, fabricação de tintas e ceras e limpeza de máquinas. As especificações da aguarrás mineral encontram-se na Tabela A.15.

Destacam-se ainda os seguintes solventes:

- solvente para borracha, diluente para tintas e Petrosolve: todos obtidos por destilação direta com faixa de ebulição entre 52 °C e 128 °C; 110 °C e 143 °C; 55 °C e 111 °C, respectivamente, com baixo teor de benzeno;
- tolueno e xilenos: a especificação do tolueno limita o seu teor mínimo em 95 % em volume e a especificação dos xilenos limita a sua faixa de ebulição entre 130 °C e 155 °C.

10.2.5 Produção

Hexano e aguarrás mineral são produzidos pelo fracionamento de naftas obtidas por destilação atmosférica de petróleos, enquanto tolueno e xilenos são produzidos por reforma catalítica, seguido de extração com solventes.

10.3 NORMAIS PARAFINAS (C$_{12}$)

10.3.1 Definição e Utilização

O produto comercial denominado normal parafina é constituído por uma mistura de hidrocarbonetos parafínicos normais de 10 a 13 átomos de carbono (principalmente 12), líquidos à temperatura ambiente.

10.3.2 Utilização

As n-parafinas são utilizadas na produção de linear alquilbenzeno (LAB), matéria-prima para a produção de detergentes biodegradáveis e de outros produtos na indústria de terceira geração de petroquímicos e na indústria moveleira.

10.3.3 Requisitos de Qualidade

As normais parafinas devem apresentar as seguintes características:

- teor elevado de n-parafínicos na faixa de 10 a 13 átomos de carbono;
- baixo teor de aromáticos;
- baixo teor de enxofre.

As especificações das normais parafinas constam da Tabela A.16.

10.3.4 Produção

As normais parafinas são produzidas a partir da fração básica querosene, por adsorção em leitos de zeólita. É importante a seleção do petróleo adequado a essa produção, o qual deve apresentar elevado teor de hidrocarbonetos parafínicos na faixa de 150 °C a 300 °C.

10.4 ÓLEOS BÁSICOS LUBRIFICANTES

10.4.1 Definição

Os óleos básicos minerais são constituídos de hidrocarbonetos parafínicos e naftênicos, com menor proporção de aromáticos, produzidos a partir de gasóleos da destilação a vácuo ou de óleos desasfaltados, originários

230 Capítulo 10

de petróleos selecionados com esse fim. Os óleos básicos são utilizados na formulação dos mais diversos tipos de lubrificantes, em mistura com diversos aditivos, dentre os quais se destacam: detergentes, dispersantes, inibidores de corrosão, melhoradores do índice de viscosidade, abaixadores do ponto de fluidez, antioxidantes, antiespumantes e antidesgaste. Neste item são tratados apenas os óleos básicos minerais.

Os lubrificantes acabados são substâncias destinadas, principalmente, a reduzir o atrito e, consequente, o desgaste de peças metálicas pela formação de uma película sobre as superfícies metálicas em contato. Essa película auxilia, ainda, no controle da temperatura e na vedação dos componentes dos mais diversos tipos de máquinas. O lubrificante proporciona também a limpeza das peças, as protege contra a corrosão decorrente de processos de oxidação, e evita a entrada de impurezas.

Os requisitos de qualidade de um óleo lubrificante correspondem às necessidades do motor e do equipamento que o utiliza e a aspectos econômicos ou ligados ao meio ambiente. Esses requisitos levam a um conjunto de especificações para os óleos lubrificantes formulados, que são supridas, em parte, pelos óleos básicos lubrificantes.

A qualidade final do óleo lubrificante será complementada pelos aditivos, que possuem, por vezes, mais de uma função. A formulação de um óleo lubrificante, para ser bem-sucedida, depende de grande número de testes em bancadas e de análises em laboratórios.

10.4.2 Tipos e Classificação

São produzidos diversos tipos de óleos básicos lubrificantes com diferentes viscosidades e múltiplas aplicações. Citam-se em ordem crescente de viscosidade os seguintes óleos: *Spindle*, Neutro Leve, Neutro Médio, Neutro Pesado, *Bright Stock* e Óleo Cilindro.

Os óleos básicos são classificados como de natureza parafínica ou naftênica, a depender da proporção em que essas classes de hidrocarbonetos aparecem no óleo básico. Os da classe parafínica apresentam maior índice de viscosidade, maior ponto de fluidez e menor volatilidade do que os da classe naftênica e são os de maior produção e utilização.

Uma classificação adicional, proposta pelo Instituto Americano de Petróleo (API), é empregada como base para a aplicação de critérios de intercambiabilidade de óleos básicos em formulações de óleos para motores. Os óleos básicos são divididos em cinco classes, de acordo com o teor de hidrocarbonetos saturados, com o teor de enxofre e com o índice de viscosidade. Nos óleos do grupo I, produzidos pela rota solvente, a presença de saturados é menor do que 90 %, enquanto nos óleos dos grupos II e III, produzidos por hidroprocessamento, a presença de saturados é maior do que 90 %, Tabela 10.1. Os óleos do grupo IV são sintéticos de origem petroquímica (polialfaolefinas), e os do grupo V são dos tipos naftênico ou sintéticos, exceto as polialfaolefinas.

Tabela 10.1   Classificação do American Petroleum Institute para Óleos Básicos (API 1509)

Categoria	Índice de viscosidade	Saturados (% massa)	Enxofre (% massa)
Grupo I	80 a 120	< 90	> 0,02
Grupo II	80 a 120	≥ 90	≤ 0,02
Grupo III	≥ 120	≥ 90	≤ 0,02
Grupo IV		Polialfaolefinas (PAOs)	
Grupo V		Todos não incluídos nos grupos I, II, III ou IV	

10.4.3 Utilização

Os óleos básicos lubrificantes são utilizados na formulação dos diversos tipos de produtos, com aplicações tais como óleos automotivos, óleos para sistemas hidráulicos, óleos para turbinas, mancais e compressores, além de usos em que a função do produto não é lubrificar, como os óleos isolantes para transformadores elétricos.

Como já colocado, anteriormente, as características necessárias em um óleo lubrificante dependem da tecnologia do equipamento que o utiliza, das exigências ambientais e de limitações econômicas e práticas. No caso de um motor automotivo, são listados os seguintes fatores como influenciadores nas características de qualidade dos óleos básicos:

- **temperatura**: em um motor, a temperatura do óleo na partida é baixa e ele deve escoar perfeitamente para lubrificar todas as parte do motor. Já em pleno funcionamento, a temperatura do óleo alcança valores elevados, com redução da viscosidade e com riscos de romper a película de óleo. Para garantir a lubrificação nessas duas condições extremas, deve haver uma mínima variação da viscosidade do óleo com a temperatura. São mostrados na Figura 10.1 valores usuais de temperaturas que ocorrem nas diferentes partes de um motor automotivo, verificando-se que a temperatura das regiões por onde circula o óleo lubrificante varia de 110 °C a 300 °C em regime de operação normal do motor.

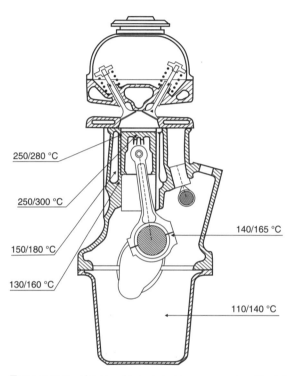

Figura 10.1 Temperatura observada nos motores a combustão interna (ciclo Otto).

- **regime de lubrificação**: o tipo de atrito entre superfícies em movimento relativo pode ser subdividido segundo a condição de lubrificação:

    a) lubrificação hidrodinâmica – as superfícies são separadas por uma película de óleo, situação em que o atrito decorrente é muito baixo, predominando o atrito fluido, que é função da viscosidade do óleo;

    b) lubrificação limítrofe – existe o contato entre as superfícies, pois a película de óleo não é suficiente para impedi-lo, e os aditivos presentes no óleo lubrificante devem atuar no controle do desgaste.

- **meio ambiente**: o controle de emissões atmosféricas resulta em tecnologias de motores que levam a uma maior contaminação do lubrificante por fuligem e produtos de combustão incompleta. Isso resulta em aumento da viscosidade do óleo, além da formação de depósitos por oxidação, o que deve ser controlado pelos aditivos dispersantes usados nas formulações. Também por restrições ambientais, existe a tendência de aumento do intervalo de troca do lubrificante, visando à redução do descarte de óleos usados, o que exige cada vez mais do seu desempenho.

10.4.4 Requisitos de Qualidade

Para atender às necessidades de sua utilização, são estabelecidos diversos requisitos de qualidade do óleo lubrificante de acordo com sua aplicação, sendo apresentados os mais importantes a seguir (Araújo, 2005):

- **lubrificação**: avaliada pela viscosidade adequada para reduzir o atrito e o desgaste das partes metálicas por uma correta lubrificação do sistema, minimizando as perdas de energia durante a operação do equipamento. A viscosidade é definida como a propriedade que relaciona a tensão de cisalhamento com o gradiente de velocidade produzido no líquido por essa tensão. Dessa forma, a viscosidade é a propriedade que define a resistência da película de líquido entre as superfícies metálicas em movimento relativo que estejam em contato, película essa capaz de suportar cargas, reduzindo o atrito entre essas superfícies;

- **variação da viscosidade com a temperatura**: avaliada pelo índice de viscosidade, também uma importante propriedade do óleo básico. Quando se aquece um líquido, sua viscosidade decresce, tornando-se mais fluido e oferecendo menor resistência ao escoamento. De acordo com a natureza da fração de petróleo (parafínica, naftênica ou aromática), a variação da viscosidade com a temperatura ocorre em níveis diferentes, crescendo dos hidrocarbonetos parafínicos para os naftênicos e destes para os hidrocarbonetos aromáticos. O óleo lubrificante trabalha em uma faixa ampla de temperaturas, e, para que a viscosidade atenda a lubrificação desejada em toda essa faixa, é necessário que a variação da viscosidade com a temperatura seja limitada. Para avaliar a variação da viscosidade do óleo lubrificante com a temperatura, Dean e Davies (1929) definiram um critério empírico que representa a intensidade dessa variação por comparação com padrões, o que foi denominado índice de viscosidade:

$$IV = \frac{U - H}{L - H}$$

(10.1)

em que:

IV   índice de viscosidade do óleo;

L   viscosidade a 40 °C de um óleo padrão de baixa qualidade (IV = 0) quanto à variação da viscosidade com a temperatura e que apresenta mesma viscosidade a 100 °C que o óleo analisado;

H   viscosidade a 40 °C de um óleo padrão de alta qualidade (IV = 100) quanto à variação da viscosidade com a temperatura e que apresenta mesma viscosidade a 100 °C que o óleo analisado;

U   viscosidade a 40 °C do óleo analisado.

Tanto o índice de viscosidade como a própria viscosidade são definidos a partir dos óleos básicos empregados na formulação do óleo acabado, podendo ambas as propriedades ser modificadas pelo uso de aditivos, usualmente empregados em óleos de motor.

- **escoamento a baixas temperaturas**: avaliado pelo ponto de fluidez, que representa a temperatura mínima em que o óleo, submetido a um processo de resfriamento, ainda flui, sob a ação da gravidade. Essa característica, como especificação do óleo básico puro, tem grande importância no caso de utilização dos lubrificantes em baixas temperaturas, em especial os óleos para compressores de refrigeração, ou lubrificantes automotivos multiviscosos. Nos lubrificantes automotivos, o ponto de fluidez é significativamente reduzido em relação ao ponto de fluidez do óleo básico (de -3 °C até valores inferiores a -30 °C) pelo uso de aditivos;

- **volatilidade adequada nas condições de utilização**: avaliada pelo ponto de fulgor e pela perda por evaporação em condições padrão (ensaio Noack), para reduzir o consumo e o espessamento do óleo;

- **estabilidade a elevadas temperaturas**, para evitar o aumento da viscosidade do óleo e a formação de depósitos, que reduzem a eficiência de lubrificação e produzem desgaste dos equipamentos lubrificados. Também são empregados aditivos para melhorar a estabilidade do óleo acabado, devendo o óleo básico apresentar uma boa resposta a esses aditivos;

- **poder detergente dispersante**, a fim de manter todos os contaminantes presentes no equipamento e que estão em contato com o óleo (água, fuligem, produtos de desgaste etc.) dispersos no mesmo sem prejuízo da sua capacidade de lubrificação. Este requisito é típico de um óleo lubrificante de motor e é atendido fundamentalmente pelo pacote de aditivo detergente dispersante empregado;

- **capacidade de separar-se da água**, avaliada pela demulsibilidade. Essa propriedade é requerida em sistemas nos quais o óleo entra em contato com a água e uma rápida separação água-óleo é um fator preponderante da lubrificação, como no caso dos óleos para turbinas e sistemas hidráulicos. A demulsibilidade é uma propriedade definida pelo óleo básico. Os óleos para turbinas, hidráulicos e outros óleos industriais podem entrar em contato com a água, e, nesse caso, uma rápida separação da água passa a ser um fator preponderante para sua aplicação.

10.4.5 Produção

Os óleos básicos podem ser produzidos por refinação do petróleo, segundo dois esquemas principais: rota solvente e rota hidrorrefino. A rota solvente tem as seguintes etapas:

- destilação a vácuo: onde se fracionam os óleos de acordo com a faixa de viscosidade de cada tipo;

- desasfaltação: aplicada apenas ao resíduo de vácuo, de onde se recuperam as frações oleosas nele existentes e se removem as frações asfálticas;

- desaromatização: onde são removidos os componentes aromáticos que contribuem para reduzir o índice de viscosidade do óleo;

- desparafinação: para remover os hidrocarbonetos normais parafínicos de cadeias longas, que aumentam o ponto de fluidez do óleo;

- hidroacabamento: para remover contaminantes e estabilizar o óleo lubrificante.

A outra rota de produção dos óleos básicos é a de hidrorrefino, que, originalmente, substituiu os processos de desaromatização e hidroacabamento pelo processo de hidrodesaromatização (HDA). Posteriormente, a hidrodesparafinação (HDW) substituiu a desparafinação a solvente. Assim, o processo de hidrorrefino, constituído de HDA + HDW, conduz à produção de óleos básicos com maior teor de hidrocarbonetos com cadeias saturadas, uma vez que ocorrem, respectivamente, a transformação de moléculas aromáticas em saturadas e de n-parafinas em parafinas ramificadas, na presença de hidrogênio, com o uso de catalisadores especiais, temperatura, pressão e tempo de residência adequados. Os petróleos empregados nesta rota não diferem necessariamente dos petróleos empregados na rota solvente, embora se tenha maior flexibilidade em termos do IV mínimo das cargas para a produção de óleos básicos.

Atualmente, o esquema de hidrorrefino para a produção de óleos básicos envolve uma etapa preliminar de hidrocraqueamento (HCC) para se obter frações a partir de gasóleos oriundos de petróleos de baixa qualidade e baixo rendimento para a rota solvente. As frações resultantes do HCC possuem alto índice de viscosidade e passam ainda por etapas de hidroisodesparafinação (HIDW) para ajuste do ponto de fluidez, fracionamento, para ajuste da viscosidade dos cortes, passando ainda por hidroacabamento para estabilização final. Por essa rota de hidrocraqueamento pode-se obter óleos de elevada qualidade, de acordo com o índice de viscosidade e com as características de escoamento a frio, com grande flexibilidade em termos do petróleo processado.

As especificações dos óleos lubrificantes básicos parafínicos e naftênicos estão listadas nas Tabelas A.17 e A.18, do Anexo, respectivamente.

10.5 PARAFINAS

10.5.1 Definição

Parafinas são derivados do petróleo constituídos por normais alcanos de mais de 18 átomos de carbono, e que são substâncias sólidas à temperatura ambiente. Esses compostos, quando presentes em quantidades apreciáveis em óleos lubrificantes, reduzem a sua fluidez e, por isso, é feita a sua remoção, o que permite obter esse importante derivado do petróleo, com muitas aplicações na sociedade.

Conforme a faixa de destilação do óleo lubrificante básico que as originou, as parafinas podem ser classificadas, quanto à forma de cristalização, em micro e macrocristalinas. Parafinas macrocristalinas são as que formam cristais grandes e bem definidos, quando submetidos ao processo de cristalização em presença de solvente. As parafinas do tipo macrocristalinas são oriundas de cortes destilados e apresentam predominância de cadeias de hidrocarbonetos normais parafínicos, contendo de 18 a 40 átomos de carbono, com massa molar entre 250 kg/kmol e 580 kg/kmol e ponto de fusão entre 43 °C e 68 °C (Anie, 2010). As parafinas microcristalinas são de massa molar mais elevada, oriundas de frações residuais (óleo desasfaltado), e, ao se cristalizarem, formam cristais pequenos. As parafinas do tipo microcristalino apresentam altos teores de cadeias parafínicas ramificadas, número de átomos de carbono variando de 40 a 55, massa molar entre 580 kg/kmol e 800 kg/kmol e ponto de fusão entre 60 °C e 95 °C (Araújo, 2005).

10.5.2 Utilização

As aplicações das parafinas, macro e microcristalinas, são bastante diversificadas. Elas são utilizadas nas indústrias de borracha, baterias, plásticos, frigoríficos, lonas, laticínios, papel parafinado, papel-carbono, pilhas e vinhos; curtumes; fabricação de velas, de ceras e polidores; fósforos; como aditivo na fabricação de pneus, como protetoras de cereais e de frutas; na indústria de cosméticos; na impermeabilização de tecidos e madeira; como material isolante de eletricidade; em refrigeradores; na indústria farmacêutica; na produção de cabos elétricos e de telefonia.

As especificações das parafinas macro e microcristalinas comercializadas no Brasil são apresentadas na Tabela A.19. Comercialmente, as parafinas são classificadas na forma alfanumérica (X/Y-a-b), em que X/Y é a faixa de pontos de fusão em °F, a letra "a" está associada ao teor máximo de óleo e a letra "b" é utilizada para designar se o produto apresenta grau alimentício (FG – food grade).

10.5.3 Requisitos de Qualidade

Para atender às necessidades de sua utilização, são estabelecidos diversos requisitos de qualidade para as parafinas, de acordo com sua aplicação, sendo mais importantes os descritos a seguir.

- **Estado sólido nas condições de utilização**: avaliado pelo ponto de fusão, que representa a temperatura em que a parafina, ao ser aquecida, passa do estado sólido ao líquido. O ponto de fusão está diretamente ligado à sua composição, em termos de compostos n-parafínicos, e à sua faixa de destilação e é relacionado à condição de utilização do produto.

- **Ausência de contaminantes**: o que é avaliado pela cor Saybolt. Tal como para os óleos básicos lubrificantes, a cor tem uma importância relevante na comercialização do produto. Quanto mais claro for o produto, melhor será sua aceitação no mercado, inspirando maior confiança em relação à sua pureza. Para as indústrias alimentícias, farmacêuticas e de cosméticos, o uso da parafina *food grade* é imperativo. Para algumas aplicações como a indústria de papel, não se pode usar parafina oleosa, pois contamina os produtos e ocasiona manchamentos de óleo.

- **Adequada consistência e dureza**: avaliadas pela penetração da parafina com uma agulha especificada em um aparelho denominado penetrômetro. Indica a consistência da parafina, estando também ligada à dureza do produto, que é associada ao tipo de cristalização ocorrido. As parafinas microcristalinas são mais moles, enquanto as macrocristalinas em que predominam alcanos normais são mais duras, o que influencia no seu uso, principalmente quando é necessário se efetuar moldagens. O teor de óleo também influi na consistência e na dureza da parafina.

- **Adequada adesividade e moldabilidade**: avaliadas pela faixa de destilação, requisitos importantes, principalmente para a indústria de velas.

10.5.4 Produção

A produção de parafinas é realizada pela desoleificação das parafinas separadas no processo de desparafinação do óleo lubrificante, seguida de hidrotratamento severo para saturar alguns aromáticos e remover compostos de enxofre, nitrogênio e oxigênio.

10.6 ASFALTOS

10.6.1 Definição

Asfaltos ou betumes são derivados de petróleo de elevada viscosidade, com propriedades impermeabilizantes e adesivas, não voláteis, de cor preta ou marrom, compostos por asfaltenos, resinas e hidrocarbonetos de natureza aromática, solúveis em tricloroetileno (Leite, 1998). São obtidos por refinação de petróleo, sendo também encontrados na natureza como depósito natural (gilsonita) ou associados a matéria mineral (asfalto de Trinidad).

O termo asfalto, usado de forma popular para se referir ao conjunto de materiais aplicados na pavimentação, na verdade significa uma mistura constituída por asfaltos para pavimentação (cimentos asfálticos, asfaltos diluídos ou emulsões asfálticas) com agregados compostos por matéria mineral.

10.6.2 Tipos e Utilização

A utilização de materiais asfálticos como ligantes e impermeabilizantes remonta aos primórdios de nossa civilização em edificações, estradas e revestimentos de reservatórios (asfaltos naturais) (Leite, 1998). Os asfaltos têm aplicações diversas e podem ser subdivididos nos seguintes tipos, tendo como base a pavimentação, sua principal aplicação:

— *cimentos asfálticos de petróleo – CAP*: materiais muito viscosos, semissólidos ou sólidos à temperatura ambiente, que apresentam comportamento termoplástico, tornando-se líquidos quando aquecidos e retornando ao seu estado original após resfriamento. A consistência do CAP depende da quantidade de fração oleosa remanescente, sendo esse um critério utilizado para sua classificação, traduzida pela viscosidade ou penetração;

— *asfaltos diluídos*: misturas de CAPs com solventes, obtendo-se, segundo o solvente utilizado, asfaltos de cura rápida (CR) usando-se nafta, de cura média (CM) usando-se querosene, de cura lenta (CL) usando-se gasóleo. Essas misturas são feitas para aumentar a fluidez do CAP. Os solventes, por serem voláteis, evaporam após aplicação, deixando o cimento asfáltico rígido;

— *emulsões asfálticas*: que se constituem em pequenas partículas ou glóbulos de CAP, suspensos em água contendo um agente emulsificante. Quando tais emulsões são aplicadas, as partículas de CAP depositam-se sobre as britas do leito rodoviário (agregado mineral), causando a ruptura da emulsão, separando-se da água, resultando em uma camada de cimento asfáltico rígido. As emulsões asfálticas são classificadas como de ruptura rápida (RR), de ruptura média (RM) e de ruptura lenta (RL).

— *asfaltos modificados*: modificações feitas em cimentos asfálticos de petróleo pela adição de asfaltos naturais como gilsonita (EUA), asfaltita (Argentina) e asfalto de Trinidad. Também podem ser adicionados cal, cimento, sílica, fibras (fibra de vidro, asbestos, fibras de celulose e fibras poliméricas), enxofre elementar ou polímeros (SBR, SBS, EVA) para ampliar a resistência do produto;

— *agentes rejuvenescedores*: utilizados para reciclar os asfaltos retirados do pavimento, por estarem envelhecidos pela ação do tempo, da temperatura, do ar, da luz solar ou da chuva, que levam ao aumento da viscosidade e à degradação de compostos aromáticos e resinas, resultando em trincas e outros danos nos pavimentos.

Os asfaltos industriais constituem em outra classe importante dos produtos asfálticos, os quais são usados particularmente para formulações de películas protetoras e impermeabilizantes, apresentando menor ductilidade e maior resistência à variação de temperatura que o asfalto para pavimentação. Tais propriedades são resultantes da oxidação do asfalto, que reduz o teor de átomos de hidrogênio nas moléculas, acarretando aumento relativo do teor de carbono.

10.6.3 Requisitos de Qualidade

Os asfaltos devem apresentar os seguintes requisitos de qualidade para atender às necessidades de utilização em pavimentações (Leite, 1998):

- **consistência e dureza**: caracteriza o tipo de asfalto, para avaliar sua manipulação e método de aplicação em uma determinada pavimentação. O ensaio de penetração determina a consistência ou dureza de um cimento asfáltico, pela medida de penetração vertical de uma agulha padrão em uma amostra do material em condições definidas de temperatura, carga e tempo. Esse ensaio, em conjunto com o ponto de amolecimento, é usado para determinar a suscetibilidade térmica dos asfaltos betuminosos às mudanças de consistência com a temperatura;

- **ductibilidade**: capacidade de alongar-se sem romper, quando tracionado por cargas em altas velocidades. Nos casos em que o leito rodoviário é sujeito a vibrações e a grandes mudanças de temperatura, é importante que se utilizem asfaltos com elevada ductilidade na faixa de temperatura ambiente da região em que é aplicado. A ductilidade de um material betuminoso é medida pela distância, em centímetros, em que ele pode ser alongado antes de sofrer ruptura, quando as duas extremidades de um briquete do material são afastadas a velocidade e temperatura definidas;

■ termoplasticidade e viscoelasticidade: para possibilitar o manuseio a quente, na aplicação em pavimentos, e o retorno, por resfriamento, às propriedades viscoelásticas necessárias à sua utilização. O asfalto deve combinar duas características distintas: elasticidade, conferida pelas resinas e hidrocarbonetos aromáticos, suportando a aplicação de cargas rápidas (tráfego rápido) e a característica de viscosidade, conferida pelos asfaltenos, suportando a aplicação de cargas por longos períodos. A ductibilidade, o teor de betume, definido como a porcentagem de material livre de água que é solúvel em tricloroetileno, e a viscosidade são as propriedades utilizadas para avaliar esse requisito;

■ suscetibilidade térmica: capacidade de suportar variações de temperatura sem perder a consistência e a ductibilidade. Na pavimentação de estradas, é importante que se conheçam as condições de temperatura em que o asfalto irá amolecer e fluir. O ponto de amolecimento dá uma indicação útil da temperatura na qual o material poderá ser normalmente fundido. Essa importante característica de qualidade é definida como a temperatura na qual um disco feito de asfalto, colocado em um anel horizontal, é forçado para baixo a uma distância definida, sob o peso de uma esfera de aço, à medida que a amostra é aquecida a uma determinada velocidade em banho de água ou glicerina. Utiliza-se, ainda, para esse requisito de qualidade um índice fornecido por uma equação que utiliza os ensaios de índice de penetração e de ponto de amolecimento.

■ durabilidade: avaliada pelo ensaio de efeito do calor e do ar, no qual se determinam a perda de penetração, de ductibilidade e de massa e o aumento no ponto de amolecimento que ocorre no asfalto, quando ele é submetido a condições oxidantes, representadas por elevadas temperaturas sob uma corrente de ar durante 5 horas.

As especificações brasileiras de CAP, regulamentadas pela ANP, são apresentadas na Tabela A.21.

10.6.4 Produção

Os asfaltos são produzidos por destilação a vácuo de petróleos que apresentem teor adequado de asfaltenos, ou por misturas de frações asfálticas com diluentes para ajuste das propriedades.

10.7 RESÍDUO AROMÁTICO (RARO)

10.7.1 Definição

O resíduo aromático, também conhecido pela sigla RARO, é um derivado do petróleo de elevado teor de hidrocarbonetos aromáticos originados do óleo decantado, também chamado de óleo clarificado, produzido no processo de craqueamento catalítico. É um produto de elevada densidade e aromaticidade, duas das propriedades principais para a produção de negro de carbono e que influem no seu valor comercial.

10.7.2 Tipos e Utilização

A principal aplicação do RARO é como matéria-prima na fabricação de negro de carbono, forma amorfa do carbono, cujo consumo tem tido grande crescimento. São comercializados no Brasil três tipos de RARO, de acordo com as necessidades de processo das empresas que produzem o negro de carbono. O processo mais utilizado é aquele conhecido como processo fornalha, em que ocorre a combustão incompleta da carga aromática (RARO, por exemplo) com o auxílio de uma chama de gás natural (Parkash, 2009). O negro de carbono pode ser obtido na forma de:

— pó, contendo 99,5 % de carbono amorfo, com diferentes tamanhos das partículas e com estruturas variáveis, sendo sua principal aplicação na produção de materiais ditos de fricção, como pastilhas de freio ou discos de embreagem;

— material peletizado, utilizado na produção de borrachas para aumentar sua durabilidade e consistência;

— grânulos pretos, utilizado como pigmento em diversas indústrias e, também, na produção de borrachas.

10.7.3 Requisitos de Qualidade

Os principais requisitos de qualidade do RARO estão relacionados à sua principal aplicação, que é a produção de negro de carbono, o que exige elevado teor de carbono. São eles:

- **aromaticidade**: avaliada indiretamente pelo BMCI, índice proposto para caracterizar físico-quimicamente o petróleo e suas frações, calculado a partir da densidade e da faixa de temperatura de ebulição. Ocorre que, no caso do RARO, as temperaturas de ebulição são tão elevadas que não podem ser determinadas experimentalmente. Nesse caso, é usada uma correlação que calcula o BMCI a partir da densidade e da viscosidade. Quanto maior for o BMCI maior será a aromaticidade do RARO e, consequentemente, maior o teor de carbono no produto;

- **facilidade de nebulização e combustão sem formar coque**: etapas utilizadas na produção de negro de carbono. Viscosidades baixas e ausência de asfaltenos são características importantes para essas etapas;

- **integridade dos equipamentos – teor de cinzas e de metais**: podem causar abrasão dos injetores, entupimento de injetores, aumento de resíduos, formação de incrustações no forno, podendo reagir com o refratário, danificando-o, além de produzir negro de carbono com contaminantes indesejáveis (Binotto, 2010). Cinzas são oriundas de elementos metálicos que, no caso do RARO, podem ser provenientes dos catalisadores usados no craqueamento catalítico ou dos metais presentes na carga da unidade de FCC.

As especificações dos três tipos de RARO comercializados no Brasil, para a obtenção dos três tipos de negro de carbono citados, estão apresentadas na Tabela A.21.

10.7.4 Produção

O RARO é produzido a partir da fração de refino denominada óleo decantado obtida no processo de craqueamento catalítico fluido. Para a remoção de partículas geradoras de cinzas no RARO, o óleo decantado deve passar por uma etapa de purificação, que pode ser a centrifugação, a filtração ou, mais comumente, a decantação.

10.8 COQUE VERDE DE PETRÓLEO

10.8.1 Definição

O coque verde de petróleo, também conhecido pela sigla CVP, é uma forma sintética de material sólido com alto teor de carbono produzida atualmente pelo processo de coqueamento retardado do resíduo de vácuo e do óleo decantado. É um produto sólido, de cor negra e forma aproximadamente granular, contendo mais de 80% de carbono fixo. Estão ainda presentes no CVP hidrocarbonetos pesados, que não se vaporizam a elevadas temperaturas, acima de 480 °C, denominados matéria volátil. De acordo com o tipo de carga utilizada, produzem-se formas diferentes de coque (Carvalho, 2011):

- *shot coke* (coque bala), de forma esférica em várias dimensões, obtido a partir de resíduos de vácuo com elevados teores de metais, de enxofre e de asfaltenos;

- coque esponja, apresenta pequenos poros e paredes espessas, obtido a partir de resíduos de vácuo com médio teor de metais, de enxofre e de asfaltenos;

- coque esponja grau anodo, com camadas alinhadas e poros em forma de elipse, obtido a partir de resíduos de vácuo com baixos teores de metais, de enxofre e de asfaltenos;

- coque agulha, o coque com a melhor qualidade de todos, é um material cristalino, obtido a partir de óleo decantado, de baixos teores de resinas, asfaltenos e metais, e rico em hidrocarbonetos aromáticos, os quais produzem cristais em forma de agulhas. Apresenta elevada densidade, baixo coeficiente de expansão térmica e elevada condutividade térmica e elétrica.

10.8.2 Tipos e Aplicações

As principais aplicações do coque verde de petróleo são as seguintes:

- combustível para as indústrias siderúrgica (coque esponja), de fundição (coque esponja), de papel e celulose (coque esponja), de cimento (coque bala) e para geração de vapor em termoelétricas (coque bala);
- elemento termorredutor em metalurgia, siderurgia e fundição;
- matéria-prima para a produção de eletrodos de grafite (coque agulha);
- matéria-prima para a produção de coque esponja calcinado, material, por sua vez, utilizado para a fabricação de anodos na indústria de alumínio (coque esponja grau anodo).

10.8.3 Requisitos de Qualidade

Os requisitos de qualidade do coque verde de petróleo dependem de sua aplicação (Carvalho, 2011).

- Produção de anodos de alumínio e óxido de titânio:
- baixo teor de compostos voláteis (menor do que 12% em massa) para se obter coque calcinado com elevado teor de carbono fixo, que aumenta a rentabilidade do processo de aluminotermia;
- baixo teor de enxofre (menor do que 1 % em massa) e baixos teores de elementos metálicos como Ca, Fe, Na, Ni, Si e V, que podem afetar a reatividade do carbono com o oxigênio, consumindo-o.
- Produção de elementos termorredutores à base de carbono para a produção de ferro:
- alto teor de carbono fixo (90 % no mínimo) e baixo teor de metais.
- Mistura com carvão para uso em fundições e siderúrgicas:
- baixo teor de enxofre (1 % no máximo) e alto teor de carbono fixo.
- Combustível para indústrias de cimento e para cogeração de energia:
- alto poder calorífico, sem maiores restrições para o teor de enxofre.

As especificações dos diversos tipos de coque verde de petróleo estão listadas na Tabela A.22.

10.8.4 Produção

O coque verde de petróleo é o material que se acumula nos tambores em que ocorre a coqueificação do resíduo de vácuo, no processo de coqueamento retardado.

EXERCÍCIOS

Para cada um dos produtos especiais listados a seguir elabore: a definição, as aplicações e os principais requisitos de qualidade. Relacione ainda os tipos produzidos e as rotas de produção, comparando-as, quando houver mais de uma.

1. Naftas
2. Solventes
3. Normais parafinas
4. Lubrificantes
5. Parafinas
6. Asfaltos
7. Resíduo aromático
8. Coque verde de petróleo

ANEXO

Especificações dos Derivados

Tabela A.1a Especificações do gás liquefeito de petróleo (GLP)

Característica	Unidade	Método(s)		Limites
		Nacional	Estrangeiro	
Pressão de vapor a 37,8 °C, máximo	kPa	MB205	D1267	1 430
Intemperismo a 101,325 kPa, máximo	°C	MB285	D1837	2,2
Pentanos e mais pesados, máximo	% volume		D2163	2
Resíduo de evaporação de 100 mL, máximo	mL		D2158	0,05
Enxofre total, máximo	mg/kg	MB327	D2784; D3246	140
Gás sulfídrico			D2420	Passa
Corrosividade 1h a 37,8 °C, máximo		MB281	D1838	1
Densidade			ASTM D1657	Anotar
Água Livre			Inspeção Visual	Ausente
Odorização			NFPA 50/2001	Presente

Nota: O produto não deverá conter água livre ou dispersa.

Tabela A.1b Especificações de outros gases liquefeitos de petróleo

Propriedades	Métodos de ensaios	Propano comercial	Propano especial	Butano comercial	Butano especial
Composição, % vol.	CENPES M46				
– etano, máximo					0,5
– propano, mínimo			90		
– propeno, máximo			5		
– butenos, máximo	ASTM D2163				2,0
– butanos, mínimo	ASTM D2163				96,0
– butanos, máximo	ASTM D2163	2,5	2,5		
– pentanos e mais pesados, máximo	ASTM D2163			2,0	0,5
Corrosividade ao cobre, 1h a 37,8 °C, máximo	MB 281	1	1	1	1
Densidade 20/4 °C	PMB 903	Anotar	Anotar	Anotar	Anotar
Enxofre total, mg/kg, máximo	MB 327	185	123	140	30
Intemperismo a 101,325 kPa, máximo	MB285; ASTM D1837	-38,3	-38,3	2,2	2,2
Pressão de vapor a 37,8 °C, kPa, máximo	MB205; ASTM D2598	1 430	1 430	480	375
Gás sulfídrico	ASTM D2420	Passa	Passa	Passa	
Resíduo dos 100 mL evaporados, mL, máximo	ASTM D2158			0,05	
Umidade	MB282	Ausente	Ausente	Ausente	

Característica	Unidade	Método(s)		Gasolina C	Gasolina Premium	Gasolina Podium
		Nacional	Estrangeiro			
Aspecto		Visual	Visual	Límpido	Límpido	Límpido
Cor		Visual	Visual			
Álcool etílico anidro combustível, AEAC	% volume	NBR 13992		20 a 25[a]	20 a 25[a]	20 a 25[a]
Destilação 10% evaporado, máximo	°C	NBR 9619	ASTM D86	65	65	65
50% evaporado, máximo	°C	NBR 9619	ASTM D86	80	80	80
90% evaporado, máximo	°C	NBR 9619	ASTM D86	190	190	190
Ponto final de ebulição, máximo	°C	NBR 9619	ASTM D86	220	220	220
Resíduo, máximo	% volume	NBR 9619	ASTM D86	2,0	2,0	2,0
Pressão de vapor a 37,8 °C, máximo	kPa		ASTM D5482; D4953; D5190; D5191	69,0	69,0	69,0
Número de octano motor MON, mínimo		MB 457	ASTM D2700	82		-
Índice antidetonante (MON+RON)/2, mínimo		MB 457	ASTM D2699; D2700	87	91	95
Corrosividade a 50 °C, 3h, máximo		MB 287	ASTM D130	1	1	1
Goma atual lavada, máxima	mg/100 mL	MB 289	ASTM D381	5	5	5
Enxofre, máximo	mg/kg	MB 327	ASTM D1266; D3120/D4294	800	800	30
Período de indução a 100 °C, mínimo	minutos	MB 288	ASTM D525	360	360	360
Densidade a 20/4 °C	–	NBR 7148	ASTM D1298; D4052	Anotar	Anotar	Anotar
Chumbo, máximo	mg/L		ASTM D3237	500	500	500
Benzeno, máximo	% volume		ASTM D3606; D5443; D6277	1,0	1,5	1,5
Aromáticos, máximo	% volume		ASTM D3606; D5443; D6277	45	45	45
Olefínicos, máximo	% volume		ASTM D3606; D5443; D6277	30	30	30

[a] Percentual estabelecido pela legislação vigente à época.

Especificações dos Derivados **|241|**

Tabela A.3   Especificações do querosene de aviação (QAV-1) e do querosene iluminante (QI)

Característica Produto	Unidade	QAV-1	QI
Aspecto (visual)		Claro, límpido e visivelmente isento de água não dissolvida e material sólido	
Acidez total, máximo	mg KOH/g	0,015	Negativo
Aromáticos, máximo	% volume	25,0	
Enxofre total, máximo	% massa	0,30	0,30
Enxofre mercaptídico, máximo	% massa	0,003	
Fração hidrotratada (2)	% volume	Anotar	
Fração severamente hidrotratada (2)	% volume	Anotar	
Destilação			
– 10% vol. recuperado, máximo	°C	205	
– 80% vol. recuperado, máximo	°C		285
– PFE (ponto final de ebulição), máximo	°C	300	300
– resíduo, máximo	% volume	1,5	
Ponto de fulgor, mínimo	°C	40	40
Massa específica a 20 °C	kg/m³	771,3 a 836,6	760,0 a 822,0
Ponto de congelamento, máximo	°C	-47	
Viscosidade a 20 °C, máxima Viscosidade a -20 °C, máxima	mm²/s (cSt)	8,0	2,7 8,0
Poder calorífico inferior, mínimo	MJ/kg	42,8	
Ponto de fuligem, mínimo	mm	25	22
OU			
Ponto de fuligem, mínimo E	mm	19	
Naftalenos, máximo	% volume	3,0	
Corrosividade à prata, máx. (5)		1 (somente para Forças Armadas)	
Corrosividade ao cobre (2h a 100 °C), máximo		1	1
Estabilidade térmica a 260 °C			
– queda de pressão no filtro, máximo	mm Hg	25	
– depósito no tubo (visual)		< 3	
		Não poderá ter depósito de cor anormal ou pavão	
Goma atual, máximo	mg/100 mL	7	
Índice de separação de água			
– com dissipador de cargas estáticas, mínimo		70	
– sem dissipador de cargas estáticas, mínimo		85	
Condutividade elétrica	μS/m	50 a 450	
Lubricidade, máximo	mm	0,85	
Aditivos			
– antioxidante, faixa	mg/L	17 a 24	
– desativador de metal, máximo	mg/L	5,7	
– detetor de vazamentos, máximo	mg/L	1,0	
– Dissipador de cargas estáticas, máximo	mg/L	5,0	
– inibidor de formação de gelo, faixa	% volume	0,10 a 0,15	
– melhorador de lubricidade		Permitida nos limites de cada aditivo	

Tabela A.4 Especificações de óleo diesel automotivo

Característica	Unidade	Método(s) Nacional	Método(s) Estrangeiro	S1800	S500	S50	S10
Aspecto		Visual	Visual	Límpido e isento de impurezas	Límpido e isento de impurezas	Límpido e isento de impurezas	Límpido e isento de impurezas
Cor ASTM, máximo		NBR 14483	D1500	3	3	3	3
Enxofre total, máximo	mg/kg	NBR 14533	D1552; D2622; D4294; D5453	1800	500	50	10
Teor de biodiesel, máximo	% volume	Espectrometria de infravermelho		Porcentual estabelecido pela legislação vigente			
Destilação (50 % recuperado), faixa	°C	NBR 9619	D86	245 a 310	245 a 310	245 a 310	245 a 295
Destilação (85 % ou 90 % ou 95 % recuperado), máximo	°C	NBR 9619	D86	370 (85)	360 (85)	360 (90)	370 (95)
Massa específica a 20 °C	kg/m^3	NBR 7148; NBR 14065	D1298; D4052	820 a 880	820 a 865	820 a 850	820 a 850
Ponto de fulgor, mínimo	°C	NBR 7974; NBR 14598	D56; D93; D3828	38	38	38	38
Viscosidade a 40 °C	mm^2/s (cSt)	NBR 10441	D445	2 a 5,0	2 a 5	2 a 5	2 a 4,5
Ponto de entupimento de filtro a frio, máximo	°C	NBR 14747	D6371	Tabela A.5	Tabela A.5	Tabela A.5	Tabela A.5
Lubricidade, máximo	μm	–	D6079		460	460	460
Corrosividade ao cobre, 3h, 50 °C, máximo	–	NBR 14359	D130	1	1	1	1
Cinzas, máximo	% massa	NBR 9842	D482	0,01	0,01	0,01	0,01
Resíduo de carbono Ramsbottom (10 % finais destilação), máximo	% massa	NBR 14318	D524	0,25	0,25	0,25	0,25
Número de cetano, mínimo	–		D613	42	42	46	48
Água e sedimentos	% volume	NBR 14647	D1796	0,05	0,05	0,05	0,05
Água, máximo	mg/kg					Anotar	200
Hidrocarbonetos aromáticos policíclicos, máximo	% massa						11 %

Especificações dos Derivados **|243|**

Tabela A.5   Especificação do ponto de entupimento (°C), máximo

Unidades da federação	Jan-Fev	Mar	Abr	Maio-Jun-Jul	Ago	Set	Out	Nov	Dez
SP-MG-MS	12	12	7	3	3	7	9	9	12
GO/DF-MT-ES-RJ	12	12	10	5	8	8	10	12	12
PR-SC-RS	10	7	7	0	0	0	7	7	10

Tabela A.6   Exemplo de características de OCMAR de baixa viscosidade

Característica	Unidade	Método(s) Nacional	Estrangeiro	Limites
Massa específica a 15 °C	kg/m³	ASTM D4052; D1298; ISO12185; 3675		991,0
Viscosidade cinemática a 50 °C	mm²/s	ASTM D445; ISO3104		380 a 620
Ponto de fulgor, mínimo	°C	ASTM D93; ISO2719		60
Ponto de fluidez, máximo	°C	ASTM D97; ISO3016		30
Resíduo de carbono Conradson, máximo	% massa	ASTM D524; D4530; ISO10370		15
Teor de cinzas, máximo	% massa	ASTM D482; ISO6245		0,1
Teor de água, máximo	% volume	ASTM D95; ISO3733		0,5
Teor de enxofre, máximo	% massa	ASTM D1552; D4294; ISO8754		4,5
Teor de sódio, máximo	mg/kg	ASTM D5863; D5708		50
Teor de vanádio, máximo	mg/kg	ASTM D5863; D5708; ISO14597		200
Teor de alumínio, máximo	mg/kg	ASTM D5184; IP377; ISO10478		30
Teor de alumínio + silício, máximo	mg/kg	ASTM D5184; IP377; ISO10478		80
Sedimento total potencial, máximo	% massa	ASTM D4870; ISO103072		0,1
Estabilidade, *Spot test* padrão, máximo		ASTM D4740		1

244 Anexo

Tabela A.7   Exemplo de características de OCMAR de alta viscosidade

Característica	Unidade	Método(s)	Limites
Massa específica a 15 °C, mínimo	kg/m³	ASTM D4052; D1298; ISO12185; 3675	991 a 1010
Viscosidade cinemática a 50 °C, máximo	mm²/s	ASTM D445; ISO3104	621,0 a 1250
Ponto de fulgor, mínimo	°C	ASTM D93; ISO2719	60
Ponto de fluidez, máximo	°C	ASTM D97; ISO3016	30
Resíduo de carbono Conradson, máximo	% massa	ASTM D524; D4530; ISO10370	15
Teor de cinzas, máximo	% massa	ASTM D482; ISO6245	0,1
Teor de água, máximo	% volume	ASTM D95; ISO3733	0,5
Teor de enxofre, máximo	% massa	ASTM D1552; D4294; ISO8754	4,5
Teor de sódio, máximo	mg/kg	ASTM D5863; D5708	50
Teor de vanádio, máximo	mg/kg	ASTM D5863; D5708; ISO14597	200
Teor de alumínio, máximo	mg/kg	ASTM D5184; IP377; ISO10478	30
Teor de alumínio + silício, máximo	mg/kg	ASTM D5184; IP377; ISO10478	80
Sedimento total potencial, máximo	% massa	ASTM D4870; ISO103072	0,1
Estabilidade, *Spot test* padrão, máximo		ASTM D4740	1

Especificações dos Derivados **245**

Tabela A.8   Especificações dos óleos *bunker*

Característica	Unidade	Métodos	MF120	MF180	MF380
Massa específica 15 °C, máximo	kg/m³	ASTM D4052; D1298, ISO12185; 3675	981,0	987,8	987,8
Viscosidade cinemática a 50 °C (b), máximo	mm²/s (cSt)	ASTM D445; ISO3104	120	180	380
Ponto de fulgor, mínimo	°C	ASTM D93; ISO2719	60	60	60
Ponto de fluidez, máximo	°C	ASTM D97; ISO3016	30	30	30
Resíduo de carbono	% massa	ASTM D4530; ISO10370	14	15	18
Água, máximo	% volume	ASTM D95; ISO3733	0,50	0,50	0,50
Enxofre, máximo	% massa	ASTM D1552; D4294; ISO8754	3,5	3,5	3,5
Cinzas, máximo	% massa	ASTMD482; ISO6245	0,07	0,10	0,10
Sódio, máximo	mg/kg	ASTM D5863; D5708	100	50	100
Vanádio, máximo	mg/kg	ASTM D5863; ISO14597; ASTM D5708	150	150	350
Alumínio + silício, máximo	mg/kg	IP377; ISO10478; ASTM D5184	40	50	60
Sedimento total, máximo	% massa	ASTM D4870; ISO10307-2	0,1	0,1	0,1
Zinco, máximo	mg/kg	IP470 ou IP501	15	15	15
Fósforo, máximo	mg/kg	IP500 ou IP501	15	15	15
Cálcio, máximo	mg/kg	IP470 ou IP501	30	30	30
CCAI, máximo			860	860	870
Sulfeto de hidrogênio, máximo	mg/kg	IP570	2,0	2,0	2,0

246 Anexo

Tabela A.9 Especificações de óleos combustíveis A1 e A2

Característica	Unidade	Método(s)		A1	A2
		Nacional	Estrangeiro		
Ponto de fulgor, mínimo	°C	MB48	ASTM D93	66	66
Teor de enxofre, máximo	% massa	MB902	ASTM D1552; D2622; D4294	2,5	2,5
Água e sedimentos, máximo	% volume	MB37 e MB294	ASTM D95; D473	2,0	2,0
Viscosidade cinemática a 60 °C, máximo ou	mm²/s	NBR 10441 NBR 5847	ASTM D445; D2171	600	900
Viscosidade Saybolt Furol a 50 °C, máximo	SSF	MB326	ASTM D88	620	960
Viscosidade cinemática a 98,9 °C	mm²/s	NBR 10441 NBR 5847	ASTM D445; D2171	Anotar	Anotar
Vanádio, máximo	mg/kg		ASTM D5863; ASTM D5708	200	200
Ponto de fluidez, máximo	°C	NBR 11349	ASTM D97	(a)	
Densidade 20/4 °C		NBR 7148 NBR 14065	ASTM D1298; D4052	Anotar	Anotar

[a]Para o óleo A1, o ponto de fluidez superior deve ser menor ou igual aos valores especificados na Tabela A.11.

Tabela A.10 Especificações de óleos combustíveis B1 e B2

Característica	Unidade	Método(s)		B1	B2
		Nacional	Estrangeiro		
Ponto de fulgor, mínimo	°C	MB48	ASTM D93	66	66
Teor de enxofre, máximo	% massa	MB902	ASTM D1552; D2622; D4294	1,0	1,0
Água e sedimentos, máximo	% volume	MB37 e MB294	ASTM D95; D473	2,0	2,0
Viscosidade Saybolt Furol a 50 °C ou	SSF	MB326	ASTM D88	600	900
Viscosidade cinemática a 60 °C, máximo	mm²/s	NBR 10441 NBR 5847	ASTM D445; D2171	620	960
Viscosidade cinemática a 98,9 °C	mm²/s	NBR 10441 NBR 5847	ASTM D445; D2171	Anotar	Anotar
Vanádio, máximo	mg/kg		ASTM D5863; ASTM D5708	200	200
Ponto de fluidez, máximo	°C	NBR 11349	ASTM D97	(a)	
Densidade 20/4 °C		NBR 7148 NBR 14065	ASTM D1298; D4052	Anotar	Anotar

[a]Para o óleo B1, o ponto de fluidez superior deve ser menor ou igual aos valores especificados na Tabela A.11.

Especificações dos Derivados **|247|**

Tabela A.11 Ponto de fluidez de óleos combustíveis A1 e A2, (°C), máximo

Unidades da federação	Dez, Jan, Fev, Mar	Abr, Out, Nov	Maio, Jun, Jul, Ago, Set
DF-GO-MG-ES-RJ	27	24	21
SP-MS	24	21	18
PR-SC-RS	21	18	15
Demais regiões	27	27	24

Tabela A.12 Especificações de óleo diesel marítimo

Característica	Unidade	Método(s)		A	B
		Nacional	Estrangeiro		
Aspecto	-	Visual	Visual	Límpido e isento de impurezas	Anotar
Cor ASTM, máximo	-	NBR 14483	ASTM D1500	3	
Cinzas, máximo	% massa	NBR 9842	ASTM D482	0,01	0,01
Índice de cetano, mínimo	-	NBR 14759	ASTM D4737	40	35
Resíduo de carbono (no resíduo 10 % finais da destilação), máximo	% massa	NBR 15586	ASTM D4530	0,30	0,30
Enxofre total, máximo	% massa	NBR 14533	ASTM D4294	0,5	0,5
Água/sedimentos	% volume	NBR 14647	ASTM D1796		0,3/0,1
Ponto de fluidez – tipo inverno, máximo	°C	NBR 11349	ASTM D97	-6	0
Ponto de fluidez – tipo verão, máximo	°C	NBR 11349	ASTM D97	0	6
Viscosidade a 40 °C	mm²/s (cSt)	NBR 10441	ASTM D445	2,0 a 6	2 a 11
Massa específica a 20 °C, máximo	kg/m³	NBR 7148; NBR 14065	ASTM D1298; D4052	876,8	896,8
Ponto de fulgor, mínimo	°C	NBR 14598	ASTM D93	60	60
Sulfeto de Hidrogênio, máximo	mg/kg		IP570	2,0	2,0
Estabilidade à oxidação, máximo	mg/100 ml		ASTM D2274	2,5	2,5
Lubricidade, máximo	μ m		ASTM D6079	520	520

248 Anexo

Tabela A.13 Nafta petroquímica

Característica	Unidade	Método(s) Nacional	Método(s) Estrangeiro	Limites
Aromáticos	% volume	Norma Petrobras N2377	ASTM D1319	Anotar
Benzeno	% volume		ASTM D6277	Anotar
Olefínicos, máximo	% volume	Norma Petrobras N2377	ASTM D1319	1
Parafínicos, mínimo	% volume	Norma Petrobras	ASTM D1319	55
Chumbo, máximo	µg/kg		UOP 952	Anotar
Cloretos totais, máximo	mg/kg	Norma Petrobras N1975	ASTM D5194; D5808 e UOP 588	5
Cobre, máximo	µg/kg		UOP 952	10
Enxofre total, máximo	mg/kg		UOP 357; ASTM D4294; D1256; D2622	500
Etanol, máximo	mg/kg	Norma Petrobras N2736; N2448	ASTM D4815	100
Ferro, máximo	µg/kg		UOP 952	300
Metanol, máximo	mg/kg	Norma Petrobras N2736; N2448	ASTM D4815	10
MTBE, máximo	mg/kg	Norma Petrobras N2736; N2448	ASTM D4815	50
Cor Saybolt			ASTM D156	Anotar
Corrosividade ao cobre a 50 °C, 3h			ASTM D130	Anotar
Densidade 20/4 °C			ASTM D1298; D4052	0,660 a 0,720
50 % evaporados, mínimo	°C		ASTM D86	75
Ponto final de ebulição, máximo	°C		ASTM D86	180
Ponto inicial de ebulição, mínimo	°C		ASTM D86	Anotar
Resíduo	°C		ASTM D86	Anotar
Pressão de vapor a 37,8 °C	kPa		ASTM D5191; D323	Anotar

Tabela A.14 Especificações do hexano comercial

Característica	Unidade	Método(s) Nacional	Método(s) Estrangeiro	Limites
Acidez		MB296	ASTM D1093	Negativa
Cor Saybolt, mínimo		MB187	ASTM D156	25
Ponto inicial de ebulição, mínimo	°C	MB337	ASTM D1078	62
Ponto seco, máximo	°C	MB337	ASTM D1078	74
Ensaio Doctor		MB339	ASTM D4952	Negativo
Enxofre, máximo	mg/kg	MB327	ASTM D1266	30
Não voláteis, máximo	mg/100 mL	MB336	ASTM D1353	1,0
Número de bromo, máximo		MB338	ASTM D1159	1,0
Pressão de vapor a 37,8 °C, máximo	kgf/cm^2	MB162	ASTM D5191	0,42
Teor de benzeno, máximo	% volume	-	ASTM D6229	0,1

Especificações dos Derivados **249**

Tabela A.15   Especificações da aguarrás mineral

Característica	Unidade	Método(s) Nacional	Estrangeiro	Limites
Absorção pelo H_2SO_4, máximo	%	MB335		5
Acidez no resíduo		MB296	ASTM D1093	Negativa
Benzeno, máximo	% volume		ASTM D3606; D6277; D5134	0,1
Cor Saybolt, mínimo		MB187	ASTM D156	21
Corrosividade ao cobre, a 100 °C, 3h		MB287	ASTM D130	1
% recuperado a 176 °C, mínimo	% volume	MB 45	ASTM D86	50
% recuperado a 190 °C, mínimo	% volume	MB 45	ASTM D86	90
Ponto final de ebulição, máximo	°C	MB45	ASTM D86	216
Resíduo, máximo	% volume	MB45	ASTM D86	1,5
Ponto de fulgor, mínimo	°C	MB42	ASTM D56	38

Tabela A.16   Especificações das normais parafinas

Característica	Métodos	Especificações
Densidade 20/4 °C	ASTM D1298; D4052	Anotar
Enxofre, mg/kg, máximo	UOP357	5,0
Aromáticos, % massa, máximo	UOP495	0,7
TNPF entre C_{10} e C_{13}, % massa (1), mínimo	UOP411	98,0
Teor de Não Normais (TNN), % massa (2), máximo	UOP411	2,0
Número de Bromo, mg Br/100 g de amostra, máximo	ASTM D1158; D2710	20,0
n-Parafínico < C_{10}, % massa, máximo	UOP411	1,0
n-Parafínico C_{10}, % massa, máximo	UOP411	16,0
n-Parafínico C_{11}, % massa	UOP411	Anotar
n-Parafínico C_{12}, % massa	UOP411	Anotar
n-Parafínico C_{13}, % massa, máximo	UOP411	30,0
n-Parafínico > C_{13}, % massa, máximo	UOP411	1,0
Massa molar média, kg/kmol	UOP411	161 a 166

(1) TNPF: Teor de normais parafinas.
(2) TNN: Teor de não normais parafinas.

Tabela A.17 Especificações dos óleos lubrificantes básicos parafínicos

Característica	Métodos	PSP 09	PTL 25	PNL 30	PNM 55	PNM 80	PTP 85	PNP 95	PBS 30	PBS 33	PCL 45	PCL 60
Aparência	Visual	Límpido	Límpido	Límpido	Límpido	Límpido	Límpido	Límpido	Límpido	Límpido		
Cor ASTM, máximo	ASTM D1500	1	1,5	1,5	2,5	2,5	2,5	3,5	8	6,5		
Viscosidade, cSt a 40 °C	NBR 10441 ASTM D445	8 a 11	23 a 27	27 a 33	50 a 62	75 a 83	80 a 87	94 a 102	Anotar	Anotar	Anotar	Anotar
Viscosidade, cSt a 100 °C	NBR 10441 ASTM D445	Anotar	Anotar	Anotar	Anotar	Anotar	Anotar	Anotar	28,5-32,7	30,6 a 34,8	41,0 a 45,3	57,5 a 65,8
Índice de viscosidade, mínimo	NBR 14358 ASTM D2270	90	105	100	95	95	100	95	95	95	75	75
Ponto de fulgor, °C, mínimo	NBR 11341 ASTM D92	160	200	200	220	226	240	230	280	280	290	290
Ponto de fluidez, °C, máximo	NBR 11349 ASTM D97	-9	-6	-6	-3	-3	-3	-3	-3	-3	6	9
Índice de acidez total, mg KOH/g, máximo	NBR 14248 ASTM D974	0,05	0,05	0,05	0,05	0,05	0,05	0,05	0,05	0,05	0,1	0,15
Cinzas, % massa, máximo	NBR 9842 ASTM D482	0,005	0,005	0,005	0,005	0,005	0,005	0,005	0,005	0,005	0,05	0,05
Resíduo de carbono Ramsbottom, % massa, máximo	NBR 14318 ASTM D524	0,10	0,10	0,10	0,15	0,20	0,15	0,20	0,90	0,70	3,00	4,00
Corrosividade ao cobre, 3h a 100 °C, máximo	NBR 14359 ASTM D130	1	1	1	1	1	1	1	1	1	1	1
Estabilidade à oxidação para IAT 2,0 mg KOH/g, h, mínimo	ASTM D943		2500				2000					
Emulsão a 54,4 °C, mL (min), máximo	NBR 14172 ASTM D1401		40-40-0 (15)				40-40-0 (20)					
Perda por evaporação, teste NOACK, máximo	NBR 14157 DIN 51582			16								

Especificações dos Derivados **251**

Tabela A.18 Especificações dos óleos lubrificantes básicos naftênicos

Característica	Métodos nacionais	Métodos estrangeiros	NH 10	NH 20	NH 140
Aparência	Visual	Visual	Límpido	Límpido	Límpido
Cor ASTM, máximo		ASTM D1500	1	1	2,5
Viscosidade, cSt a 40 °C	NBR 10441	ASTM D445	9 a 11	17 a 23	130 a 150
Viscosidade, cSt a 100 °C	NBR 10441	ASTM D445	Anotar	Anotar	Anotar
Índice de viscosidade	NBR 14358	ASTM D2270	Anotar	Anotar	Anotar
Corrosividade ao cobre, 3 h a 100 °C, máximo	NBR 14359	ASTM D130	1	1	1
Ponto de fulgor, °C, mínimo	NBR 11341	ASTM D92	144	158	210
Ponto de fluidez, °C, máximo	NBR 11349	ASTM D97	-39	-33	-18
Resíduo de carbono Ramsbottom, % massa, máximo	NBR 14318	ASTM D524	0,1	0,1	0,15
Índice de acidez total, mg KOH/g, máximo	NBR 14248	ASTM D974	0,05	0,05	0,05
Cinzas, % massa, máximo	NBR 9842	ASTM D482	0,005	0,005	0,005

Tabela A.19 Especificações de parafinas

Característica	Unidade	Método(s) Nacional	Método(s) Estrangeiro	Parafina 120/125-3	Parafina 130/135-0	Parafina 140/145-1	Parafina 150/155-2	Parafina 170/190-1
Cor ASTM, máximo				0,5				
Cor Saybolt, mínimo		MB351	ASTM D1500		25	20	20	5
Densidade à temperatura observada		MB104	ASTM D1298	Anotar	Anotar	Anotar	Anotar	Anotar
Penetração a 25 °C, máximo	0,1 mm				17	15	Anotar	15
Ponto de fulgor	°C		ASTM D92	Anotar	Anotar	Anotar	Anotar	Anotar
Ponto de fusão, faixa	°C	MB935	ASTM D127	48,9 a 51,7	54,4 a 57,2	60 a 62,8	65,6 a 68,3	76,7 a 87,8
Teor de óleo, máximo	% massa	MB962	ASTM D721	3	0,5	1	2	1

252 Anexo

Tabela A.20 Especificações de cimentos asfálticos de petróleo

Característica	Métodos de ensaio		Tipos de CAP		
	Nacionais	Estrangeiros	30/45	50/70	150/200
Ductilidade a 25 °C, cm, mínimo	NBR 6576	ASTM D113	60	60	100
Efeito do calor e do ar:					
– aumento do ponto de amolecimento, °C	NBR 6560	ASTM D36	8	8	8
– ductilidade a 25 °C, cm, mínimo	NBR 6576	ASTM D113	10	20	50
– % de penetração retida, mínimo	NBR 6576	ASTM D5	60	55	50
– % de variação em massa, máximo		ASTM D2872; D2872	0,5	0,5	0,5
Penetração (100 g, 5 s a 25 °C), 0,1 mm, mínimo/máximo	NBR 6576	ASTM D5	30/45	50/70	150/200
Índice de suscetibilidade térmica (*), mínimo/máximo			-1,5/0,7	-1,5/0,7	-1,5/0,7
Ponto de amolecimento, °C, mínimo	NBR 6560	ASTM D36	52	46	37
Ponto de fulgor, °C, mínimo	NBR 11341	ASTM D92	235	235	235
Solubilidade em tricloroetileno, % massa, mínimo	NBR 14855	ASTM D2042	99,5	99,5	99,5
Viscosidade Brookfield, 135 °C, mPa · s, mínimo	NBR 15184	ASTM D4402	374	274	155
150 °C, mPa · s, mínimo			203	112	81
177 °C, mPa · s, mínimo/máximo			76/285	57/285	-
Viscosidade Saybolt Furol, 135 °C, mínimo	NBR 14950	ASTM E102	192	141	80
150 °C, mínimo			90	50	36
177 °C, mínimo/máximo			40/150	30/150	15

(*) Índice de suscetibilidade térmica = $(500 \log(P) + 20\, PA - 1951)/(120 - 50 (\log(P) + PA))$

Tabela A.21 Especificações de resíduos aromáticos

Característica	Unidade	Método	Raro Tipo I	Raro Tipo II	Raro Tipo III
Água por destilação, máximo	% volume	ASTM D95	1,0	0,2	
BMCI, mínimo		X150	118	119	118
Cinzas, máximo	% massa	ASTM D482	0,10	0,06	0,05
Enxofre, máximo	% massa	ASTM D4294	3	3	3
Massa específica a 20 °C, mínimo	kg/m³	ASTM D1298	1055,5	1055,5	1060,0/1120,0
Ponto de fulgor, mínimo	°C	ASTM D93	Anotar	66	93
Sedimentos por extração, máximo	% massa	ASTM D473	0,1	0,1	0,1
Viscosidade cinemática a 98,9 °C	mm²/s (cSt)	ASTM D445	Anotar	20,35	18,00
Resíduo de carbono (método micro), máximo	% massa	ASTM D4530		10	
Insolúveis em heptano, máximo	% massa				8

Especificações dos Derivados **253**

Tabela A.22 Especificações de coque verde do petróleo

Característica	Unidade	Método	Coque verde de petróleo	Coque grau anodo exportação	Coque grau anodo
Carbono fixo, mínimo	% massa	ASTM D5142; D3172	84	86	Anotar
Cinzas, máximo	% massa	ASTM D5142; D3174; D4422; D6374	0,5	0,35	0,35
Enxofre, máximo	% massa	ASTM D6376; D4239; D5453	1	1	1
HGI, mínimo / máximo		ASTM D5003	60	70 / 90	
Matéria volátil (VCM), máximo	% massa	ASTM D5142; D3175; D4421; D6374	15	11,5	11,5
Poder calorífico superior (PCS), mínimo	cal/g	ASTM D3286; D5865	8400		
Umidade, máximo	% massa	ASTM D5142; D3173; D4931	Anotar	13,0	
Metais, máximo: - Cálcio - Ferro - Manganês - Níquel - Silício - Sódio - Titânio - Vanádio	mg/kg	ALCAN X1252; ASTM D5600; D6349; D3683; D6376		120 180 Anotar 250 160 100 20 250	 300 220 250 250

BIBLIOGRAFIA

ABADIE, E. *Processos de refino*. Curso de produção e qualidade de petróleo e derivados. Universidade Petrobras. Rio de Janeiro: Petrobras, 2006.

ALTGELT K. H.; BODUZYNSKI, M. M. *Composition and analysis of heavy petroleum fractions*. New York: Marcel Decker, 1994.

ALVES, M.V. *Estabilidade de óleo diesel*. Curso de estabilidade de petróleo e derivados. Universidade Petrobras. Rio de Janeiro: Petrobras, 2011.

AMERICAN PETROLEUM INSTITUTE (API). Refining Department. *Technical Data Book on Petroleum Refining*. 7th ed. Washington, D.C.: API, 2005.

AMERICAN SOCIETY FOR TESTING AND MATERIALS (ASTM). *Annual Book of ASTM Standards*: section 05 – Petroleum products, lubricants and fossil fuels. Pennsylvania: ASTM, 2011.

ANDRADE, E. N. *Physical Magazine*. v.17, n. 7, p. 497, 1934.

ANSI. *American National Standard Institute*. Disponível em: http://webstore.ansi.org/sku=ASTMD341-09. Acesso em: 21/11/2011.

API 1509, ENGINE OIL LICENSING AND CERTIFICATION SYSTEM, Apêndice E: *API Base oil interchangeability guidelines for passenger car motor oils and diesel engine oils*, 2007. Disponível em: http://www.api.org/certifications/engineoil/pubs/index.cfm> Acesso em: 03/05/2011.

API RESEARCH PROJECT 44: *Selected values of properties of hydrocarbons and related compounds, tables of physical and thermodynamics properties of hydrocarbons*. Texas: A&M Press, 1978.

ARAÚJO, M. A. S. *Óleos lubrificantes básicos*. Curso de formação de engenharia de processamento. Universidade Petrobras. Rio de Janeiro: Petrobras, 2006.

BOSCH DO BRASIL 2011. Disponível em: http://www.bosch.com/br/autopeças/produtos. Acesso em: 15/10/2011.

BRASIL. Ministério de Minas e Energia. Agência Nacional do Petróleo, Gás Natural e Biocombustíveis (ANP). *Anuário estatístico 2010*. Disponível em: http://www.anp.gov.br/. 2010.

BRASIL, N. I.; ARAUJO, M. A. S.; MOLINA, E. C. S. *Processamento de petróleo e gás*. Rio de Janeiro: LTC, 2011.

BRITISH PETROLEUM REVIEW OF ENERGY WORLD 2010. Disponível em: http://www.bp.com/statisticalreview. Acesso em: 20/08/2011.

BURKE, N.; HOBBS R.; KASHOU, S. F. Measurement and modeling of asphaltene precipitation. Texas: *J. Pet. Techn.*, 1440, 1990.

CARVALHO, R. L. *Curso de combustíveis industriais e de coque*. Universidade Petrobras. Rio de Janeiro: Petrobras, 2011.

CLAUDY, P.; LÉTOFFÉ, J. M.; CHAGUÉ, B. Crude oils and their distillates: characterization by differential calorimetry scanning. *Fuel*, New York, v. 67, January, 1988.

DEAN, E. W. & DAVIS, G. H. B. Viscosity variations of oil with temperature. *Chem. & Met. Eng.*, v. 36, p. 618-9, 1929.

DREWS, A.W. *Hydrocarbon Analysis.* 5th ed. Baltimore: ASTM Manual Series, 1992.

DYROFF, G. V. *Manual on significance of tests for petroleum products.* 6th ed. Philadelphia: ASTM, 1993.

FACHETTI, A. *Óleo diesel brasileiro.* Universidade Petrobras. Rio de Janeiro: Petrobras, 1999.

FARAH, M. A. *Caracterização de frações de petróleo pela viscosidade.* Tese de Doutorado. Rio de Janeiro: UFRJ, 2006. Programa de Pós-Graduação em Tecnologia de Processos Químicos e Bioquímicos. Escola de Química da Universidade Federal do Rio de Janeiro. Rio de Janeiro, 2006.

GARY, J. H.; HANDWERK, G. E. *Petroleum refining technology and economics.* 4th ed. New York: Marcel Decker, 2001.

GILES, K. A. *Fundamentals of petroleum refining.* Oxford: Elsevier, 2010.

GOODGER, E. M. *Hydrocarbon fuels*: production, properties and performance of liquids and gases. London: The Macmillan Press, 1975.

Green Car. Disponível em: http://www.greencar.com/articles/todays-improved-diesel-engine-technology.php. Acesso em: 19/09/2011.

GUIBET, J. C. *Carburants et moteurs.* Tome 1 Paris: TECHNIP, 1987.

_____. *Carburants et moteurs.* Tome 2. Paris: TECHNIP, 1999.

GUIMARÃES, R. C. L.; IORIO, S. M. B. M.; BRANDAO PINTO, U. *Avaliação de petróleos.* Curso de cadeia de suprimento. Universidade Petrobras. Rio de Janeiro: Petrobras, 2011.

GUTHRIE, V. B. *Petroleum products handbook.* New York: MacGraw-Hill, 1960.

HILL, J. B; COATS, H. B. The viscosity-gravity constant of petroleum lubricating oils. *Industrial and Engineering Chemistry.* Washington, D.C., v. 20, n. 6, p. 641-644, 1928.

HOBSON, G. D.; POHL, W. *Modern petrol technology.* Essex: Applied Science, 1975.

HOW STUFF WORKS. Disponível em: http://auto.howstuffworks.com/enlarge-image.htm?terms=diesel&page=19. Acesso em: 20/07/2011.

HUANG, P. *Characterization and thermodynamics correlations of undefined hydrocarbon mixture.* Pennsylvania: The Pennsylvania State University, 1977. Ph.D. Thesis, The Pennsylvania State University, University Park, 1977.

JONES, D. S. J. S.; PUJADÓ, P. R. *Handbook of petroleum processing.* Dordrecht: Springer, 2006.

KURTZ, S. S.; WARD, A. L. The refractivity intercept and the specific refraction equation of newton. *J.F.I.*, v. 222, p. 563-589, 1936.

LAREDO, G. C.; LÓPEZ, C. R.; ÁLVAREZ, R. E.; CANO, J. L. Naphthenic acids, total acid number and sulfur content profile characterization in Isthmus and Maya crude oils. *Fuel*, New York, v. 83, p. 1689-1695, 2004.

LEITE, L. F. M. *Asfaltos.* Curso de engenharia de produtos. Universidade Petrobras. Rio de Janeiro: Petrobras, 1998.

LO, Z.; TIAN, S.; ZHAI, Y.; DING, Y.; ZHUANG, L. Determination of naphthenic acids in crude oil by chemical ionization mass spectrometry. *Chinese Journal of Geochemistry.* New York, v. 24, n. 1, 2005.

MAIR, B. J. *Annual Report for the Year Ending.* June 30, 1967. American Petroleum Institute Research Project 6: Pittsburgh: Carnegie Institute of Technology, 1967.

MAXWELL, J. B. *Data book on hydrocarbon*: application to process engineering. New York: D. Van Nostrand, c. 1950.

McLEAN, J. D.; KILPATRICK, P. K. Effects of asphaltene aggregation in model heptane-toluene mixtures on stability of water-in-oil emulsions. *Journal of Colloid and Interface Science.* New York, n. 196, p. 23-34, 1997.

MELO, T. C. C. *Gasolina CONAMA L6 e a nova legislação do PROCONVE L6*. Seminário de Gasolina. Universidade Petrobras. Rio de Janeiro: Petrobras, 2009.

MICHEL, C. C. S. *Qualidade de GLP*. Curso de combustíveis industriais e de GLP. Universidade Petrobras. Rio de Janeiro: Petrobras, 2009.

PARKASH, S. *Refining processes handbook*. New York: Elsevier, 2003.

PEREIRA, C. A. ARENTZ; SANTÉRIO, E. L.; LAGEMANN, V. *Utilidades – Sistema térmico e ar comprimido*. Curitiba: Petrobras, 2002.

PERISSÉ, J. B. *Evolução do refino de petróleo no Brasil*. Rio de Janeiro: UERJ, 2007. Dissertação de Mestrado. Programa de Pós-Graduação em Engenharia Química, Instituto de Química, Universidade Estadual do Rio de Janeiro, Rio de Janeiro, 2007.

PINTO, R. R. C. *Óleo diesel*. Curso de combustíveis automotivos e de aviação. Universidade Petrobras. Rio de Janeiro: Petrobras, 2011.

PRADA JÚNIOR, A. F. *Avaliação da qualidade de ignição para utilização de petróleos pesados e asfálticos como combustíveis marítimos*. Rio de Janeiro: UERJ, 2007. Dissertação de Mestrado. Instituto de Química da Universidade Estadual do Rio de Janeiro, 2007.

QU, D. R.; ZHENG, Y. G.; JING, H. M.; YAO, Z. M. High temperature naphthenic acid corrosion and sulphidic corrosion of Q235 and 5Cr1/2Mo steels in synthetic refining media. *Corrosion Science*. New York, v. 48, p. 1960-1985, 2006.

RIAZI, M. R. *Characterization and properties of petroleum fractions*. Pennsylvania: ASTM International, 2005.

_____. *Prediction of thermophysical properties of petroleum fractions*. Pennsylvania: The Pennsylvania State University, 1979. Ph. D. Thesis. Department of Chemical Engineering. The Pennsylvania State University, University Park, 1979.

_____; AL-SAHAF. Physical properties of heavy petroleum fractions and crude oils. *Fluid Phase Equilibria*. New York, v. 117, p. 217-224, 1996.

_____; DAUBERT, T. Prediction of molecular-type analysys of petroleum fractions and coal liquids. *Ind. Eng. Chem. Process. Des. Dev*. Washington D. C., v. 25, p. 1009-1015, 1986.

ROCHA, M. I. *Querosene de aviação*. Curso de Engenharia de Produtos. Universidade Petrobras. Rio de Janeiro: Petrobras, 1998.

_____. *Óleo diesel*. Curso de combustíveis automotivos e de aviação. Universidade Petrobras. Rio de Janeiro: Petrobras, 2005.

ROGEL, E. Studies on asphaltene aggregation via computational chemistry. *Colloids and Surfaces A:* physicochemical and engineering aspects. New York, n. 104, p. 85-93, 1995.

SÁ, R. A. B. *Motores automotivos*. Curso de combustíveis automotivos e de aviação. Universidade Petrobras. Rio de Janeiro: Petrobras, 2008.

SERFATY, R. *Combustão e queimadores*. Cenpes/Petrobras. Rio de Janeiro. Disponível em: www.scribd.com/doc/70436469/38/Nebulizacao-do-Combustivel. Acesso em: 08/11/2011.

SILVA, K. M. *Gasolina automotiva*. Curso de combustíveis automotivos e de aviação. Universidade Petrobras. Rio de Janeiro: Petrobras, 2011.

SMITH, H. M. *Correlations index to aid in interpretating crude-oil analysis*, Bureau of Mines. United States Department of the Interior, Washington, 1940.

SPEIGHT, J. G. *Handbook of petroleum analysis*. Toronto: John Wiley, 2001.

_____. *The chemistry and technology of petroleum*. 3th ed. New York: Marcel Dekker, 1999.

258 Bibliografia

STOR, L. M. *Desenvolvimento de metodologia para previsão da compatibilidade de misturas de petróleos*. São Paulo: IPT, 2006. Mestrado em Processos Industriais. Instituto de Pesquisas Tecnológicas do Estado de São Paulo (IPT), 2006.

_____. *Qualidade de óleo bunker*. Curso básico de combustíveis bunker. Universidade Petrobras. Rio de Janeiro: Petrobras, 2010.

TISSOT, B. P.; WELTE, D. H. *Petroleum formation and occurrence*. New York: Springer-Verlag, 1984.

TOYOTA MOTOR CO. LTD. Disponível em: http://www.toyota.co.nz/ToyotaTechnology/D-4D. Acesso em: 15/10/2011.

THOMAS, J.E. *Fundamentos de engenharia de petróleo*. Rio de Janeiro: Interciência, 2001.

Universal Oil Products (UOP). *Paraffin wax content of petroleum oils and asphalts*. 2010.

WALTHER, C. The evaluation of viscosity data. *Erdol und Teer*. v. 7, p. 382-384, 1931.

WARTSILA SULZER LTD. The World´s Biggest Combustion Engine. Disponível em: http://www.vincelewis.net/bigengine.html. Acesso em: 22/10/2011.

WATSON, K. M; NELSON, E. F. Characterization of petroleum fractions. *Industrial and Engineering Chemistry*. Washington, D.C., v. 25, p. 880-887, 1933.

_____; _____; MURPHY, G. B. Characterization of petroleum fractions. *Industrial and Engineering Chemistry*. Washington, D.C., v. 17, n. 12, p. 1460-1464, 1935.

_____; SMITH, R. L. Boiling points and critical properties of hydrocarbon mixtures. *Industrial and Engineering Chemistry*. Washington, D.C. v. 29, n. 12, p. 1408-1414, 1937.

WAUQUIER, J. P. *Crude oil, petroleum products, process flowsheets*. Paris: TECHNIP, 1995.

_____. *Petroleum refining vol. 1*: conversion processes. Paris: TECHNIP, 2000.

_____. *Petroleum refining vol. 2*: separation processes. Paris: TECHNIP, 2000.

WIEHE, I. A.; KENNEDY R. J. The oil compatibility model and crude oil incompatibility. *Energy & Fuels*. Washington, D.C., n. 14, p. 56-59, 2000.

WUITHIER, P. *Raffinage et génie chimique*. Paris: TECHNIP, 1965.

YEN T. F.; CHILINGARIAN, G. V. *Asphalts and Asphaltenes 1, Development in Petroleum Sciences*, v. 40, chapter 8. Amsterdam: Elsevier Science, 1974.

ZHOU, P. Mean average boiling points correlations. *Int. Chem. Eng.* v. 24, n. 4, 1984.

ZÍLIO, E. L.; AGUIAR, P. F.; RAMOS, A. C. S. *Avaliação do comportamento de misturas de petróleos brasileiros*. Rio de Janeiro: Petrobras, 2005.

ÍNDICE

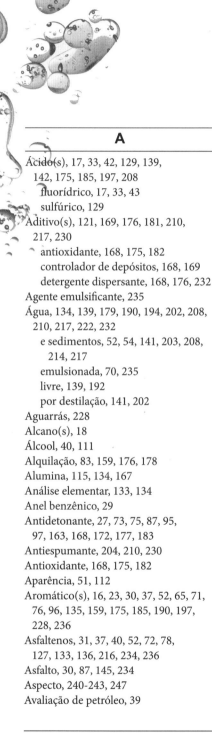

A

Ácido(s), 17, 33, 42, 129, 139, 142, 175, 185, 197, 208
   fluorídrico, 17, 33, 43
   sulfúrico, 129
Aditivo(s), 121, 169, 176, 181, 210, 217, 230
   antioxidante, 168, 175, 182
   controlador de depósitos, 168, 169
   detergente dispersante, 168, 176, 232
Agente emulsificante, 235
Água, 134, 139, 179, 190, 194, 202, 208, 210, 217, 222, 232
   e sedimentos, 52, 54, 141, 203, 208, 214, 217
   emulsionada, 70, 235
   livre, 139, 192
   por destilação, 141, 202
Aguarrás, 228
Alcano(s), 18
Álcool, 40, 111
Alquilação, 83, 159, 176, 178
Alumina, 115, 134, 167
Análise elementar, 133, 134
Anel benzênico, 29
Antidetonante, 27, 73, 75, 87, 95, 97, 163, 168, 172, 177, 183
Antiespumante, 204, 210, 230
Antioxidante, 168, 175, 182
Aparência, 51, 112
Aromático(s), 16, 23, 30, 37, 52, 65, 71, 76, 96, 135, 159, 175, 185, 190, 197, 228, 236
Asfaltenos, 31, 37, 40, 52, 72, 78, 127, 133, 136, 216, 234, 236
Asfalto, 30, 87, 145, 234
Aspecto, 240-243, 247
Avaliação de petróleo, 39

B

Bender, tratamento, 79
Benzeno, 20, 21, 26, 61, 96, 175, 228
Biodiesel, 13, 120, 197, 204, 208
BMCI, 64, 124, 126, 237
BSW, 223
Bunker, 86, 213
Butadieno, 223, 224
Butano, 18, 47, 87, 96, 151, 156, 176, 178, 227
Buteno, 152

C

Calculated Carbon Aromaticity Index (CCAI), 215, 216
Câmara de combustão, 98, 160, 188, 207, 221
Carburador, 161, 164
Carvão, 134, 164, 238
Catalisador, 34, 36, 73, 123, 167, 177, 193, 202, 216, 227
Ciclo termodinâmico, 189
   ciclo Brayton, 189
   ciclo Diesel, 197, 198, 203
   ciclo Otto, 13, 94, 159, 160, 163, 166, 170, 181, 198, 202, 231
Cicloalcanos, 18, 42
Cimento asfáltico de petróleo (CAP), 235
Cinza(s), 36, 52, 87, 142, 208, 216, 223, 237
Combustão, 30, 86, 93, 142, 152, 190, 200, 208, 216, 236
   anormal, 94, 170
   interna, 159, 186, 189, 198, 213, 231
   normal, 94, 170
Combustíveis
   automotivos, 129, 160, 198
   de aviação, 111, 139
   domésticos, 155
   industriais, 213, 218, 221
   marítimos, 217
Common-rail, 201, 204
Compatibilidade, 123, 175, 179, 218, 224
Compostos
   nitrogenados, 34, 77, 121, 208
   organometálicos, 17, 35
   sulfurados, 21, 32, 37, 131, 155, 218
CONAMA, 181, 202
Condutividade elétrica, 193
Constante viscosidade-densidade (VGC), 55
Constituição do petróleo, 17, 30, 33, 35
Controlador de depósito, 168, 169
Coque, 11, 30, 73, 237
   agulha, 237, 238
   esponja, 237, 238
   verde de petróleo, 237, 238
Coqueamento retardado, 74, 83, 156, 159, 176, 237
Cor, 80, 114, 132, 144, 169, 208, 234, 237
   ASTM, 60, 144
   Saybolt, 144, 234
Corrosão, 154, 182, 216
Corrosividade, 87, 130, 133, 154, 175, 208
   à lâmina de cobre, 130, 154, 175
   à lâmina de prata, 132
Craqueamento, 29, 73, 159, 205
   catalítico fluido (FCC), 71, 155, 177, 237
   térmico, 46, 74, 88, 177, 205, 223
Cristalização, 30, 86, 109, 111, 233
Cromatografia
   gasosa, 47, 133
   líquida, 42, 133, 136
   por fluido supercrítico, 137
Curva de destilação, 39, 47, 58, 88, 135, 173

D

Degradação, 81, 86, 120, 144, 167, 181, 185, 192, 197, 208, 235
Demulsibilidade, 232
Densidade, 27, 37, 43, 51, 53, 60, 72, 99, 107, 152, 155, 178, 190, 206, 208, 215
   API, 38, 125
Depósitos, 87, 169, 173, 182, 188, 192, 208, 218, 224, 232
Desaromatização, 69, 79, 233
Desasfaltação, 69, 78, 82, 225, 228, 233
Desbutanizadora, 70
Desidrogenação, 76, 227
Desoleificação de parafinas, 234
Desparafinação, 69, 79, 233
Dessalgação, 70
Destilação
   a vácuo, 79, 80, 214, 221, 225, 229, 233, 236
   ASTM, 46, 58, 178, 192

259

Índice

atmosférica, 69-71, 109, 155, 193, 228, 229
  de petróleo, 70
  PEV, 39, 45, 48, 50
  simulada, 135
Detergente dispersante, 168, 176
Detonação, 30, 94, 97, 170
Diesel, 30, 48, 70, 75, 89, 109, 197, 213
Diolefínicos, 68, 73, 77, 118, 135, 175
Dióxido de carbono, 202
Dissulfeto, 33, 130, 140
Ductibilidade, 145, 235
Durabilidade, 87, 128, 175, 181, 224, 236
Dureza, 87, 234

E

Efeito do calor e do ar, 146, 236
Emissões
  atmosféricas, 39, 204, 231
  evaporativas, 50, 86, 91, 164, 178
Emulsão, 140, 235, 250
Ensaio *Doctor*, 129, 248
Envenenamento, 34, 36, 167
Enxofre, 15, 32, 37, 40, 52, 73, 78, 87, 28, 133, 167, 175, 185, 192, 206, 217, 222
  mercaptídico, 52, 55, 129, 193
Escoamento a frio, 67, 110, 150, 191, 210, 233
Espectrometria
  de infravermelho, 242
  de massas, 133, 138
Espectroscopia, 139
Esquema de refino, 14, 39, 82, 83
Estabilidade, 51, 80, 118, 123, 175, 194, 218, 224, 232
  à estocagem, 121
  à oxidação, 87, 120, 176, 197, 208
  termo-oxidativa, 118, 122, 188, 192, 208, 228
Etano, 18, 151, 154, 156
Etanol, 12, 135, 142, 159, 168, 172, 175, 179
Eteno, 152, 227
Extração por solventes, 229

F

FADEC, 188
Faixa de destilação, 71, 75, 87, 172, 197, 207, 228, 233
Fator de caracterização, 52, 55, 57, 60
  de Watson (K_w), 56, 125
Fenol, 35
FIA, 135, 137
Formulação, 213, 230
Fundo de barril, 72, 78,

G

Gás
  combustível, 71, 73, 155, 177
  liquefeito de petróleo, 11, 151
  natural, 2, 11, 151, 155, 178, 197, 227, 236
Gasóleo, 71, 75, 78, 229, 233, 235
  atmosférico, 15, 19, 49, 63, 71, 78, 209
  de vácuo, 15, 19, 49, 63, 177
Gasolina, 30, 71, 73, 76, 89, 159
  automotiva, 168, 169, 240
  de aviação, 73, 95, 108, 120
Glicerina, 236
GLP, 48, 73, 79, 151, 177
Goma, 118, 120
  atual, 87, 118, 175
  potencial, 120

H

HDT de instáveis, 77
Heithaus, 126, 127
Heptano, 18, 24, 27, 31, 96, 103
Hexano, 18, 21, 24, 27, 176, 228, 229
Hidroacabamento, 233
Hidroconversão (HC), 133, 181, 209
Hidrocraqueamento (HCC), 159, 177, 194, 233
Hidrodessulfurização (HDS), 77, 209
Hidroisodesparafinação (HIDW), 233
Hidroprocessamento, 230
Hidrotratamento (HDT), 76

I

Ignição, 87, 95, 166, 204, 215
Índice
  de suscetibilidade térmica, 146
  de cetano, 104, 109
  de Huang, 61
  de refração, 27, 55, 60, 136
  de separação da água modificado, 140
  de viscosidade, 68, 80, 230, 233
  Farah-Stor (IFS), 124
Insaturados, 29
Integridade dos materiais, 190, 208
Intemperismo, 87, 154
Interseptus índice de refração-densidade, 60
Isobutano, 87, 152, 156, 159, 177
Isomerização, 159, 176, 205

J

Jet Fuel Thermal Oxidation Test (JFTOT), 122, 192
JP-5, 186

K

Karl Fischer, 140

L

LCO, 73, 78
Líquido de gás natural, 178, 227
LPR, 87, 121
Lubricidade, 192, 207, 210
Lubrificante, 30, 71, 79, 87, 97, 173, 227

M

Marine Gasoil (MGO), 214
Massa específica, 29, 43, 56, 102, 105, 115, 215
Material particulado, 118
Matriz energética, 1, 13
MEC, 188
Mercaptanos, 30, 32, 73, 79, 129, 140, 175, 182, 185, 192
Metais, 17, 52, 53, 133, 188, 216, 223
Metano, 18, 47, 152, 155
Metanol, 179
Metil terc butil éter (MTBE), 159, 179
Métodos geofísicos, 7
Monoaromáticos, 21, 42, 185, 197
Motor Diesel, 197, 200, 205, 210, 214
Motor Otto, 203

N

Nafta, 11, 15, 19, 40, 48, 63, 75, 78, 173, 176
  de alquilação, 177
  de craqueamento, 73, 176
  de hidrocraqueamento catalítico, 177
  de isomerização, 177
  destilação direta, 176, 178
  petroquímica, 75, 227
  reformada, 76, 177
Naftênicos, 19, 25, 29, 37, 97, 137, 159, 178, 185, 197, 228
Negro de carbono, 73, 236
Níquel, 15, 32, 36, 52, 54, 87
Nitrogênio, 17, 34, 52, 54, 55, 67, 72, 78, 133, 194
Número
  de acidez, 43, 52, 55, 65, 193
  de bromo, 228, 248
  de cetano, 29, 78, 101, 204, 208, 210
  de luminômetro, 98, 100
  de octano, 29, 73, 86, 94, 96, 97, 153, 170, 178

O

Olefinas, 135, 152, 175, 178

Óleo(s)

básicos minerais, 229
decantado, 73, 219, 236
desasfaltado (ODES), 79, 233
desparafinado, 81
diesel, 71, 75, 89, 197
    marítimo (MF), 247
leve de reciclo, 72, 77, 219
para pulverização agrícola, 11

Organometálicos, 17, 35

Óxidos
de enxofre (SO_x), 129, 134, 139, 175
de nitrogênio (NO_x), 129

P

Parafina, 30, 41, 52, 55, 80, 145, 229
dura, 234
macrocristalina, 233
microcristalina, 233
mole, 234

Parâmetro de solubilidade, 53, 55, 126, 127, 228

PEMC, 57, 59

Penetração, 87, 116, 145, 207, 234, 236

Pentano, 18, 31, 61, 96, 152

Período de indução, 87, 119, 175, 207

Petróleo
aromático, 42
naftênico, 42
parafínico, 42

Pirólise a vapor, 143, 227

Platina, 167, 177

Poder calorífico, 105, 190, 208, 223
inferior, 106, 179, 223
superior, 106, 152

Poliaromáticos, 23, 31, 74, 138, 197

Polimerização, 175

Poluição atmosférica, 218, 224

PONA, 133, 135

Ponto
de amolecimento, 145, 235
de anilina, 108, 228
de congelamento, 28, 86, 109, 185, 191, 194
de decomposição, 89
de ebulição
    médio, 57, 59, 64
    normal, 18, 24, 26
    verdadeiro (PEV), 39, 45, 47
de entupimento, 110, 113, 208
de fluidez, 15, 38, 50, 65, 80, 110, 114, 216, 222
de fulgor, 92, 149, 193, 207, 218, 224, 228
de fuligem, 100, 149, 185, 190
de gota, 147
de névoa, 110, 112, 208
final de ebulição (PFE), 88, 111, 114, 153, 175, 192

inicial de ebulição (PIE), 40, 88, 91
morto, 94, 162, 198, 200
seco, 89, 248

Pressão de vapor, 86, 90, 133, 152, 156, 173, 178, 185
Reid (PVR), 50, 54, 65, 90, 133, 154, 172, 228

Processamento
de gás natural, 11
primário de petróleo, 11

Processos
de conversão, 75
de tratamento, 79

PROCONVE, 181, 202

Propano, 18, 31, 40, 78, 87, 151-154, 156, 227, 228, 239

Propeno, 83, 152-154, 156, 227

Q

QAV, 11, 71, 108, 185

Qualidade de ignição, 75, 101, 109, 197, 203, 204, 205, 214-216

Querosene, 4, 48, 49, 71, 100, 235
de aviação (QAV-1), 11, 71, 108, 185
iluminante (QI), 71

R

Razão Densidade-Viscosidade, 61, 62

Recuperação de enxofre, 82,

Redução catalítica seletiva, 202

Reforma catalítica, 75, 76, 83, 159, 176-178, 227, 229

Reformado, 177

Regenerador, 73

Repetibilidade, 45, 86, 88, 94

Reprodutibilidade, 45, 86, 88, 94

Requisitos de qualidade
de asfaltos, 235
de coque verde de petróleo, 238
de gasolina, 169
de GLP, 153
de nafta petroquímica, 227
de n-parafinas, 229
de óleo(s)
    básicos lubrificantes, 231
    bunker, 214
    combustíveis industriais, 222
    diesel, 203
de parafinas, 233
de QAV-1, 189
de resíduo aromático, 237
de solventes, 228

Resíduo
aromático (RARO), 236, 237
asfáltico (RASF), 80, 219
atmosférico (RAT), 70, 73, 80, 126
de carbono, 52, 65, 72, 80, 98, 143, 175, 208, 216

de evaporação, 155
de vácuo (RV), 49, 71, 78, 176, 213, 217, 225, 237

Resinas, 31, 37, 40, 52, 54, 65, 133, 136

Ressonância magnética nuclear (RMN), 133, 138

Retardo de ignição, 102, 200, 215

Riser, 73

S

Sal, 50, 52, 54, 139, 142

SARA, 133, 136

Sedimentos, 52, 54, 123, 139, 141, 208, 217, 224
por filtração a quente (SFQ), 51, 87

Sensitividade, 96, 98

Shot coke, 75, 237

Sílica-alumina, 134

Sistema de injeção, 161, 163, 166, 201, 207

Solubilidade, 53, 69, 126, 179

Solvente, 30, 71, 75, 80, 228

Sulfeto de carbonila, 33

Suscetibilidade térmica, 146, 236

T

Tambor de coqueamento, 74,

Temperatura inicial de formação de cristais (TIAC), 110, 114

Tolerância à água, 139, 191, 194

Tolueno, 19, 26, 96, 120, 124, 137, 141, 228
equivalente, 53, 55, 124

Torre
de pré-fracionamento, 70
fracionadora, 71, 74

Tratamento
Bender, 79
cáustico regenerativo, 79, 192, 194
com aminas, 79
de gás, 73, 151

Triaromáticos, 21, 197

Tungstênio, 8

Turbina aeronáutica, 111, 186

Turbofan, 186, 187

Turbojet, 186

Turboprop, 186

V

Veículos *flex-fuel*, 12

VGC, 55

Viscosidade, 15, 29, 38, 50, 55, 61, 72, 80, 87, 115, 207, 214, 222, 230, 234

Volatilidade, 45, 80, 173, 193, 206, 215, 228, 232